简单棒针小百科：201种花样、织块、设计作品和创意

〔英〕尼基·特伦奇 著

李玉珍 译

作者的话

本书介绍了201种由棒针花样组合的图案、织块、设计作品和创意，包括传统的图案、原创的花样、字母和数字图案，以及对经典针法的创新。

第一部分主要是图案织块，提供了包括平针、起伏针、桂花针等28种基本针法的练习，以及由基本针法演化的各种立体图案、绞花、罗纹针、蕾丝、条纹和色彩搭配、嵌花、提花、波纹、绣花、串珠、字母和数字图案；嵌花图案复杂精美，更具挑战性；字母和数字图案更加实用，可以让你编织出个性化的作品。

第二部分为设计作品，使用了织块部分的花样和针法，设计了50种惹人喜爱的作品，包括床罩、盖毯、抱枕套、围巾、披肩、包袋、帽子、手套，以及可爱的针织玩偶等。

如果你需要重温一下编织技巧，第三部分的“技法”将告诉你怎样加针、减针，怎样缝合，怎样编织各种花样，怎样绣花、制作绒球，怎样选择毛线，等等。

无论你是编织新手，还是有多年经验的编织达人，本书中的织块和花样一定会给你带来一些灵感。

河南科学技术出版社

·郑州·

目录

第二部分　设计作品

第三部分　技法

引言

我从事编织和家居手工的教学工作，这几年来接触过不同水平的编织者，发现只需要一点点鼓励，即使是编织新手也能将一团毛线变成可爱的甚至很精美的作品。编织不仅仅是爱好，它很容易变成一种真正的激情。这本书里介绍了目前流行的织块和设计作品，希望它们能够点燃或重新燃起大家对编织的热情。我不仅在织块部分收录了各种不同的针法和技术，而且在第二部分提供了50款可爱的设计作品和创意作为参考，希望它们既具吸引力，又具启发性。

织块

织块部分按照不同的技法编排，每个织块均为边长约15cm的正方形。这部分内容提供从基础方块到提花图案等不同针法的练习，是你练习拼布型织物的绝好机会，何况就仅仅是扩展你的编织知识也不错。编织织块很适合现代的生活方式，你可以根据自己的喜好调整编织速度。有些基础织块几分钟就能完成，而有些则更具挑战性。但是，不论哪种织块，都非常适合在看电视、听音乐甚至度假时编织。有些织块，特别是提花和嵌花，就像是微型的作品，如果你不将这些织块做其他用途，可以试着装裱起来，毕竟也是件艺术品呢！

如果这些织块能启发你创作拼布型织物的灵感，可以试着使用不同颜色或者不同针法技艺编织出尺寸相同的织块，并将它们拼缝在一起。

设计作品

许多设计作品都使用了织块部分的花样和针法。我使用不同质地的线材，混合不同的颜色进行编织，非常有趣。还有一些简单的毛毡设计作品，比如毛毡手袋（第159页）。将编织好的手袋放入洗衣机中洗涤，就可以达到毡化效果，非常神奇吧！如果你喜欢将编织和缝纫技术结合起来，第128、156和第159页介绍了加衬布的购物袋、手提包和手袋，第125页有串珠钱包，第136页有可爱的棒针收纳包。如果你想为婴儿编织，第96页有婴儿床盖毯，第122页有可爱的婴儿围兜，用全棉线编织而成，用过后可以直接扔进洗衣机洗涤。还有许多家居作品，简便小巧，编织迅速，非常有趣。比如一对杯套（第114页）和可爱的春季花朵茶壶罩（第105页），能为厨房增添不少活力。你甚至不必拘泥于传统的线材，比如用大号棒针和布条编织的浴室防滑垫（第145页）就打破了常规。尝试不同的编织始终都很有趣，这恰好证明了编织的基础性。毕竟编织是各式各样结的组合，自古以来就有人实践了。

我希望这本书能启发大家将编织这项传统的技艺变成现代的休闲方式，并能提高大家的编织技艺，使之成为大家终生的乐趣。

第一部分

织块

从传统来说，编织织块是为了消耗余线。这部分中的每种设计只使用约28g的线，每种织块是边长约为15cm的正方形。但是，根据自己的编织密度，尺寸会稍有不同。因此，可以调整自己的编织密度来达到需要的织块尺寸。

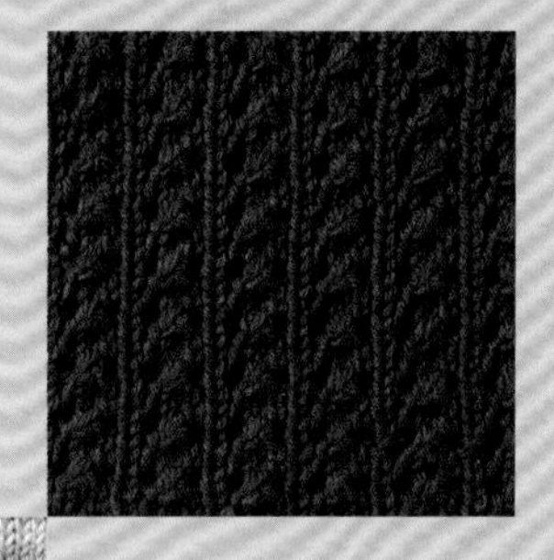

基础方块

这部分内容展示用最简单的上针和下针就可以编织出许多不同质地的织块。用基础针法编织这些织块不但能增强你的编织信心，也能使你发现有趣的质地和形状。

桂花针

桂花针可以有不同的形式。这种花样稳定而且平整，适合做饰边。

材料工具

线：Rooster 羊驼美丽诺 DK 线， 色号 204 葡萄紫色

（编者注：本书线材均为国外品牌，其颜色、色号描述，因与国内品牌的不同，仅供读者朋友参考。读者朋友可根据作品图片和自身喜好选择类似的国产线材。此外，因为印刷原因，书中同一品牌、同一系列、同一色号的线材在不同织块和作品中存在一定程度的色差，特此说明。）

针：美国 6 号（直径 4mm）针

编织方法

起 35 针。

*1 针下针，1 针上针，从 * 重复编织，直至还剩 1 针，1 针下针。

重复编织上面这一行，直至织块长度为 15cm 为止。

收针。

毯子方格

立体感方格，非常可爱，用一种颜色的线编织，设计非常精致有趣。

材料工具

线：Rooster 羊驼美丽诺 DK 线， 色号 210 黄色

针：美国 6 号（直径 4mm）针

编织方法

起 30 针。

第 1 行：*[1 针下针，1 针上针] 织 2 次，6 针下针；从 * 重复编织，直至结束。

第 2 行：*5 针下针，[1 针上针，1 针下针] 织 2 次，1 针上针；从 * 重复编织，直至结束。

第 3、5 行：同第 1 行。

第 4、6 行：同第 2 行。

第 7 行：*6 针下针，[1 针上针，1 针下针] 织 2 次；从 * 重复编织，直至结束。

第 8 行：*[1 针上针，1 针下针] 织 2 次，1 针上针，5 针下针；从 * 重复编织，直至结束。

第 9、11 行：同第 7 行。

第 10、12 行：同第 8 行。

重复编织以上 12 行，直至织块长度为 15cm 为止。

收针。

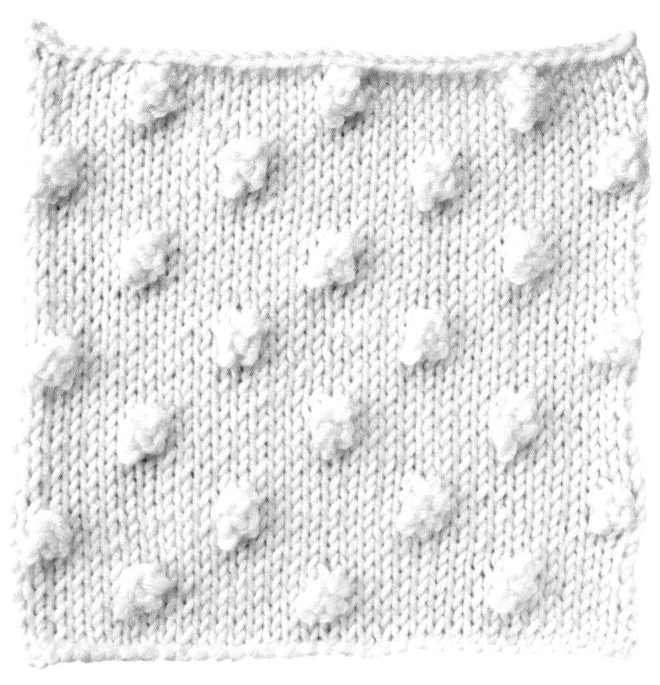

小球

各种不同的绒球的针法都很可爱，织起来令人赏心悦目。

材料工具
线：Rooster 羊驼美丽诺 DK 线，色号 201 米白色
针：美国 6 号（直径 4mm）针

缩略语解释
MB（编织绒球）——下一针织 1 针放 3 针（即在下一针的前环、后环、前环各织 1 针），翻面，3 针下针，翻面，3 针上针，翻面，3 针下针，翻面，右下 3 针并 1 针（绒球编织结束）。

编织方法
起 35 针。
第 1~4 行：以下针行开始，编织平针（平针针法参见第 21 页）。
第 5 行：7 针下针，*MB，9 针下针；从 * 重复编织，直至还剩 8 针，MB，7 针下针。
第 6~10 行：编织平针。
第 11 行：2 针下针，*MB，9 针下针；从 * 重复编织，直至还剩 3 针，MB，2 针下针。
第 12 行：编织上针。
重复编织以上 12 行，直至织块长度为 15cm 为止。
收针。

洛比洛

在起伏针（起伏针针法参见第 21 页）上用这种针法织出来的绒球比较圆。

材料工具
线：Rooster 羊驼美丽诺 DK 线，色号 211 玫红色
针：美国 6 号（直径 4mm）针

编织方法
起 35 针。
第 1~4 行：编织下针。
第 5 行：5 针下针，* 下一针中织 [1 针下针，1 针上针，1 针下针，1 针上针，即 1 针放 4 针]，织松些，5 针下针；从 * 重复编织，直至结束。
第 6 行：5 针下针，* 滑 3 针，1 针下针，将之前的 3 针滑针从第 3 针开始分别套过织过的这一针，5 针下针；从 * 重复编织，直至结束。
第 7~10 行：编织下针。
第 11 行：8 针下针，* 下一针中织 [1 针下针，1 针上针，1 针上针，1 针上针，即 1 针放 4 针]，织松些，5 针下针；从 * 重复编织，直至还剩 3 针，3 针下针。
第 12 行：8 针下针，* 滑 3 针，1 针下针，将之前的 3 针滑针从第 3 针开始分别套过织过的这一针，5 针下针；从 * 重复编织，直至还剩 3 针，3 针下针。
重复编织以上 12 行，直至织块长度为 15cm 为止。
收针。

V 形波纹

这种方块正反两面都可以用。

材料工具
线：Rooster 羊驼美丽诺 DK 线，色号 204 葡萄紫色
针：美国 6 号（直径 4mm）针

编织方法
起 33 针。
第 1 行：1 针下针，*7 针上针，1 针下针；从 * 重复编织，直至结束。
第 2 行：1 针上针，*7 针下针，1 针上针；从 * 重复编织，直至结束。
第 3 行：2 针下针，*5 针上针，3 针下针；从 * 重复编织，直至还剩 7 针，5 针上针，2 针下针。
第 4 行：2 针上针，*5 针下针，3 针上针；从 * 重复编织，直至还剩 7 针，5 针下针，2 针上针。
第 5 行：3 针下针，*3 针上针，5 针下针；从 * 重复编织，直至还剩 6 针，3 针上针，3 针下针。
第 6 行：3 针上针，*3 针下针，5 针上针；从 * 重复编织，直至还剩 6 针，3 针下针，3 针上针。
第 7 行：4 针下针，*1 针上针，7 针下针；从 * 重复编织，直至还剩 5 针，1 针上针，4 针下针。
第 8 行：4 针上针，*1 针下针，7 针上针；从 * 重复编织，直至还剩 5 针，1 针下针，4 针上针。
第 9 行：同第 2 行。
第 10 行：同第 1 行。
第 11 行：同第 4 行。
第 12 行：同第 3 行。
第 13 行：同第 6 行。
第 14 行：同第 5 行。
第 15 行：同第 8 行。
第 16 行：同第 7 行。
重复编织以上 16 行，直至织块长度为 15cm 为止。
收针。

脊状针

这种针法看起来就像一行行的波纹状山脊。

材料工具
线：Rooster 羊驼美丽诺 DK 线，色号 201 米白色
针：美国 6 号（直径 4mm）针

缩略语解释
Tw2R（将第 2 针扭向右边）——将针置于第 1 针前面，先在第 2 针织下针，再返回第 1 针织下针，然后放掉左边棒针的这 2 针。
Tw2L（将第 1 针扭向左边）——将针置于第 1 针后面，先在第 2 针织下针，再返回第 1 针织下针，然后放掉左边棒针的这 2 针。

编织方法
起 36 针。
第 1 行：*4 针下针，Tw2R，Tw2L；从 * 重复编织，直至还剩 4 针，4 针下针。
第 2 行：编织上针。
重复编织以上 2 行，直至织块长度为 15cm 为止。
收针。

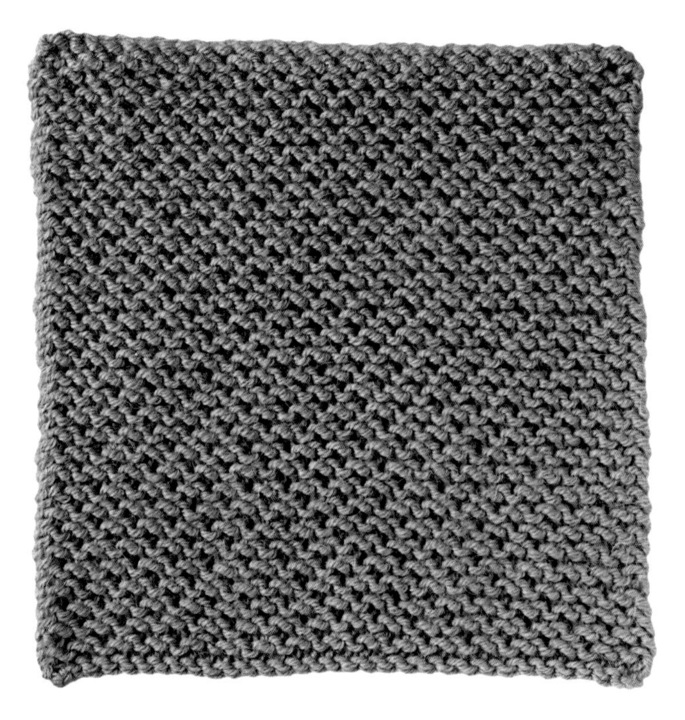

忙碌的蜜蜂

一种密密麻麻的波纹状花样，极富立体感，使纯色毛线好像有了不少色彩的变化。

材料工具
线：Rooster 羊驼美丽诺 DK 线，色号 207 黄绿色
针：美国 6 号（直径 4mm）针

缩略语解释
K1B——正面行以下针方式扭 1 针。

编织方法
起 33 针。
第 1 行（反面）：编织下针。
第 2 行：1 针下针，*K1B，1 针下针；从 * 重复编织，直至结束。
第 3 行：编织下针。
第 4 行：2 针下针，K1B，*1 针下针，K1B；从 * 重复编织，直至还剩 2 针，2 针下针。
重复编织以上 4 行，直至织块长度为 15cm 为止。
收针。

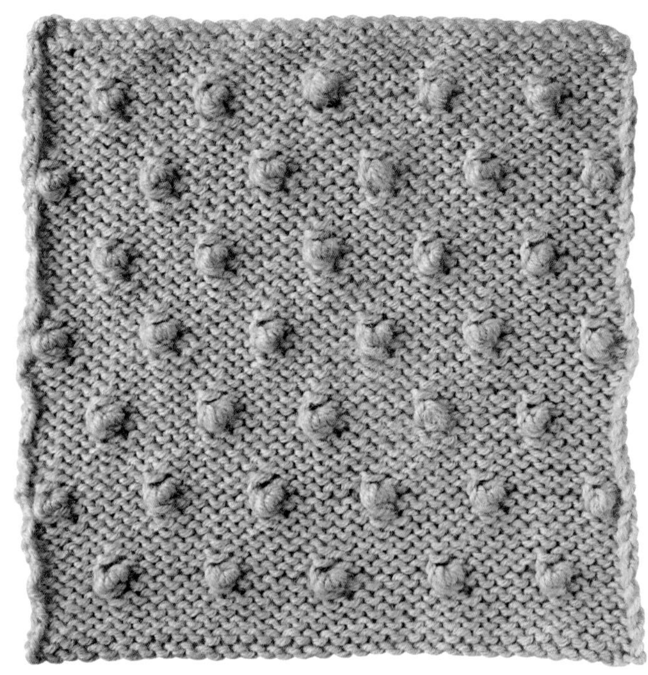

乳头状绒球

这种针法能织出小小的凸状物，非常精致，给织块增添了不少魅力。

材料工具
线：Rooster 羊驼美丽诺 DK 线，色号 210 黄色
针：美国 6 号（直径 4mm）针

编织方法
起 35 针。
第 1~4 行：以上针行开始，编织平针（平针针法参见第 21 页）。
第 5 行：5 针下针，* 下一针 [1 针下针，1 针上针] 织 2 次，5 针下针；从 * 重复编织，直至结束。
第 6 行：5 针上针，* 滑 3 针，1 针下针，将之前的 3 针滑针分别套过织过的这一针（绒球编织结束），5 针上针；从 * 重复编织，直至结束。
编织 4 行以上针行开始的平针。
第 11 行：2 针下针，* 下一针 [1 针下针，1 针上针] 织 2 次，5 针下针；从 * 重复编织，直至还剩 3 针，下一针 [1 针下针，1 针上针] 织 2 次，2 针下针。
第 12 行：2 针上针，* 滑 3 针，1 针下针，将之前的 3 针滑针分别套过织过的这一针（绒球编织结束），5 针上针；从 * 重复编织，直至还剩 6 针，滑 3 针，1 针下针，将之前的 3 针滑针分别套过织过的这一针（绒球编织结束），2 针上针。
重复编织以上 12 行，直至织块长度为 15cm 为止。
收针。

水平脊

这款方块为水平条纹，非常整洁、小巧。

材料工具
线：Rooster 羊驼美丽诺 DK 线，色号 203 淡粉色
针：美国 6 号（直径 4mm）针

编织方法
起 32 针。
第 1 行（正面）：编织下针。
第 2 行：编织上针。
再重复编织以上 2 行 1 次。
第 5~10 行：编织上针。
重复编织以上 10 行，直至织块长度达到 14cm，再重复编织第 1~4 行 1 次。
收针。

环形蜂巢

这款花样犹如蜂巢，质地饱满，非常迷人。

材料工具
线：Rooster 羊驼美丽诺 DK 线，色号 210 黄色
针：美国 6 号（直径 4mm）针

编织方法
起 42 针。
第 1 行：* 以上针方式滑 1 针，2 针下针，将滑针套过这 2 针，3 针下针；从 * 重复编织，直至结束。
第 2 行：*4 针上针，将线在棒针上绕一圈（即加 1 针），1 针上针；从 * 重复编织，直至结束。
第 3 行：*3 针下针，以上针方式滑 1 针，2 针下针，将滑针套过这 2 针；从 * 重复编织，直至结束。
第 4 行：*1 针上针，将线在棒针上绕一圈（即加 1 针），4 针上针；从 * 重复编织，直至结束。
重复编织以上 4 行，直至织块长度为 15cm 为止。
收针。

布莱顿大理石

这款花样左右两边对称，来回的编织方法相同。

材料工具
线：Rooster 羊驼美丽诺 DK 线，色号 201 米白色
针：美国 6 号（直径 4mm）针

编织方法
起 31 针。
第 1 行（正面）：编织上针。
第 2 行：4 针下针，*3 针上针，7 针下针；从 * 重复编织，直至还剩 4 针，4 针下针。
第 3 行：4 针上针，*3 针下针，7 针上针，从 * 重复编织，直至还剩 4 针，4 针上针。
第 4 行：同第 2 行。
第 5 行：编织上针。
第 6 行：编织下针。
第 7 行：2 针下针，*7 针上针，3 针下针；从 * 重复编织，直至还剩 2 针，2 针下针。
第 8 行：2 针上针，*7 针下针，3 针上针；从 * 重复编织，直至还剩 2 针，2 针上针。
第 9 行：同第 7 行。
第 10 行：编织下针。
重复编织以上 10 行，直至织块长度为 15cm 为止。
收针。

篱笆

这些垂直状的山脊像一排排篱笆，非常容易编织。

材料工具
线：Rooster 羊驼美丽诺 DK 线，色号 202 土黄色
针：美国 6 号（直径 4mm）针

编织方法
起 39 针。
第 1、3 行（正面）：编织下针。
第 2、4 行：编织上针。
第 5、7 行：1 针下针，*1 针上针，2 针下针，从 * 重复编织，直至还剩 2 针，1 针上针，1 针下针。
第 6、8 行：1 针上针，*1 针下针，2 针上针，从 * 重复编织，直至还剩 2 针，1 针下针，1 针上针。
第 9、11 行：2 针上针，1 针下针；从 * 重复编织，直至结束。
第 10、12 行：1 针上针，2 针下针；从 * 重复编织，直至结束。
重复编织以上 12 行，直至织块长度为 15cm 为止。
收针。

海堤

这种针法能织出一个个柱状条纹。

材料工具
线：Rowan 纯羊毛 DK 线，色号 042 红色
针：美国 6 号（直径 4mm）针

编织方法
起 37 针。
第 1 行（正面）：3 针上针，1 针下针，*5 针上针，1 针下针；从 * 重复编织，直至还剩 3 针，3 针上针。
第 2 行：3 针下针，1 针上针，*5 针下针，1 针上针；从 * 重复编织，直至还剩 3 针，3 针下针。
再重复编织第 1、2 行 1 次。
第 5 行：1 针下针，*5 针上针，1 针下针，从 * 重复编织，直至结束。
第 6 行：1 针上针，*5 针下针，1 针上针，从 * 重复编织，直至结束。
再重复编织第 5、6 行 1 次。
重复编织以上 8 行，直至织块长度为 15cm 为止。
收针。

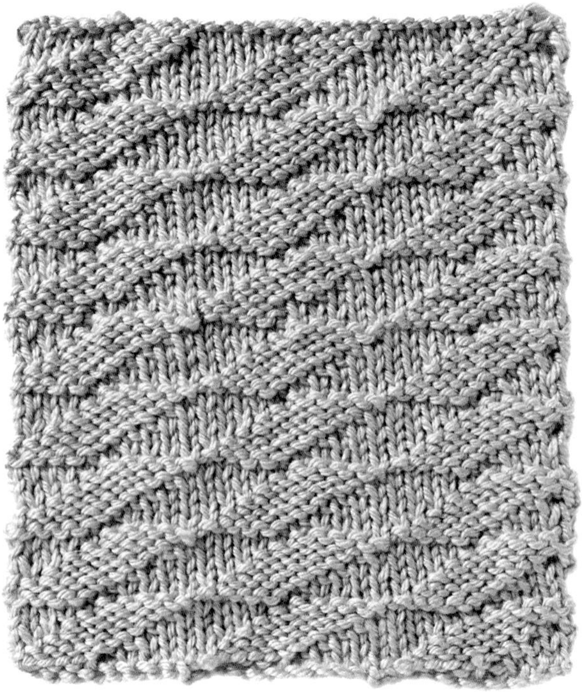

波浪

用柔和的浅色线织这种针法，能织出轻柔的波纹花样。

材料工具
线：Rooster 羊驼美丽诺 DK 线，色号 203 淡粉色
针：美国 6 号（直径 4mm）针

编织方法
起 30 针。
第 1 行：*5 针下针，5 针上针；从 * 重复编织，直至结束。
第 2 行：4 针下针，*5 针上针，5 针下针；从 * 重复编织，直至还剩 6 针，5 针上针，1 针下针。
第 3 行：2 针上针，*5 针下针，5 针上针；从 * 重复编织，直至还剩 8 针，5 针下针，3 针上针。
第 4 行：2 针下针，*5 针上针，5 针下针；从 * 重复编织，直至还剩 8 针，5 针上针，3 针下针。
第 5 行：4 针上针，*5 针下针，5 针上针；从 * 重复编织，直至还剩 6 针，5 针下针，1 针上针。
第 6 行：*5 针上针，5 针下针；从 * 重复编织，直至结束。
重复编织以上 6 行，直至织块长度为 15cm 为止。
收针。

华夫饼

这款花样极富立体感，酷似早餐常吃的华夫饼。

材料工具
线：Rooster 羊驼美丽诺 DK 线，色号 207 黄绿色
针：美国 6 号（直径 4mm）针

编织方法
起 34 针。
第 1、2 行：编织下针。
第 3、4 行：*1 针下针，1 针上针；从 * 重复编织，直至结束。
重复编织以上 4 行，直至织块长度为 15cm 为止。
收针。

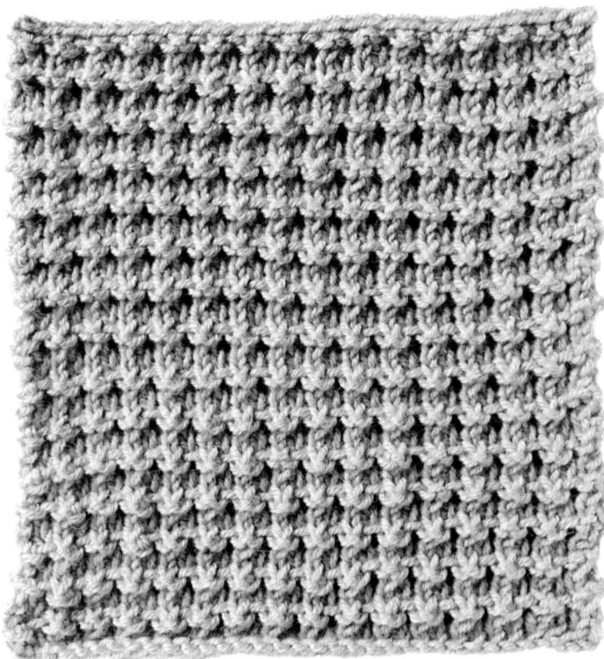

播种穴

这款方块上的小洞洞酷似播种时排列规则的播种穴。

材料工具
线：Rooster 羊驼美丽诺 DK 线，色号 210 黄色
针：美国 6 号（直径 4mm）针

编织方法
起 32 针。
第 1 行：编织下针。
第 2 行：编织上针。
第 3 行：整行织左下 2 针并 1 针。
第 4 行：*1 针下针，在下一针前挑起一个线圈并织下针；从 * 重复编织，直至结束，在该行尾端加 1 针，加针方法为在最后 1 行的第 1 针上挑起一个线圈。
重复编织以上 4 行，直至织块长度为 15cm 为止。
收针。

正反面相同的花样

这款花样非常简单，只需重复编织 5 针下针、5 针上针即可。

材料工具

线：Rowan 纯羊毛 DK 线，色号 029 石榴红色
针：美国 6 号（直径 4mm）针

编织方法

起 35 针。
第 1 行：5 针下针，*5 针上针，5 针下针；从 * 重复编织，直至结束。
第 2 行：5 针上针，*5 针下针，5 针上针；从 * 重复编织，直至结束。
第 3、5、6、8 行：同第 1 行。
第 4、7、9 行：同第 2 行。
第 10 行：5 针下针，*5 针上针，5 针下针；从 * 重复编织，直至结束。
重复编织以上 10 行，直至织块长度为 15cm 为止。
收针。

小钻石

若隐若现的钻石花样，女人味十足。

材料工具

线：Rooster 羊驼美丽诺 DK 线，色号 201 米白色
针：美国 6 号（直径 4mm）针

编织方法

起 31 针。
第 1 行（正面）：3 针下针，*1 针上针，5 针下针；从 * 重复编织，直至还剩 4 针，1 针上针，3 针下针。
第 2 行：2 针上针，*1 针下针，1 针上针，1 针下针，3 针上针；从 * 重复编织，直至还剩 5 针，1 针下针，1 针上针，1 针下针，2 针上针。
第 3 行：1 针下针，*1 针上针，3 针下针，1 针上针，1 针下针；从 * 重复编织，直至结束。
第 4 行：1 针下针，*5 针上针，1 针下针；从 * 重复编织，直至结束。
第 5 行：同第 3 行。
第 6 行：同第 2 行。
重复编织以上 6 行，直至织块长度为 15cm 为止。
收针。

蛇与梯子

水平脊加上隐形竖状条纹的花样，独具特色，极像蛇的爬行区。

材料工具
线：Rooster 羊驼美丽诺 DK 线，色号 202 土黄色
针：美国 6 号（直径 4mm）针

编织方法
起 32 针。
第 1 行：* 将线在棒针上绕一圈（即加 1 针），左上 2 针并 1 针，6 针上针；从 * 重复编织，直至结束。
第 2、4、6 行：*7 针下针，1 针上针；从 * 重复编织，直至结束。
第 3、5、7 行：*1 针下针，7 针上针；从 * 重复编织，直至结束。
第 8 行：编织上针。
第 9 行：4 针上针，* 将线在棒针上绕一圈（即加 1 针），左上 2 针并 1 针，2 针上针；从 * 重复编织，直至结束。
第 10、12、14 行：*3 针下针，1 针上针，4 针下针；从 * 重复编织，直至结束。
第 11、13、15 行：*4 针上针，1 针下针，3 针上针；从 * 重复编织，直至结束。
第 16 行：编织上针。
重复编织以上 16 行，直至织块长度为 15cm 为止。
收针。

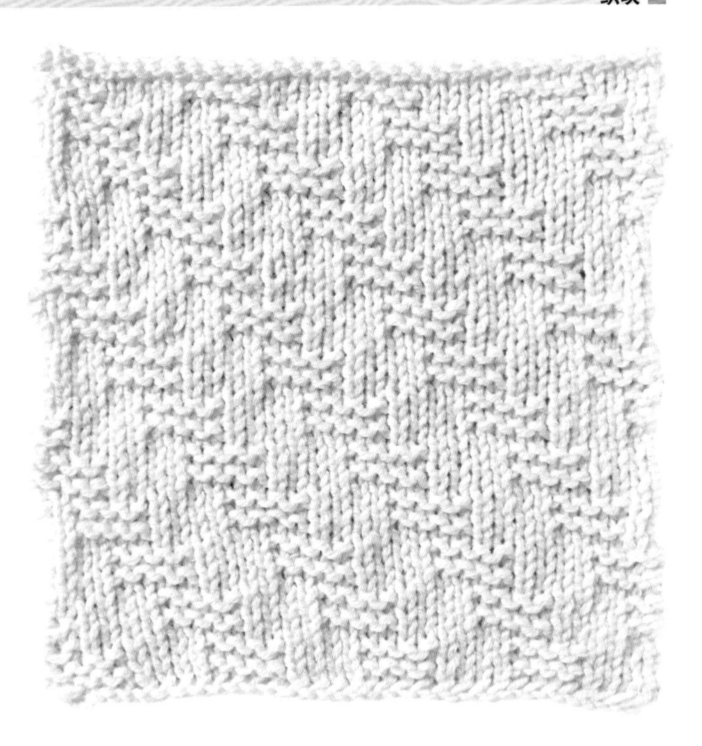

楼梯

这款几何图案的方块酷似用砖头砌成的楼梯。

材料工具
线：Rooster 羊驼美丽诺 DK 线，色号 201 米白色
针：美国 6 号（直径 4mm）针

编织方法
起 32 针。
第 1 行和所有的奇数行（正面）：编织下针。
第 2、4 行：*4 针下针，4 针上针；从 * 重复编织，直至结束。
第 6、8 行：2 针下针，*4 针上针，4 针下针；从 * 重复编织，直至还剩 6 针，4 针上针，2 针下针。
第 10、12 行：*4 针上针，4 针下针；从 * 重复编织，直至结束。
第 14、16 行：2 针上针，*4 针下针，4 针上针；从 * 重复编织，直至还剩 6 针，4 针下针，2 针上针。
重复编织以上 16 行，直至织块长度为 15cm 为止。
收针。

立体菱形

这是我最钟爱的花样之一，第 154 页的针包就采用了这种花样，看起来特别精致灵巧，实际上编织起来一点儿也不难。

材料工具

线：Rooster 羊驼美丽诺 DK 线，色号 202 土黄色
针：美国 6 号（直径 4mm）针

编织方法

起 33 针。
第 1 行（正面）：1 针上针，1 针下针，1 针上针，*[3 针下针，1 针上针] 织 2 次，1 针下针，1 针上针；从 * 重复编织，直至结束。
第 2 行：1 针上针，1 针下针，*3 针上针，1 针下针，1 针上针，1 针下针，3 针上针，1 针下针；从 * 重复编织，直至还剩 1 针，1 针上针。
第 3 行：4 针下针，*[1 针上针，1 针下针] 织 2 次，1 针上针，5 针下针；从 * 重复编织，直至还剩 9 针，[1 针上针，1 针下针] 织 2 次，1 针上针，4 针下针。
第 4 行：3 针上针，*[1 针下针，1 针上针] 织 3 次，1 针下针，3 针上针；从 * 重复编织，直至结束。
第 5 行：同第 3 行。
第 6 行：同第 2 行。
第 7 行：同第 1 行。
第 8 行：1 针上针，1 针下针，1 针上针，*1 针下针，5 针上针，[1 针下针，1 针上针] 织 2 次；从 * 重复编织，直至结束。
第 9 行：[1 针上针，1 针下针] 织 2 次，*1 针上针，3 针下针；[1 针上针，1 针下针] 织 3 次；从 * 重复编织，直至还剩 9 针，1 针上针，3 针下针，[1 针上针，1 针下针] 织 2 次，1 针上针。
第 10 行：同第 8 行。
重复编织以上 10 行，直至织块长度为 15cm 为止。
收针。

蓝旗

非常可爱的针法，两面都可作为正面。

材料工具

线：Rooster 羊驼美丽诺 DK 线，色号 205 灰蓝色
针：美国 6 号（直径 4mm）针

编织方法

起 33 针。
第 1 行（正面）：*1 针上针，10 针下针；从 * 重复编织，直至结束。
第 2 行：*9 针上针，2 针下针；从 * 重复编织，直至结束。
第 3 行：*3 针上针，8 针下针；从 * 重复编织，直至结束。
第 4 行：*7 针上针，4 针下针；从 * 重复编织，直至结束。
第 5 行：*5 针上针，6 针下针；从 * 重复编织，直至结束。
第 6 行：同第 5 行。
第 7 行：同第 5 行。
第 8 行：同第 4 行。
第 9 行：同第 3 行。
第 10 行：同第 2 行。
第 11 行：同第 1 行。
第 12 行：*1 针下针，10 针上针；从 * 重复编织，直至结束。
第 13 行：*9 针下针，2 针上针；从 * 重复编织，直至结束。
第 14 行：*3 针下针，8 针上针；从 * 重复编织，直至结束。
第 15 行：*7 针下针，4 针上针；从 * 重复编织，直至结束。
第 16 行：*5 针下针，6 针上针；从 * 重复编织，直至结束。
第 17 行：同第 16 行。
第 18 行：同第 16 行。
第 19 行：同第 15 行。
第 20 行：同第 14 行。
第 21 行：同第 13 行。
第 22 行：同第 12 行。
重复编织以上 22 行，直至织块长度为 15cm 为止。
收针。

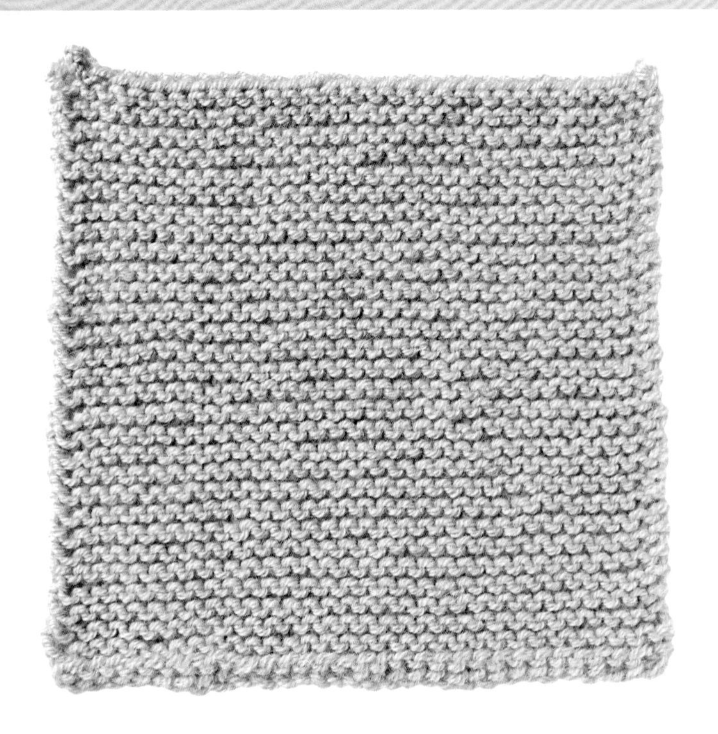

起伏针

起伏针为基础针法，容易编织，质感也很棒。

材料工具
线：Rooster 羊驼美丽诺 DK 线，色号 210 黄色
针：美国 6 号（直径 4mm）针

编织方法
起 32 针。
编织 57 行起伏针（每行都织下针），或者编织至织块长度为 15cm 为止。
收针。

平针

这是最普通的针法，易于编织，成品平整，可边看电视边织。

材料工具
线：Rooster 羊驼美丽诺 DK 线，色号 204 葡萄紫色
针：美国 6 号（直径 4mm）针

编织方法
起 32 针。
第 1 行：编织下针。
第 2 行：编织上针。
重复编织以上 2 行，直至织块长度为 15cm 为止。
收针。

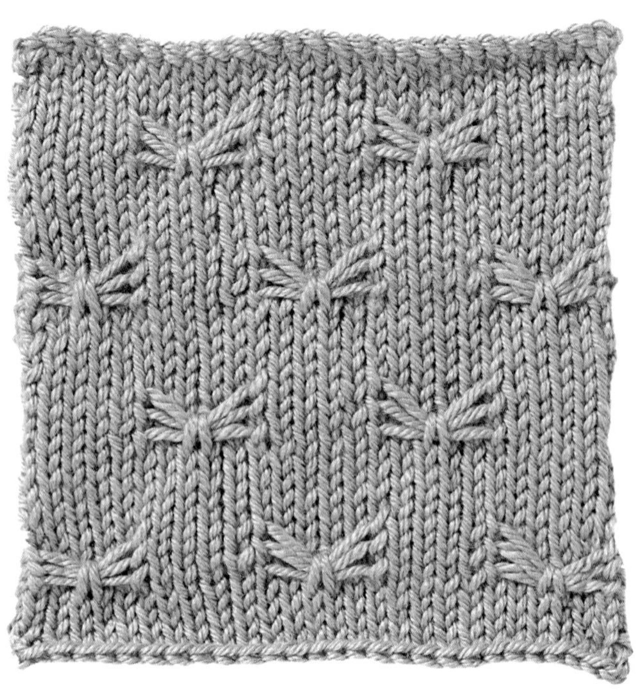

假日

这并不表明要在度假时编织这种织块，但编织该织块能让你有度假的轻松感觉。

材料工具

线：Rooster 羊驼美丽诺 DK 线，色号 201 米白色
针：美国 6 号（直径 4mm）针

编织方法

起 39 针。
第 1 行：*5 针上针，1 针下针，1 针上针；从 * 重复编织，直至还剩 4 针，4 针上针。
第 2 行和所有的偶数行：原先是上针的织上针，原先是下针的织下针。
第 3 行：*5 针上针，1 针下针，1 针上针；从 * 重复编织，直至还剩 4 针，4 针上针。
第 5、7 行：4 针上针，1 针下针，1 针上针，1 针下针；从 * 重复编织，直至还剩 4 针，4 针上针。
第 8 行：同第 2 行。
重复编织以上 8 行，直至织块长度为 15cm 为止。
收针。

蝴蝶结

这款花样酷似蝴蝶结，非常简单，可用在儿童外套或者毯子上，能增色不少。

材料工具

线：Rowan 纯羊毛 DK 线，色号 006 湖水绿色
针：美国 6 号（直径 4mm）针

缩略语解释

蝴蝶结——将右边棒针按照织下针的方式放在三条线的下面，下一针织下针，然后将线从三条线下面拉出来。

编织方法

起 27 针。
第 1 行：编织上针。
第 2 行：编织下针。
第 3 行：编织上针。
第 4 行：编织下针。
第 5 行：6 针上针，* 将线置于织片的后面，滑 5 针，将线置于织片的前面，5 针上针；从 * 重复编织，直至还剩 1 针，1 针上针。
第 6 行：编织下针。
第 7 行：同第 5 行。
第 8 行：编织下针。
第 9 行：同第 5 行。
第 10 行：8 针下针，蝴蝶结，9 针下针，蝴蝶结，8 针下针。
第 11 行：编织上针。
第 12 行：编织下针。
第 13 行：编织上针。
第 14 行：编织下针。
第 15 行：1 针上针，* 将线置于织片的后面，滑 5 针，将线置于织片的前面，5 针上针；从 * 重复编织，直至还剩 6 针，将线置于织片的后面，滑 5 针，1 针上针。
第 16 行：编织下针。
第 17 行：同第 15 行。
第 18 行：编织下针。
第 19 行：同第 15 行。
第 20 行：3 针下针，* 蝴蝶结，9 针下针；从 * 重复编织，直至还剩 4 针，蝴蝶结，3 针下针。
再重复编织第 1~20 行 1 次。
第 41 行：编织上针。
第 42 行：编织下针。
收针。

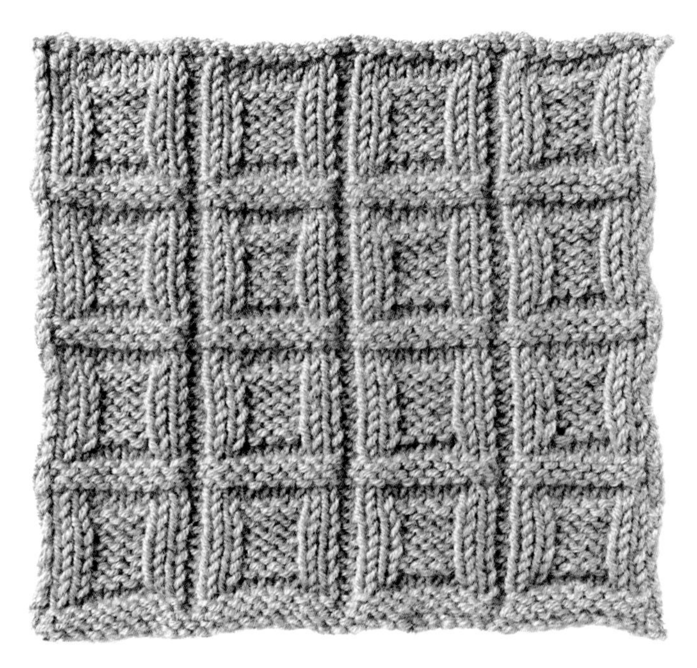

窗景

这种针法能织出凸起的边，好似一排排小窗户。

材料工具
线：Rooster 羊驼美丽诺 DK 线，色号 202 土黄色
针：美国 6 号（直径 4mm）针

编织方法
起 42 针。
第 1 行（正面）：编织下针。
第 2 行：编织上针。
第 3 行：2 针下针，*8 针上针，2 针下针；从 * 重复编织，直至结束。
第 4 行：2 针上针，*8 针下针，2 针上针；从 * 重复编织，直至结束。
第 5、7、9 行：2 针下针，*2 针上针，4 针下针，2 针上针，2 针下针；从 * 重复编织，直至结束。
第 6、8、10 行：2 针上针，*2 针下针，4 针上针，2 针下针，2 针上针；从 * 重复编织，直至结束。
第 11 行：同第 3 行。
第 12 行：同第 4 行。
重复编织以上 12 行，直至织块长度为 15cm 为止。
收针。

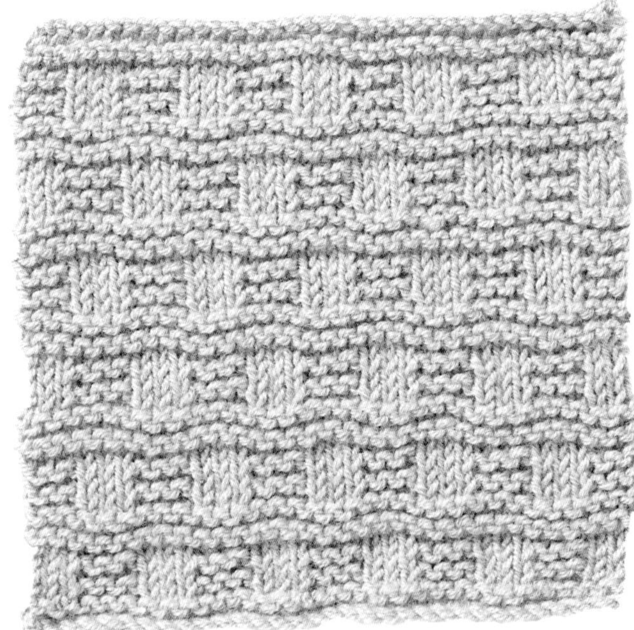

脊状砖

这种针法极富立体感，初学者只要编织上针和下针就能感受到编织的乐趣。

材料工具
线：Rooster 羊驼美丽诺 DK 线，色号 205 灰蓝色
针：美国 6 号（直径 4mm）针

编织方法
起 33 针。
第 1 行和所有的奇数行：编织下针。
第 2 行：编织下针。
第 4、6 行：3 针上针，*3 针下针，3 针上针；从 * 重复编织，直至结束。
第 8、10 行：编织下针。
第 12、14 行：3 针下针，*3 针上针，3 针下针；从 * 重复编织，直至结束。
第 16 行：编织下针。
再重复编织第 1~16 行 2 次。
再重复编织第 1~9 行 1 次。
收针。

立体图案

只需用纯色毛线就能织出一种若隐若现的图案，通常凸出于背景，让人觉得有立体感，非常可爱，特别适合婴儿，因为婴儿能感觉并触摸到图案的形状。

立体钻石图案

只要将下针变成上针，或者将上针变成下针就能创造出有趣的图案。这款钻石方块若隐若现，非常经典。

材料工具

线：Rooster 羊驼美丽诺 DK 线，色号 201 米白色

针：美国 6 号（直径 4mm）针

编织方法

起 32 针。

按照编织图解编织 42 行。

收针。

◆ = 正面织下针，反面织上针

□ = 反面织下针，正面织上针

立体五角星图案

这款方块的五角星比较隐秘，非常精致。

材料工具

线：Rooster 羊驼美丽诺 DK 线，色号 201 米白色

针：美国 6 号（直径 4mm）针

编织方法

起 32 针。

按照编织图解编织 42 行。

收针。

◆ = 反面织下针，正面织上针

□ = 正面织下针，反面织上针

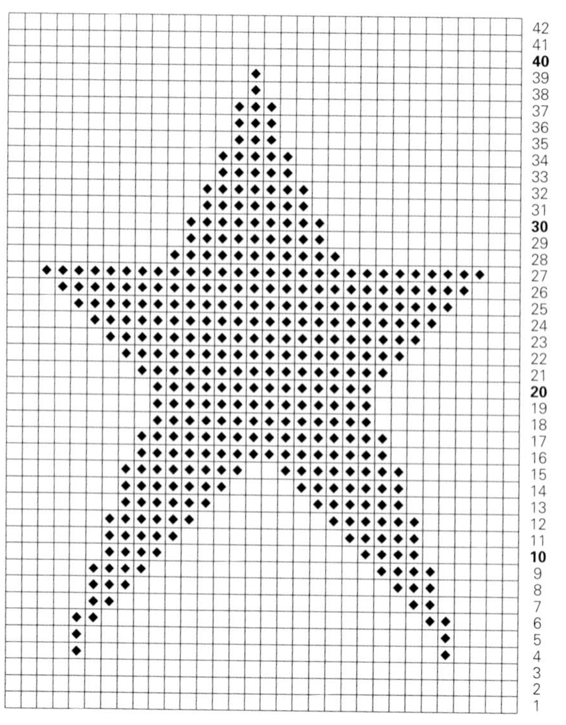

立体叶子图案

非常可爱的立体图案，看上去既像叶子，又像一棵树。

材料工具

线：Sublime 丝羊绒美丽诺 DK 线，色号 106 姜黄色
针：美国 6 号（直径 4mm）针

编织方法

起 32 针。
按照编织图解编织 42 行。
收针。

◆ = 反面织下针，正面织上针
□ = 正面织下针，反面织上针

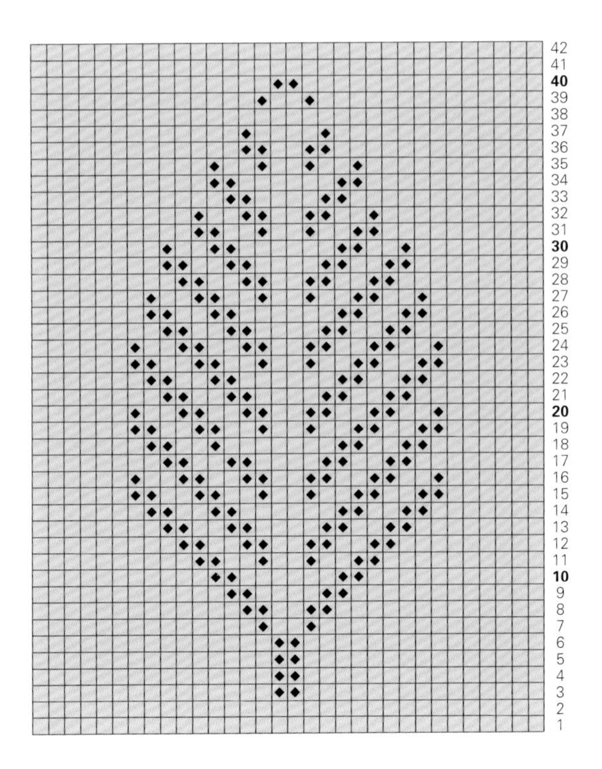

立体心形图案

这款立体花样四周编织桂花针，中间是一个浪漫的心形图案。

材料工具

线：Rooster 羊驼美丽诺 DK 线，色号 211 玫红色
针：美国 6 号（直径 4mm）针

编织方法

起 32 针。
按照编织图解编织 42 行。
收针。

◇ = 正面织下针，反面织上针
□ = 反面织下针，正面织上针

绞花

绞花质感温暖，使用麻花针将数针调换位置即可织成。可以织出不同尺寸的绞花花样。它们属于传统阿兰花样的一种，广受欢迎。最早是渔民编织、穿着这种阿兰花样。使用的麻花针号要与棒针号一致。

绞花和罗纹针

小小绞花之间镶嵌着罗纹针，织成衣服，看上去比较职业化。

材料工具
线：Debbie Bliss Rialto DK 线，色号 02 本白色
针：美国 6 号（直径 4mm）针
其他：麻花针

缩略语解释
C4B——将接下来的 2 针滑到麻花针上，并将麻花针放在织片的后面，从左边棒针上将接着的 2 针织下针，然后将麻花针上的 2 针织下针。
K1B——正面行以下针方式扭 1 针。
P1B——反面行以上针方式扭 1 针。

编织方法
起 32 针。
第 1 行（正面）：2 针上针，K1B，2 针上针，*4 针下针，2 针上针，K1B，2 针上针；从 * 重复编织，直至结束。
第 2 行：2 针下针，P1B，2 针下针，*4 针上针，2 针下针，P1B，2 针下针；从 * 重复编织，直至结束。
第 3 行：2 针上针，K1B，2 针上针，*C4B，2 针上针，K1B，2 针上针；从 * 重复编织，直至结束。
第 4 行：同第 2 行。
重复编织以上 4 行，直至织块长度为 15cm 为止。
收针。

绞花结构

开放式绞花，有波浪感。

材料工具
线：Rowan 纯羊毛 DK 线，色号 005 冰蓝色
针：美国 6 号（直径 4mm）针
其他：麻花针

缩略语解释
C4B——将接下来的 2 针滑到麻花针上，并将麻花针放在织片的后面，从左边棒针上将接着的 2 针织下针，然后将麻花针上的 2 针织下针。
C4F——将接下来的 2 针滑到麻花针上，并将麻花针放在织片的前面，从左边棒针上将接着的 2 针织下针，然后将麻花针上的 2 针织下针。

编织方法
起 32 针。
第 1 行：编织下针。
第 2 行和所有的偶数行：编织上针。
第 3 行：*2 针下针，C4B；从 * 重复编织，直至结束。
第 5 行：编织下针。
第 7 行：*C4F，2 针下针；从 * 重复编织，直至结束。
第 8 行：编织上针。
重复编织以上 8 行，直至织块长度为 15cm 为止。
收针。

交错格子绞花

这种绞花纵横交错，看似格子图案，给人厚实、温暖的感觉。

材料工具
线：Debbie Bliss Rialto DK 线，色号 02 本白色
针：美国 6 号（直径 4mm）针
其他：麻花针

缩略语解释
C4B——将接下来的 2 针滑到麻花针上，并将麻花针放在织片的后面，从左边棒针上将接着的 2 针织下针，然后将麻花针上的 2 针织下针。
C4F——类似 C4B，与 C4B 不同的是，将麻花针放在织片的前面。
T4B——将接下来的 2 针滑到麻花针上，并将麻花针放在织片的后面，从左边棒针上将接着的 2 针织上针，然后将麻花针上的 2 针织下针。
T4F——类似 T4B，与 T4B 不同的是，将麻花针放在织片的前面。

编织方法
起 38 针。
第 1 行（反面）：3 针下针，4 针上针，*2 针下针，4 针上针；从 * 重复编织，直至还剩 1 针，1 针下针。
第 2 行：1 针上针，C4F，*2 针上针，C4F；从 * 重复编织，直至还剩 3 针，3 针上针。
第 3 行：同第 1 行。
第 4 行：3 针上针，*2 针下针，T4B；从 * 重复编织，直至还剩 5 针，4 针下针，1 针上针。
第 5 行：1 针下针，4 针上针，*2 针下针，4 针上针；从 * 重复编织，直至还剩 3 针，3 针下针。
第 6 行：3 针上针，C4B，*2 针上针，C4B；从 * 重复编织，直至还剩 1 针，1 针上针。
第 7 行：同第 5 行。
第 8 行：1 针上针，4 针下针，*T4F，2 针下针；从 * 重复编织，直至还剩 3 针，3 针上针。
重复编织以上 8 行，直至织块长度为 15cm 为止。
收针。

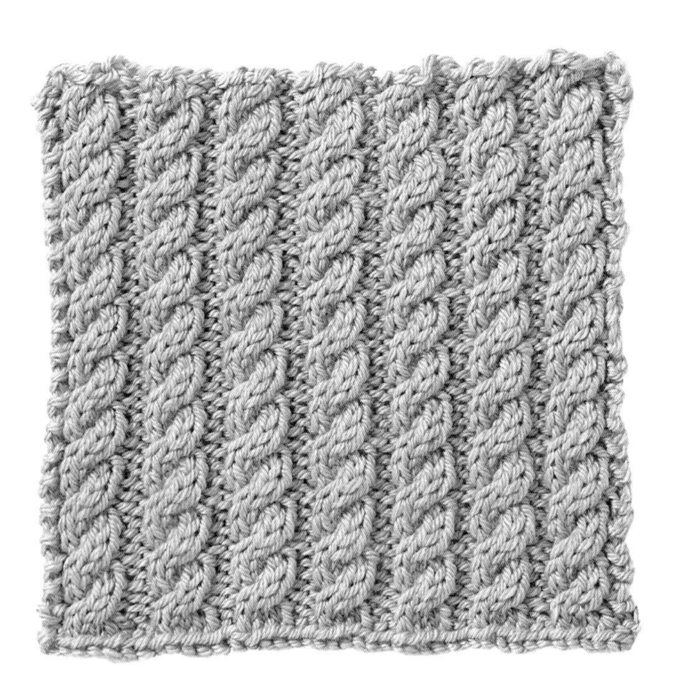

婴儿绞花

这种小巧可爱的绞花很适合编织尺寸较小的衣物。可以试着用这种绞花来编织休闲帽、围巾、婴儿毯等。

材料工具
线：Rowan 经典羊绒棉 DK 线，色号 601 冰蓝色
针：美国 6 号（直径 4mm）针
其他：麻花针

缩略语解释
C4B——将接下来的 2 针滑到麻花针上，并将麻花针放在织片的后面，从左边棒针上将接着的 2 针织下针，然后将麻花针上的 2 针织下针。

编织方法
起 44 针。
第 1 行：1 针下针，1 针上针，*4 针下针，2 针上针；从 * 重复编织，直至还剩 6 针，4 针下针，1 针上针，1 针下针。
第 2 行：2 针下针，*4 针上针，2 针下针；从 * 重复编织，直至结束。
第 3 行：1 针下针，1 针上针，*C4B，2 针上针；从 * 重复编织，直至还剩 6 针，C4B，1 针上针，1 针下针。
第 4 行：2 针下针，*4 针上针，2 针下针；从 * 重复编织，直至结束。
再重复编织以上 4 行 10 次，以第 4 行的织法结束。
收针。

罗纹针

罗纹针能织出竖状的山脊花样效果，依旧只织上针和下针即可。罗纹针弹性大，而且织出的衣物耐穿，适合编织袜子和其他贴身的衣物。

双罗纹针

这种最常见的罗纹针弹性很大，经常用于织袖口和底边。

材料工具
线：Rowan 羊毛棉线，色号 974 黄绿色
针：美国 6 号（直径 4mm）针

编织方法
起 58 针。
第 1 行：*2 针下针，2 针上针；从 * 重复编织，直至结束。
第 2 行：*2 针上针，2 针下针；从 * 重复编织，直至结束。
重复编织以上 2 行，直至织块长度为 15cm 为止。
收针。

波浪

这种针法好似涌向海岸的波浪。

材料工具
线：Rooster 羊驼美丽诺 DK 线，色号 203 淡粉色
针：美国 6 号（直径 4mm）针

编织方法
起 34 针。
第 1 行：3 针下针，* 绕线加 1 针，右下 2 针并 1 针，2 针下针；从 * 重复编织，直至还剩 3 针，绕线加 1 针，右下 2 针并 1 针，1 针下针。
第 2 行：3 针上针，* 绕线加 1 针，左上 2 针并 1 针，2 针上针；从 * 重复编织，直至还剩 3 针，绕线加 1 针，左上 2 针并 1 针，1 针上针。
重复编织以上 2 行，直至织块长度为 15cm 为止。
收针。

渔民的喜悦

令渔民快乐的不仅仅是鱼，这种针法织出来的织物超级厚实，能让渔民在夜间保暖。

材料工具
线：Rooster 羊驼美丽诺 DK 线，色号 201 米白色
针：美国 6 号（直径 4mm）针

编织方法
起 36 针。
第 1 行：编织上针。
第 2 行：*1 针上针，将下一行的针织成下针；从 * 重复编织，直至还剩 2 针，2 针上针。
重复编织以上 2 行，直至织块长度为 15cm 为止。
收针。

水手

这种针法好似一排排扇贝壳，很适合织海岸主题的作品。

材料工具
线：Rowan 婴羊驼 DK 线，色号 208 草灰色
针：美国 6 号（直径 4mm）针

编织方法
起 47 针。
第 1 行：2 针上针，*3 针下针，2 针上针；从 * 重复编织，直至结束。
第 2 行：2 针下针，*3 针上针，2 针下针；从 * 重复编织，直至结束。
第 3 行：2 针上针，* 右下 3 针并 1 针，2 针上针；从 * 重复编织，直至结束。
第 4 行：2 针下针，* 下一针织 1 针放 3 针，即 [1 针上针，1 针下针，1 针上针]，2 针下针；从 * 重复编织，直至结束。
重复编织以上 4 行，直至织块长度为 15cm 为止。
收针。

桂花罗纹针

这款针法简单可爱，适合初学者编织；比传统罗纹针更具立体感。

材料工具
线：Rooster 羊驼美丽诺 DK 线，色号 203 淡粉色
针：美国 6 号（直径 4mm）针

编织方法
起 36 针。
第 1 行：*3 针下针，1 针上针；从 * 重复编织，直至结束。
第 2 行：*2 针下针，1 针上针，1 针下针；从 * 重复编织，直至结束。
重复编织以上 2 行，直至织块长度为 15cm 为止。
收针。

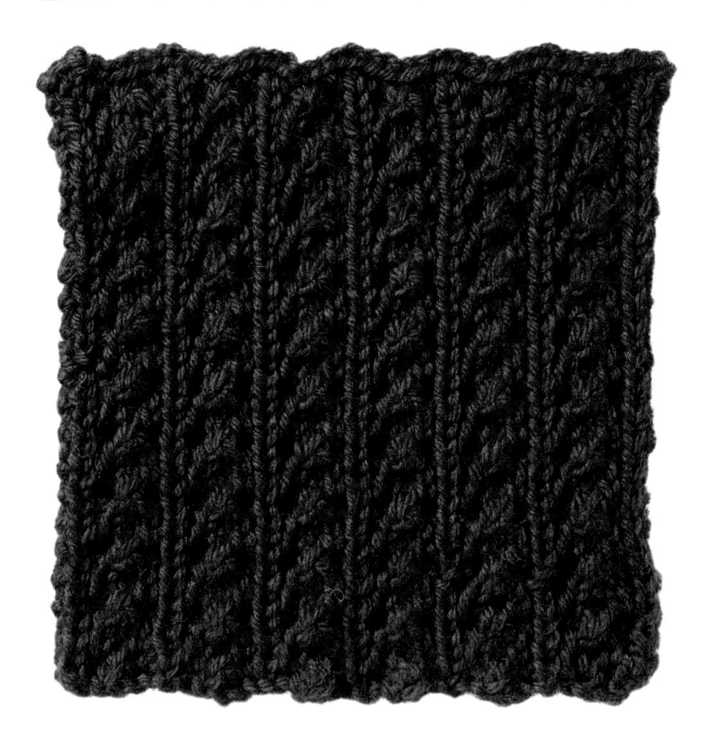

孔状罗纹针

这种罗纹针稍微复杂些，但还是很容易编织。

材料工具
线：Rowan 纯羊毛 DK 线，色号 029 石榴红色
针：美国 6 号（直径 4mm）针

编织方法
起 39 针。
第 1 行（正面）：1 针上针，1 针下针，1 针上针，* 绕线加 1 针，左上 3 针并 1 针，绕线加 1 针，1 针上针，1 针下针，1 针上针；从 * 重复编织，直至结束。
第 2 行：1 针下针，1 针上针，1 针下针，*3 针上针，1 针下针，1 针上针，1 针下针；从 * 重复编织，直至结束。
第 3 行：1 针上针，1 针下针，1 针上针，*3 针下针，1 针上针，1 针下针，1 针上针；从 * 重复编织，直至结束。
第 4 行：同第 2 行。
重复编织以上 4 行，直至织块长度为 15cm 为止。
收针。

凸纹罗纹针

这款罗纹针混合立体凸纹和条纹，非常有趣！

材料工具
线：Rooster 羊驼美丽诺 DK 线，色号 205 灰蓝色
针：美国 6 号（直径 4mm）针

编织方法
起 33 针。
第 1 行（正面）：3 针下针，*3 针上针，1 针下针，3 针上针，3 针下针；从 * 重复编织，直至结束。
第 2 行：3 针上针，*3 针下针，1 针上针，3 针下针，3 针上针；从 * 重复编织，直至结束。
第 3 行：同第 1 行。
第 4 行：编织下针。
重复编织以上 4 行，直至织块长度为 15cm 为止。
收针。

小绒球罗纹针

结合条纹、绒球和山脊花样，织出的方块整洁，有立体感。

材料工具
线：Rooster 羊驼美丽诺 DK 线，色号 202 土黄色
针：美国 6 号（直径 4mm）针

编织方法
起 43 针。
第 1 行（正面）：3 针下针，*2 针上针，下一针织 1 针放 4 针，即 [1 针上针，1 针下针] 织 2 次，翻面，左下 2 针并 1 针织 2 次，翻面，左上 2 针并 1 针（绒球织完），2 针上针，3 针下针；从 * 重复编织，直至结束。
第 2 行：3 针上针，*5 针下针，3 针上针；从 * 重复编织，直至结束。
第 3 行：3 针下针，*5 针上针，3 针下针；从 * 重复编织，直至结束。
第 4 行：同第 2 行。
重复编织以上 4 行，直至织块长度为 15cm 为止。
收针。

双孔罗纹针

这种罗纹针酷似蕾丝针法，非常漂亮，而且易于编织。

材料工具
线：Rooster 羊驼美丽诺 DK 线，色号 204 葡萄紫色
针：美国 6 号（直径 4mm）针

编织方法
起 37 针。
第 1 行（正面）：2 针上针，*5 针下针，2 针上针；从 * 重复编织，直至结束。
第 2 行：2 针下针，*5 针上针，2 针下针；从 * 重复编织，直至结束。
第 3 行：2 针上针，* 左下 2 针并 1 针，绕线加 1 针，1 针下针，绕线加 1 针，右下 2 针并 1 针，2 针上针；从 * 重复编织，直至结束。
第 4 行：同第 2 行。
重复编织以上 4 行，直至织块长度为 15cm 为止。
收针。

蕾丝

这种编织方式是在织物上有意识地编织孔眼，孔眼的排列具有装饰性。几个世纪以来，蕾丝花样时而流行，时而过时。传统的蕾丝用细线编织而成，但是你可以采用不同粗细的线来编织。蕾丝编织弹性大，但对于编织达人来说，编织蕾丝很过瘾，极富有挑战性。

蕾丝钻石花样

这种蕾丝针法能织出重复的小钻石花样。

材料工具
线：Rowan 纯羊毛 DK 线，色号 005 冰蓝色
针：美国 6 号（直径 4mm）针

缩略语解释
P2sso——滑 2 针，下一针织下针，将 2 针滑针套过刚织好的下针。

编织方法
起 31 针。
第 1 行（正面）：*1 针下针，左下 2 针并 1 针，绕线加 1 针，1 针下针，绕线加 1 针，左下 2 针并 1 针并扭针；从 * 重复编织，直至还剩 1 针，1 针下针。
第 2 行和所有的偶数行：编织上针。
第 3 行：左下 2 针并 1 针，* 绕线加 1 针，3 针下针，绕线加 1 针，[滑 1 针]2 次，1 针下针，P2sso；从 * 重复编织，直至还剩 5 针，绕线加 1 针，3 针下针，绕线加 1 针，左下 2 针并 1 针并扭针。
第 5 行：*1 针下针，绕线加 1 针，左下 2 针并 1 针并扭针，1 针下针，左下 2 针并 1 针，绕线加 1 针；从 * 重复编织，直至还剩 1 针，1 针下针。
第 7 行：2 针下针，* 绕线加 1 针，[滑 1 针]2 次，1 针下针，P2sso，绕线加 1 针，3 针下针；从 * 重复编织，直至还剩 5 针，绕线加 1 针，[滑 1 针]2 次，1 针下针，P2sso，绕线加 1 针，2 针下针。
第 8 行：编织上针。
重复编织以上 8 行，直至织块长度为 15cm 为止。
收针。

冷杉球果

若在蕾丝花样四周织边缘，就可以将织块变成正方形。用桂花针织边缘可以使蕾丝花样比较醒目、显眼。

材料工具
线：Rooster 羊驼美丽诺 DK 线，色号 211 玫红色
针：美国 6 号（直径 4mm）针

编织方法
起 41 针。
编织 4 行桂花针（桂花针针法参见第 10 页）。
接下来每行两边各织 5 针桂花针。
第 5 行（反面）：编织上针。
第 6 行：1 针下针，* 绕线加 1 针，3 针下针，右下 3 针并 1 针，3 针下针，绕线加 1 针，1 针下针；从 * 重复编织，直至结束。
再重复编织以上 2 行 3 次。
第 13 行：编织上针。
第 14 行：左下 2 针并 1 针，*3 针下针，绕线加 1 针，1 针下针，绕线加 1 针，3 针下针，右下 3 针并 1 针；从 * 重复编织，直至还剩 9 针，3 针下针，绕线加 1 针，1 针下针，绕线加 1 针，3 针下针，右下 2 针并 1 针。
再重复编织第 13、14 行 3 次。
再重复编织第 5~20 行 3 次。
编织 4 行桂花针。
收针。

浪尖花样

非常精致可爱的蕾丝——如果你学会了用 DK 线织这种针法，可以试着用细线编织，以领略这种蕾丝的魅力。

材料工具
线：Rooster 羊驼美丽诺 DK 线，色号 203 淡粉色
针：美国 6 号（直径 4mm）针

缩略语解释
Ssk——滑 1 针，滑 1 针，从针目后方穿入棒针，将 2 针滑针并在一起织下针。

编织方法
起 34 针。
第 1~4 行：编织下针。
第 5 行：1 针下针，* 左下 2 针并 1 针织 2 次，[绕线加 1 针，1 针下针] 织 3 次，绕线加 1 针，[Ssk] 织 2 次；从 * 重复编织，直至结束。
第 6 行：编织上针。
第 7、9、11 行：同第 5 行。
第 8、10、12 行：同第 6 行。
再重复编织以上 12 行 2 次。
编织 4 行下针。
收针。

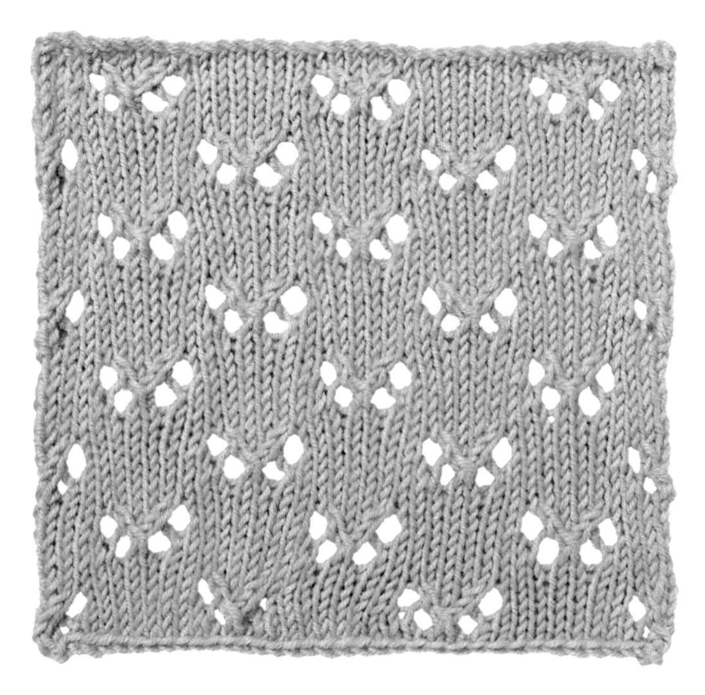

蝴蝶蕾丝

如果将这个方块倒过来看，这些孔眼好似飞翔中的蝴蝶。

材料工具
线：Rooster 羊驼美丽诺 DK 线，色号 210 黄色
针：美国 6 号（直径 4mm）针

编织方法
起 37 针。
第 1 行（正面）：编织下针。
第 2 行和所有的偶数行：编织上针。
第 3 行：4 针下针，绕线加 1 针，右下 2 针并 1 针，1 针下针，左下 2 针并 1 针，绕线加 1 针，*7 针下针，绕线加 1 针，右下 2 针并 1 针，1 针下针，左下 2 针并 1 针，绕线加 1 针；从 * 重复编织，直至还剩 4 针，4 针下针。
第 5 行：5 针下针，绕线加 1 针，右下 3 针并 1 针，绕线加 1 针，*9 针下针，绕线加 1 针，右下 3 针并 1 针，绕线加 1 针；从 * 重复编织，直至还剩 5 针，5 针下针。
第 7 行：编织下针。
第 9 行：1 针下针，* 左下 2 针并 1 针，绕线加 1 针，7 针下针，绕线加 1 针，右下 2 针并 1 针，1 针下针；从 * 重复编织，直至结束。
第 11 行：左下 2 针并 1 针，绕线加 1 针，9 针下针，* 绕线加 1 针，右下 3 针并 1 针，绕线加 1 针，9 针下针；从 * 重复编织，直至还剩 2 针，绕线加 1 针，右下 2 针并 1 针。
第 12 行：编织上针。
重复编织以上 12 行。直至织块长度为 15cm 为止。
收针。

蕨形蕾丝

精致的小叶子呼之欲出。表面看起来很复杂，但设计非常令人满意。

材料工具
线：Rooster 羊驼美丽诺 DK 线，色号 203 淡粉色
针：美国 6 号（直径 4mm）针

编织方法
起 38 针。
第 1 行和所有的奇数行（反面）：编织上针。
第 2 行：2 针上针，*9 针下针，绕线加 1 针，1 针下针，绕线加 1 针，3 针下针，右下 3 针并 1 针，2 针上针；从 * 重复编织，直至结束。
第 4 行：2 针上针，*10 针下针，绕线加 1 针，1 针下针，绕线加 1 针，2 针下针，右下 3 针并 1 针，2 针上针；从 * 重复编织，直至结束。
第 6 行：2 针上针，* 左下 3 针并 1 针，4 针下针，绕线加 1 针，1 针下针，绕线加 1 针，3 针下针，[绕线加 1 针，1 针下针] 织 2 次，右下 3 针并 1 针，2 针上针；从 * 重复编织，直至结束。
第 8 行：2 针上针，* 左下 3 针并 1 针，3 针下针，绕线加 1 针，1 针下针，绕线加 1 针，9 针下针，2 针上针；从 * 重复编织，直至结束。
第 10 行：2 针上针，* 左下 3 针并 1 针，2 针下针，绕线加 1 针，1 针下针，绕线加 1 针，10 针下针，2 针上针；从 * 重复编织，直至结束。
第 12 行：2 针上针，* 左下 3 针并 1 针，[1 针下针，绕线加 1 针] 织 2 次，3 针下针，绕线加 1 针，1 针下针，绕线加 1 针，4 针下针，右下 3 针并 1 针，2 针上针；从 * 重复编织，直至结束。
再重复编织以上 12 行 3 次。
收针。

贝壳蕾丝

编织贝壳时，注意防止钩丝。要定期数针数，确保没有多挑针数。

材料工具
线：Rooster 羊驼美丽诺 DK 线，色号 208 海蓝色
针：美国 6 号（直径 4mm）针
其他：麻花针

缩略语解释
Cluster 5——将接下来的 5 针移至右边棒针上，将多余圈数放掉，然后将这 5 针移回左边棒针上，这 5 针每针都织 [1 针下针，1 针上针，1 针下针，1 针上针，1 针下针]，而且每针都要在棒针上绕线 2 圈。

编织方法
起 31 针。
第 1 行：编织下针。
第 2 行：1 针上针，*5 针上针，每针都要在棒针上绕 2 圈线，1 针上针；从 * 重复编织，直至结束。
第 3 行：1 针下针，*Cluster 5，1 针下针；从 * 重复编织，直至结束。
将这 5 针移回左边棒针上。
第 4 行：1 针上针，*5 针下针，将多余圈数放掉，1 针上针；从 * 重复编织，直至结束。
第 5 行：编织下针。
第 6 行：4 针上针，5 针上针，每针都要在棒针上绕 2 圈线，*1 针上针，5 针上针，每针都要在棒针上绕 2 圈线；从 * 重复编织，直至还剩 4 针，4 针上针。
第 7 行：4 针下针，Cluster 5，*1 针下针，Cluster 5；从 * 重复编织，直至还剩 4 针，4 针下针。
第 8 行：4 针上针，5 针下针，将多余圈数放掉，*1 针上针，5 针下针，将多余圈数放掉；从 * 重复编织，直至还剩 4 针，4 针上针。
再重复编织以上 8 行 2 次。
第 25 行：编织下针。
收针。

脊状孔眼花样

这款蕾丝结合孔眼和山脊花样，富有凹凸感。

材料工具
线：Rooster 羊驼美丽诺 DK 线，色号 205 灰蓝色
针：美国 6 号（直径 4mm）针

编织方法
起 28 针。
第 1~3 行：编织上针。
第 4 行：* 绕线加 1 针，右下 2 针并 1 针；从 * 重复编织，直至结束。
重复编织以上 4 行，直至织块长度为 15cm 为止。
收针。

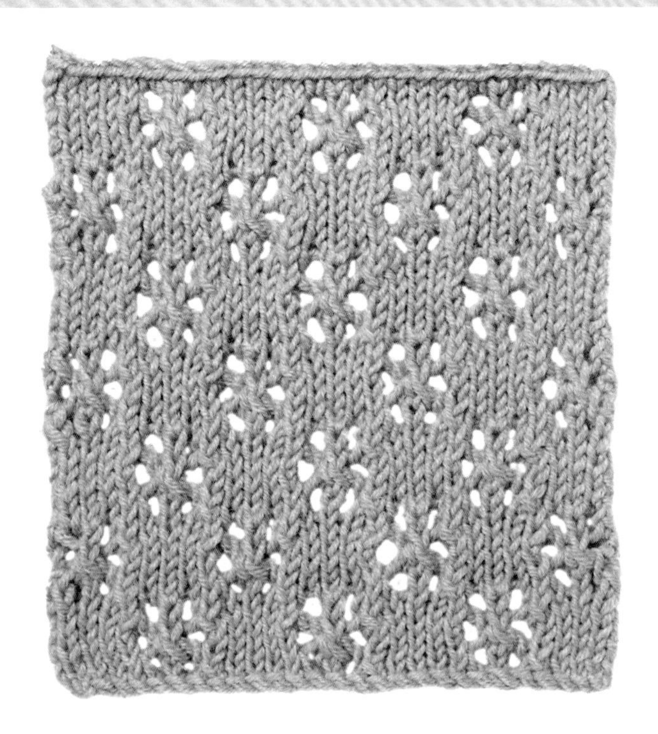

雪花蕾丝

雪花状的孔眼花样，非常精美，女人味十足。

材料工具
线：Rooster 羊驼美丽诺 DK 线，色号 203 淡粉色
针：美国 6 号（直径 4mm）针

缩略语解释
Ssk——滑 1 针，滑 1 针，从针目后方穿入棒针，将 2 针滑针并在一起织下针。
P2sso——滑 2 针，下一针织下针，将 2 针滑针套过刚织好的下针。

编织方法
起 29 针。
第 1 行和所有的奇数行（反面）：编织上针。
第 2 行：4 针下针，*Ssk，绕线加 1 针，1 针下针，绕线加 1 针，左下 2 针并 1 针，3 针下针；从 * 重复编织，直至还剩 1 针，1 针下针。
第 4 行：5 针下针，* 绕线加 1 针，P2sso，绕线加 1 针，5 针下针；从 * 重复编织，直至结束。
第 6 行：同第 2 行。
第 8 行：Ssk，绕线加 1 针，1 针下针，绕线加 1 针，左下 2 针并 1 针，*3 针下针，Ssk，绕线加 1 针，1 针下针，绕线加 1 针，左下 2 针并 1 针；从 * 重复编织，直至结束。
第 10 行：1 针下针，* 绕线加 1 针，P2sso，绕线加 1 针，5 针下针；从 * 重复编织，直至还剩 1 针，1 针下针。
第 12 行：同第 8 行。
重复编织以上 12 行，直至织块长度为 15cm 为止。
收针。

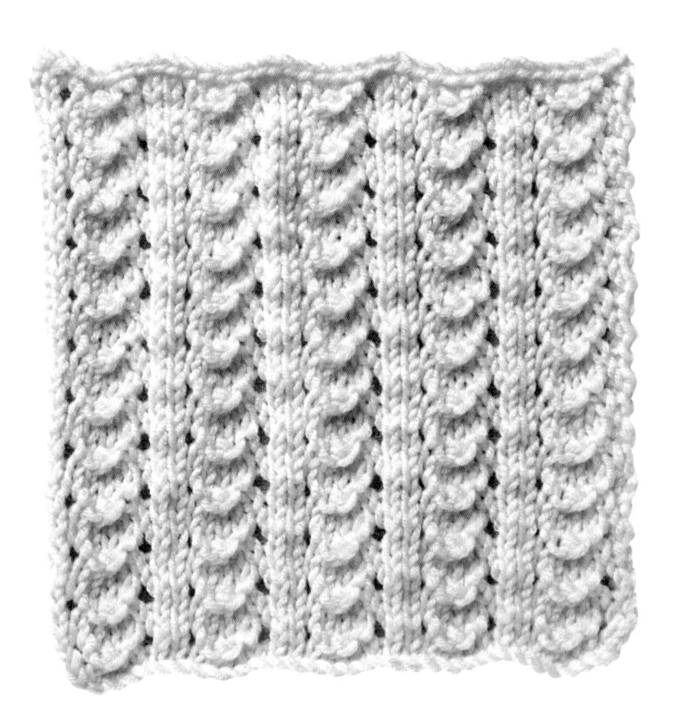

小贝壳

这款小巧可爱的立体花样酷似一列列叠在一起的扇贝壳。

材料工具
线：Rooster 羊驼美丽诺 DK 线，色号 201 米白色
针：美国 6 号（直径 4mm）针

编织方法
起 44 针。
第 1 行：编织下针。
第 2 行：编织上针。
第 3 针：*2 针下针，绕线加 1 针，1 针上针，左上 3 针并 1 针，1 针上针，绕线加 1 针；从 * 重复编织，直至还剩 2 针，2 针下针。
第 4 行：编织上针。
重复编织以上 4 行，直至织块长度为 15cm 为止。
收针。

花瓣蕾丝

这款蕾丝是第 94 页蕾丝床罩花样的一部分。.

材料工具
线：Pegasus 手工棉线，米色
针：美国 8 号（直径 5mm）针

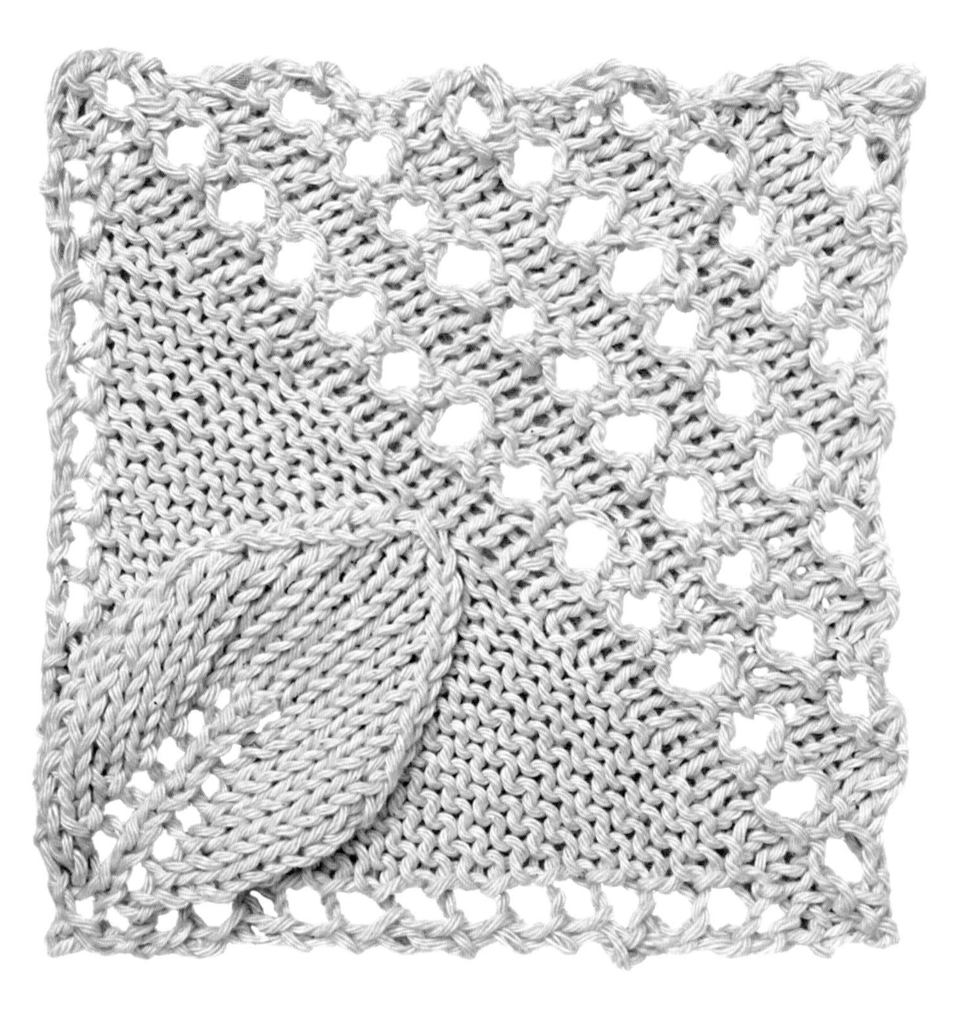

编织方法
起 2 针。
第 1 行（正面）：1 针下针，绕线加 1 针，1 针下针。
第 2 行：3 针上针。
第 3 行：[1 针下针，绕线加 1 针] 织 2 次，1 针下针。
第 4 行：5 针上针。
第 5 行：[1 针下针，绕线加 1 针] 织 4 次，1 针下针。
第 6 行：9 针上针。
第 7 行：1 针下针，绕线加 1 针，1 针上针，2 针下针，绕线加 1 针，1 针下针，绕线加 1 针，2 针下针，1 针上针，绕线加 1 针，1 针下针。
第 8 行：2 针上针，1 针下针，7 针上针，1 针下针，2 针上针。
第 9 行：1 针下针，绕线加 1 针，2 针上针，3 针下针，绕线加 1 针，1 针下针，绕线加 1 针，3 针下针，2 针上针，绕线加 1 针，1 针下针。
第 10 行：2 针上针，2 针下针，9 针上针，2 针下针，2 针上针。
第 11 行：1 针下针，绕线加 1 针，3 针上针，4 针下针，绕线加 1 针，1 针下针，绕线加 1 针，4 针下针，3 针上针，绕线加 1 针，1 针下针。
第 12 行：2 针上针，3 针下针，11 针上针，3 针下针，2 针上针。
第 13 行：1 针下针，绕线加 1 针，4 针上针，5 针下针，绕线加 1 针，1 针下针，绕线加 1 针，5 针下针，4 针上针，绕线加 1 针，1 针下针。
第 14 行：2 针上针，4 针下针，13 针上针，4 针下针，2 针上针。
第 15 行：1 针下针，绕线加 1 针，5 针上针，6 针下针，绕线加 1 针，1 针下针，绕线加 1 针，6 针下针，5 针上针，绕线加 1 针，1 针下针。
第 16 行：2 针上针，5 针下针，15 针上针，5 针下针，2 针上针。
第 17 行：1 针下针，绕线加 1 针，6 针上针，右下 2 针并 1 针，11 针下针，左下 2 针并 1 针，6 针上针，绕线加 1 针，1 针下针。
第 18 行：2 针上针，6 针下针，13 针上针，6 针下针，2 针上针。
第 19 行：1 针下针，绕线加 1 针，7 针上针，右下 2 针并 1 针，9 针下针，左下 2 针并 1 针，7 针上针，绕线加 1 针，1 针下针。
第 20 行：2 针上针，7 针下针，11 针上针，7 针下针，2 针上针。
第 21 行：1 针下针，绕线加 1 针，8 针上针，右下 2 针并 1 针，7 针下针，左下 2 针并 1 针，8 针上针，绕线加 1 针，1 针下针。
第 22 行：2 针上针，8 针下针，9 针上针，8 针下针，2 针上针。
第 23 行：1 针下针，绕线加 1 针，9 针上针，右下 2 针并 1 针，5 针下针，左下 2 针并 1 针，9 针上针，绕线加 1 针，1 针下针。
第 24 行：2 针上针，9 针下针，7 针上针，9 针下针，2 针上针。
第 25 行：1 针下针，绕线加 1 针，10 针上针，右下 2 针并 1 针，3 针下针，左下 2 针并 1 针，10 针上针，绕线加 1 针，1 针下针。
第 26 行：2 针上针，10 针下针，5 针上针，10 针下针，2 针上针。
第 27 行：1 针下针，绕线加 1 针，11 针上针，右下 2 针并 1 针，1 针下针，左下 2 针并 1 针，11 针上针，绕线加 1 针，1 针下针。
第 28 行：2 针上针，11 针下针，3 针上针，11 针下针，2 针上针。
第 29 行：1 针下针，绕线加 1 针，12 针上针，右下 3 针并 1 针，12 针上针，绕线加 1 针，1 针下针。
第 30 行：编织上针（共 29 针）。
第 31 行：第 1 针加 1 针，27 针下针，最后 1 针加 1 针。（共 31 针）。
第 32、33 行：编织上针。
第 34 行：[左下 2 针并 1 针，绕线加 1 针] 重复编织，直至还剩 3 针，左下 3 针并 1 针。
第 35 行：编织上针。
第 36 行：左上 2 针并 1 针，重复编织上针，直至还剩 2 针，左上 2 针并 1 针。
第 37 行：编织下针。
第 38 行：同第 36 行。
第 39 行：编织上针。
再重复编织第 34~39 行 3 次，然后再重复编织第 34~37 行 1 次。
下一行：左上 3 针并 1 针。
收针。

条纹和色彩搭配

搭配不同颜色的线编织很有特色。在一行的一端或者中间改变颜色，形成条纹或其他色彩设计，很容易编织。织完后将线头嵌入织片背面颜色相同的部位。

布莱顿海滩

这款方块色彩鲜明，令人回忆起在布莱顿沙滩上慵懒温暖的休闲日子。

材料工具
线：Rowan 手编棉线，色号 315 深巧克力色（A），色号 336 黄色（B），色号 313 桃红色（C）
针：美国 6 号（直径 4mm）针

编织方法
用 A 色线起 30 针。
第 1 行：编织下针，直至结束。
第 2 行：编织上针，直至结束。
第 3 行：同第 1 行。
换成 B 色线。
第 4 行：编织下针，直至结束。
第 5 行：编织上针，直至结束。
换成 A 色线。
第 6~8 行：编织平针。
换成 C 色线。
第 9~14 行：编织平针。
换成 A 色线。
第 15~17 行：编织平针。
换成 B 色线。
第 18、19 行：编织平针。
换成 A 色线。
第 20~22 行：编织平针。
换成 C 色线。
第 23~28 行：编织平针。
换成 A 色线。
第 29~31 行：编织平针。
换成 B 色线。
第 32、33 行：编织平针。
换成 A 色线。
第 34~36 行：编织平针。
收针。

海军蓝条纹

这款条纹的拼色很经典，可以织成航海主题的拼布型织物。

材料工具
线：Rowan 纯羊毛 DK 线，色号 013 灰蓝色（A），色号 012 白色（B），色号 010 靛蓝色（C）
针：美国 6 号（直径 4mm）针

编织方法
起 34 针。
全部编织平针，用 A 色线编织 4 行，换成 B 色线编织 4 行，再用 C 色线编织 4 行。按照这个颜色顺序编织，每织 4 行后换色，一直织到 44 行或者织到织块长度为 15cm 为止。
收针。

巴腾堡蛋糕

这款方块上的色彩搭配，就像巴腾堡蛋糕一样，让人垂涎欲滴。

材料工具

线：Rooster 羊驼美丽诺 DK 线，色号 201 米白色（A），色号 203 淡粉色（B），色号 210 黄色（C）

针：美国 6 号（直径 4mm）针

编织方法

用 A 色线起 34 针。

按照下面编织图解编织 42 行平针。

收针。

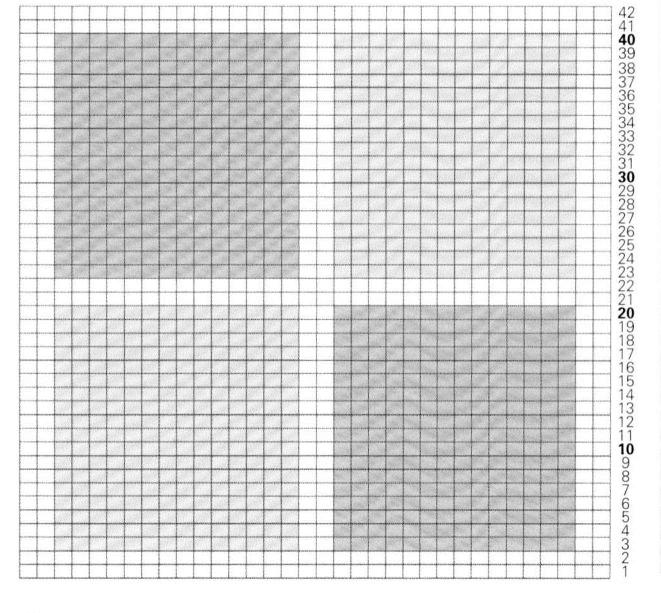

两行一色条纹

用夏日棉线编织成的漂亮的条纹方块，也可以用其他任何颜色组合编织这种条纹。

材料工具

线：Debbie Bliss DK 棉线，色号 39 蓝色（A），色号 02 白色（B）

针：美国 6 号（直径 4mm）针

编织方法

用 A 色线起 32 针。

全部编织平针，先用 A 色线织 2 行，换成 B 色线织 2 行。

按照上面的颜色顺序编织，每织 2 行后换色，一直织到 44 行或者织到织块长度为 15cm 为止。

收针。

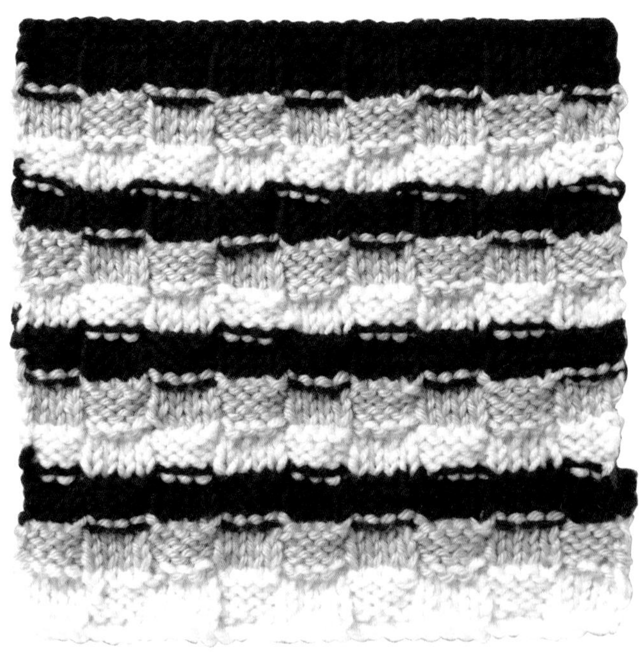

糖果条

这款糖果色方块每 4 行换一种颜色，色彩艳丽。

材料工具

线：Rowan 手编棉线，色号 303 粉红色（A），色号 251 本白色（B），色号 336 黄色（C）

针：美国 6 号（直径 4mm）针

编织方法

用 A 色线起 30 针。

全部编织平针，用 A 色线编织 4 行，换成 B 色线编织 4 行，再用 C 色线编织 4 行。按照这个颜色顺序，一直织到织块长度为 15cm 为止。

收针。

藤篮条纹

这种针法模仿用柳条编的篮子的纹路，属于非常传统的针法。用纯色线或者图中的暖色调的线编织都非常棒。

材料工具

线：Rooster 羊驼美丽诺 DK 线，色号 201 米白色（A），色号 203 淡粉色（B），色号 213 樱桃红色（C）

针：美国 6 号（直径 4mm）针

编织方法

用 A 色线起 36 针。

第 1 行：*4 针下针，4 针上针；从 * 重复编织，直至还剩 4 针，4 针下针。

第 2 行：*4 针上针，4 针下针；从 * 重复编织，直至还剩 4 针，4 针上针。

第 3 行：同第 1 行。

第 4 行：同第 2 行。

换成 B 色线。

第 5、7 行：同第 2 行。

第 6、8 行：同第 1 行。

换成 C 色线。

第 9、11 行：同第 1 行。

第 10、12 行：同第 2 行。

换成 A 色线。

第 13、15 行：同第 2 行。

第 14、16 行：同第 1 行。

换成 B 色线。

第 17、19 行：同第 1 行。

第 18、20 行：同第 2 行。

换成 C 色线。

第 21、23 行：同第 2 行。

第 22、24 行：同第 1 行。

换成 A 色线。

第 25、27 行：同第 1 行。

第 26、28 行：同第 2 行。

换成 B 色线。

第 29、31 行：同第 2 行。

第 30、32 行：同第 1 行。

换成 C 色线。

第 33、35 行：同第 1 行。

第 34、36 行：同第 2 行。

换成 A 色线。

第 37、39 行：同第 2 行。

第 38、40 行：同第 1 行。

换成 B 色线。

第 41、43 行：同第 1 行。

第 42、44 行：同第 2 行。

换成 C 色线。

第 45、47 行：同第 2 行。

第 46、48 行：同第 1 行。

收针。

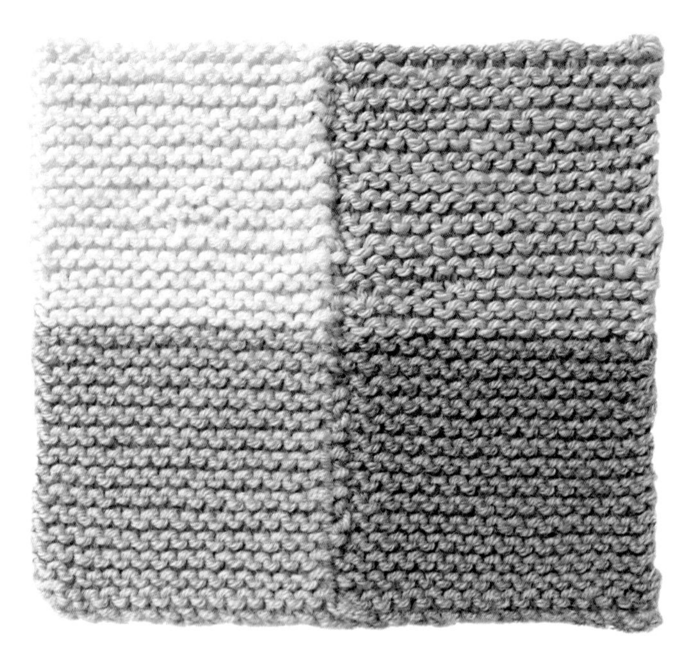

起伏针四色方块

这款织块用 4 种颜色编织起伏针，每种颜色占四分之一，不但容易编织，而且能很快完工。

材料工具

线：Rooster 羊驼美丽诺 DK 线，色号 207 黄绿色（A），色号 205 灰蓝色（B），色号 203 淡粉色（C），色号 201 米白色（D）
针：美国 6 号（直径 4mm）针

编织方法

用 A 色线起 16 针，然后用 B 色线起 16 针。
全部编织起伏针。按照上面的颜色顺序继续编织，直至织块长度为 7.5cm 为止。
将 A 色线换成 C 色线，B 色线换成 D 色线。
继续按照上面的颜色顺序编织，直至织块长度为 15cm 为止。
收针。

平针双色方块

编织双色织块是运用色彩的绝佳入门办法。用嵌花编织方法将两种颜色的线编织到一起，然后在连接处一起收针。

材料工具

线：Rooster 羊驼美丽诺 DK 线，色号 210 黄色（A），色号 201 米白色（B）
针：美国 6 号（直径 4mm）针

编织方法

用 A 色线起 17 针，然后用 B 色线起 17 针。
全部编织平针。按照上面的颜色顺序继续编织 22 行或者编织到织块长度为 7.5cm 为止。
将两种颜色交换，再编织 22 行或者编织到织块长度为 15cm 为止。
收针。

起伏针条纹

起伏针为最基础的针法。这款随机混合不同颜色的条纹非常有特色。我很喜欢 Rooster 羊驼美丽诺阿兰线的颜色，所以这款方块采用阿兰线编织而成。

材料工具

线：Rooster 羊驼美丽诺阿兰线，色号 305 黄色（A），色号 304 浅棕色（B），色号 306 黄绿色（C），色号 302 浅蓝色（D），色号 310 橙色（E），色号 309 海蓝色（F），色号 301 米白色（G），色号 308 深紫色（H），色号 303 淡粉色（I）
针：美国 6 号（直径 4mm）针

编织方法

用 A 色线起 30 针。
按照以下颜色顺序编织起伏针。
A 色线编织 2 行。
B 色线编织 2 行。
C 色线编织 6 行。
D 色线编织 2 行。
E 色线编织 6 行。
F 色线编织 4 行。
G 色线编织 2 行。
H 色线编织 8 行。
I 色线编织 4 行。
G 色线编织 4 行。
B 色线编织 2 行。
D 色线编织 6 行。
C 色线编织 3 行。
收针。

滑针花呢

滑针是一种混色编织的有效方法。这里以上针方式滑针。将暂时不用的线放置在织片的上面。

材料工具

线：Rooster 羊驼美丽诺 DK 线，色号 207 黄绿色（A），色号 203 淡粉色（B）
针：美国 6 号（直径 4mm）针

编织方法

用 A 色线起 39 针。
第 1 行：用 A 色线织下针。
第 2 行：编织上针。
换成 B 色线。
第 3 行：1 针下针，滑 1 针，*2 针下针，滑 1 针；从 * 重复编织，直至还剩 1 针，1 针下针。
第 4 行：1 针下针，* 将线放在织片的前面，以上针方式滑 1 针，将线放在织片的后面，2 针下针；从 * 重复编织，直至还剩 2 针，将线放在织片的前面，以上针方式滑 1 针，将线放在织片的后面，1 针下针。
再重复编织以上 4 行 14 次，以第 4 行的织法结束。
用 A 色线再重复编织第 1、2 行。
收针。

马赛克

用多种不同颜色的线交替编织毯子，能产生多色随机马赛克的效果。

材料工具

织块 1：光面效果

线：Cascade 220 DK 线，色号 2419 紫红色（A），色号 2429 深绿色（B），色号 8901 紫色（C），色号 8912 浅紫色（D），色号 9478 粉红色（E）

针：美国 6 号（直径 4mm）针

织块 2：毛面效果

线：Rooster 羊驼美丽诺 DK 线，色号 210 黄色（F），色号 204 葡萄紫色（G），色号 207 黄绿色（H），色号 203 淡粉色（I），色号 205 灰蓝色（J），色号 209 桃红色（K），色号 214 深紫色（L），色号 201 米白色（M），色号 208 海蓝色（N）

针：美国 6 号（直径 4mm）针

编织方法

织块 1：光面效果

用 A、B、C 三色线分别起 10 针。

全部编织平针，按照上面的颜色顺序编织 12 行。按照编织图解改变颜色，总共编织 36 行。

收针。

织块 2：毛面效果

用 F、G、H 三色线分别起 10 针。

第 1 行：用 F 色线，[1 针下针，1 针上针] 织 10 针，换成 G 色线，[1 针下针，1 针上针] 织 10 针，换成 H 色线，[1 针下针，1 针上针] 织至结束。

第 2 行：用 H 色线，[1 针上针，1 针下针] 织 10 针，换成 G 色线，[1 针上针，1 针下针] 织 10 针，换成 F 色线，[1 针上针，1 针下针] 织至结束。

再重复编织第 1、2 行 7 次，直至织块长度为 5cm 为止。

换色编织。

第 17 行：用 I、J、K 色线，按照第 1 行编织。

第 18 行：用 K、J、I 色线，按照第 2 行编织。

再重复编织第 17、18 行 7 次，直至换色部分织块长度为 5cm 为止。

换色编织。

第 33 行：用 L、M、N 色线，按照第 1 行编织。

第 34 行：用 N、M、L 色线，按照第 2 行编织。

再重复编织第 33、34 行 7 次，直至换色部分织块长度为 5cm 为止。

收针。

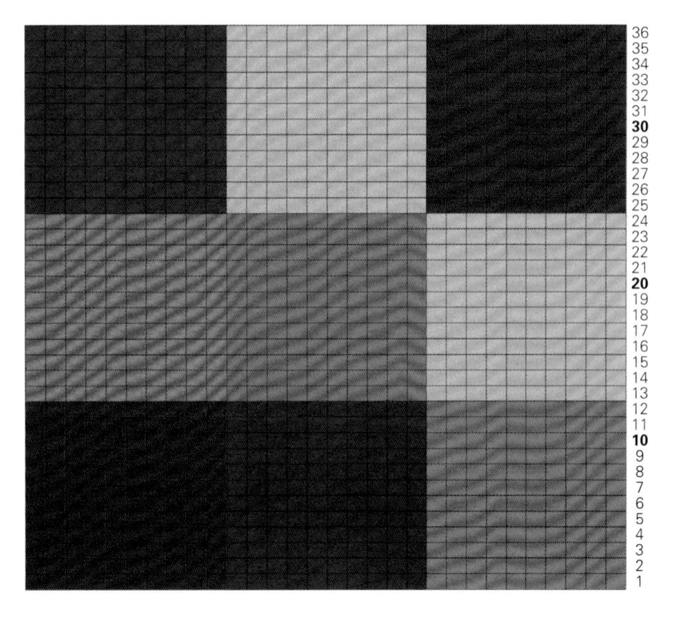

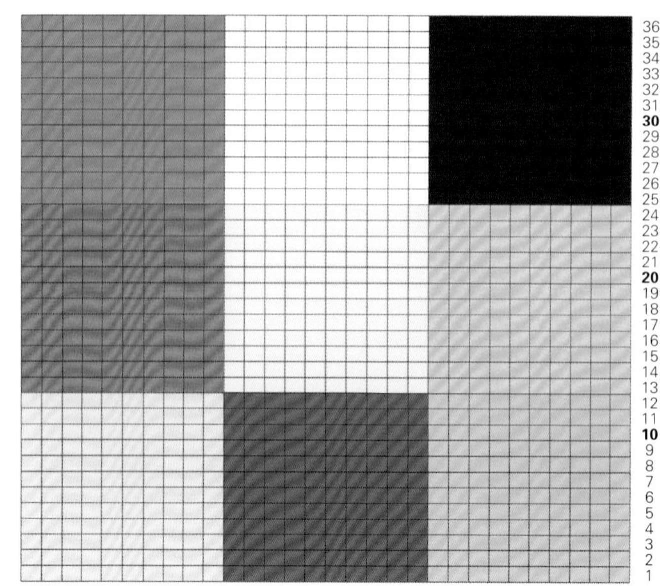

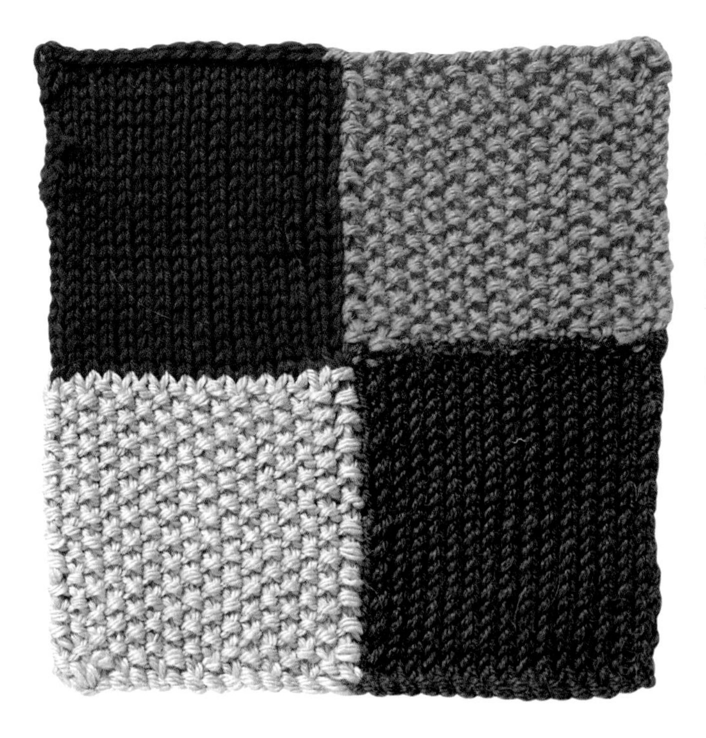

爵士乐

这款方块将平针和桂花针小方块组合在一起。相同针数的平针比桂花针面积要小，因此织平针时织松些，确保两种方块大小相同。

材料工具
线：Rooster 羊驼美丽诺 DK 线，色号 203 淡粉色（A），色号 206 蓝黑色（B），色号 211 玫红色（C）；Rowan 纯羊毛 DK 线，色号 042 红色（D）
针：美国 6 号（直径 4mm）针

编织方法
用 A 色线起 18 针，B 色线起 18 针。
第 1 行：用 B 色线织 16 针下针；换成 A 色线，1 针下针，1 针上针，编织至结束。（共 36 针）
第 2 行：用 A 色线，1 针上针，1 针下针，编织 16 针；换成 B 色线，编织上针直至结束。
重复编织以上 2 行，直至织块长度为 7.5cm 为止，以第 2 行的织法结束。
下一行：用 C 色线，1 针下针，1 针上针，编织 16 针；换成 D 色线，编织下针直至结束。
下一行：用 D 色线，16 针上针；换成 C 色线，1 针上针，1 针下针，编织至结束。
重复编织以上 2 行，直至织块长度为 15cm 为止。
收针。

薄荷糖

薄荷糖是糖果店最受欢迎的糖果之一，这些条纹让我想起儿时吃薄荷糖的美好感觉。

材料工具
线：Debbie Bliss Rialto DK 线，色号 03 黑色（A），色号 02 本白色（B）
针：美国 6 号（直径 4mm）针

编织方法
用 A 色线起 35 针。
全部编织平针，用 A 色线编织 2 行，换成 B 色线编织 3 行。按照这种颜色顺序编织 45 行，或者编织到织块长度为 15cm 为止。
收针。

果子露气泡酒

这款织块就像果子露气泡酒中的泡泡一样，色彩缤纷，仿佛要从棒针中腾飞而出。

材料工具

线：Rooster 羊驼美丽诺 DK 线，色号 211 玫红色（A）；Cascade 220 DK 线，色号 2419 紫红色（B）；Rooster 羊驼美丽诺 DK 线，色号 210 黄色（C）；Cascade 220 DK 线，色号 8912 浅紫色（D）

针：美国 6 号（直径 4mm）针

编织方法

用 A 色线起 32 针。

按以下方法编织桂花针：

第 1 行：1 针下针，1 针上针，编织至结束。

第 2 行：1 针上针，1 针下针，编织至结束。

换色编织。

重复编织第 1、2 行，每 2 行 1 种颜色，编织 50 行。

收针。

多彩圆点

这款图案色彩丰富，立体感强，非常有趣。适合用来编织外套或者毯子。

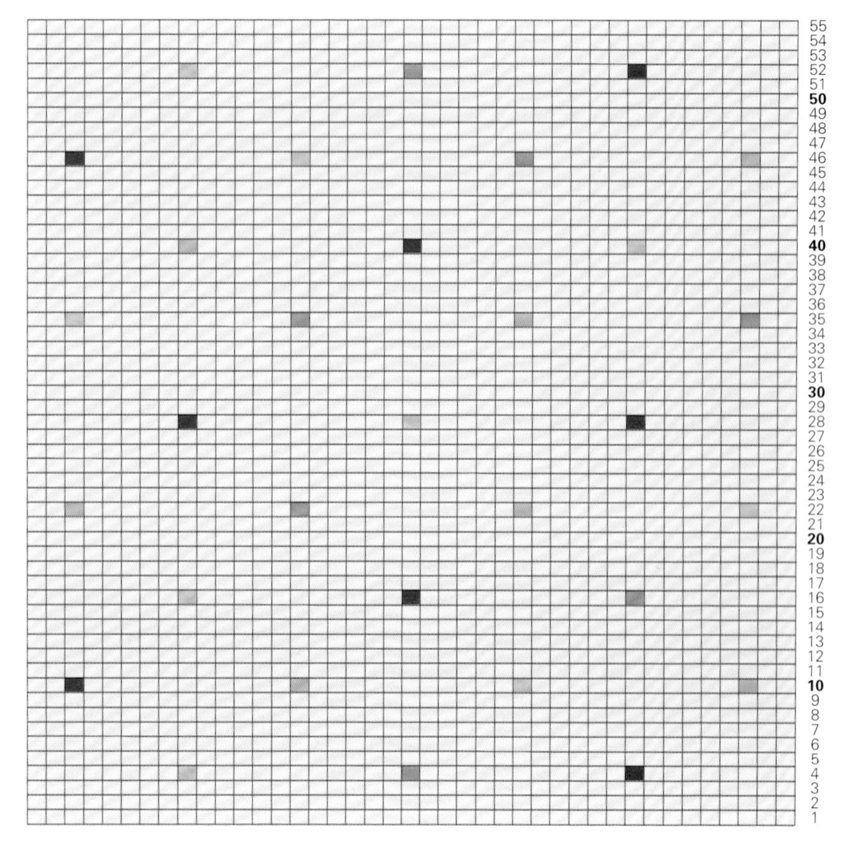

材料工具

线：Rowan 经典竹棉线，色号 103 浅灰蓝色（A）；Rowan 格蕾丝棉线，色号 812 草绿色（B），色号 741 深红色（C），色号 826 淡粉色（D），色号 832 橙色（E）

针：美国 3 号（直径 3.25mm）针

编织方法

用 A 色线起 41 针。

编织 55 行平针，其间按照编织图解编织撞色绒球。

绒球编织方法

用 B、C、D 或 E 色线将下一针织 1 针放 5 针，即 [1 针下针，1 针上针，1 针下针，1 针上针，1 针下针]，翻面，5 针上针，翻面，5 针下针，翻面，左上 2 针并 1 针，1 针上针，左上 2 针并 1 针，翻面，右下 3 针并 1 针。断线。继续用 A 色线编织，直至编织到下一个绒球。

收针。

嵌花

嵌花编织的优点在于可以编织各种图形和图案。嵌花采用不同颜色的毛线编织，暂时不织的毛线不需要在背面渡线。下面是各种不同图形和图案的嵌花编织，色彩绚丽。织好后可以将作品装裱起来，作为一件艺术品；也可以装饰在其他编织作品上。

小花斑母鸡

这款母鸡花样很可爱，可以根据自己的喜好换成其他颜色的线编织母鸡。

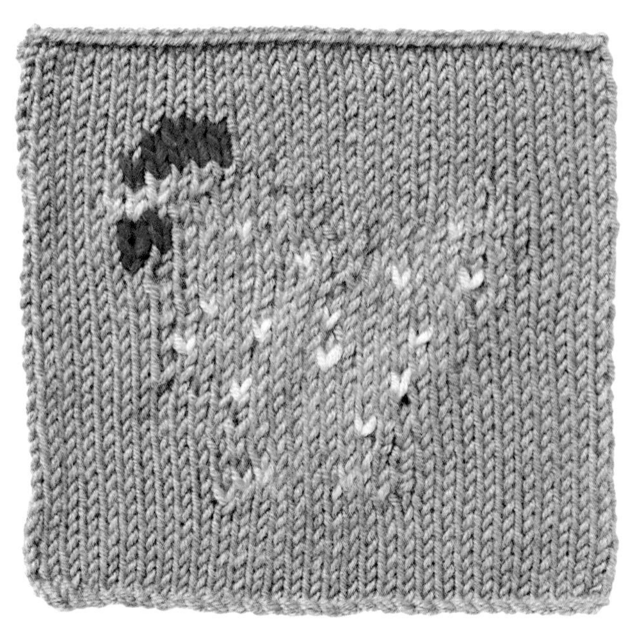

材料工具

线：Rooster 羊驼美丽诺 DK 线，色号 207 黄绿色（A），色号 202 土黄色（B），色号 203 淡粉色（C），色号 201 米白色（D），色号 213 樱桃红色（E），色号 210 黄色（F）

针：美国 6 号（直径 4mm）针

编织方法

起 32 针。

按照编织图解编织 42 行平针。

收针。

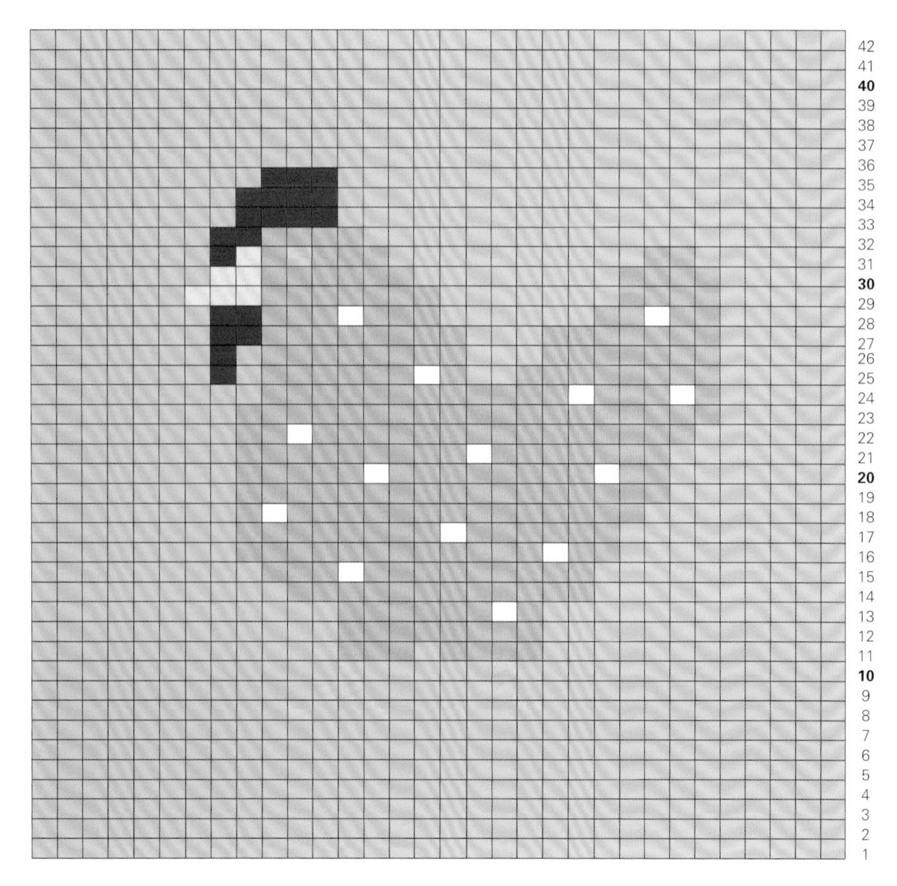

房子

编织自己的家吧！可以按照自个儿家的颜色来配色，织好后装裱起来。

材料工具
线：Rooster 羊驼美丽诺 DK 线，色号 205 灰蓝色（A），色号 204 葡萄紫色（B），色号 206 蓝黑色（C），色号 201 米白色（D），色号 207 黄绿色（E），色号 202 土黄色（F），色号 210 黄色（G），色号 203 淡粉色（H）
针：美国 6 号（直径 4mm）针

编织方法
起 32 针。
按照编织图解编织 42 行平针。
屋顶编织桂花针。
收针。

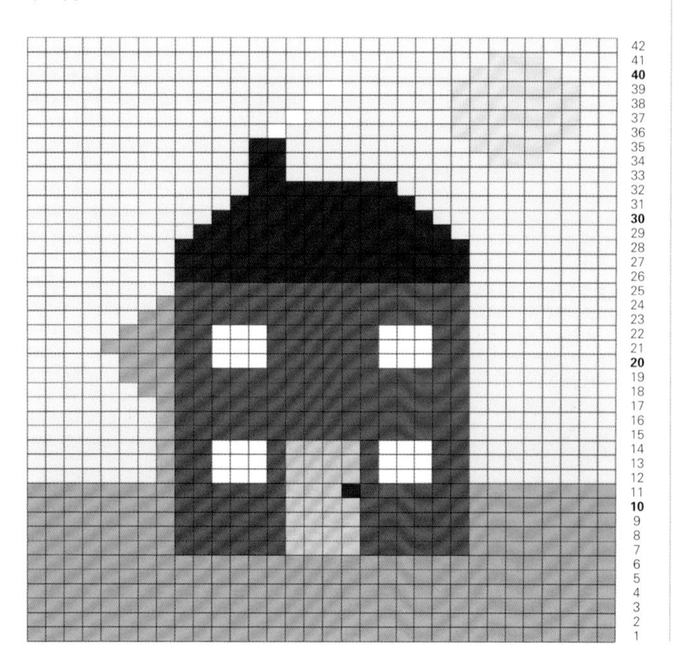

小兔子

在毯子上编织这款可爱的小兔子，换成其他各种颜色的小兔子也会非常漂亮。

材料工具
线：Rooster 羊驼美丽诺 DK 线，色号 202 土黄色（A），色号 201 米白色（B），色号 203 淡粉色（C），色号 205 灰蓝色（D）
针：美国 6 号（直径 4mm）针

编织方法
起 32 针。
按照编织图解编织 42 行平针。
收针。

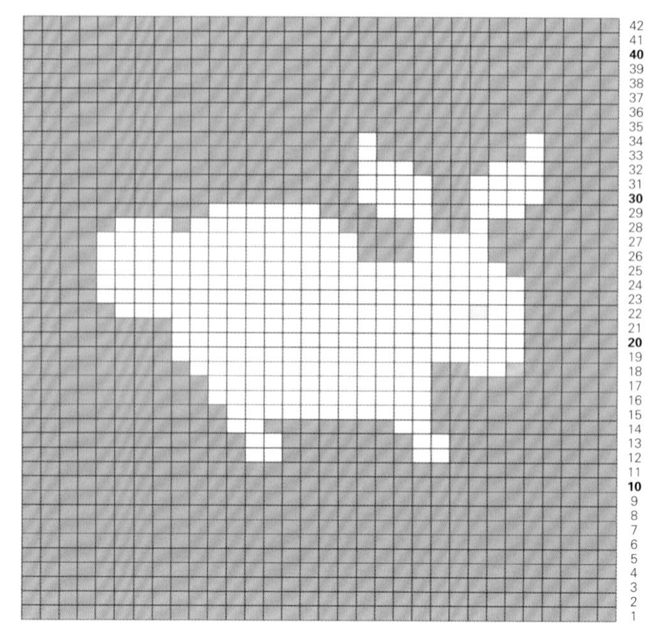

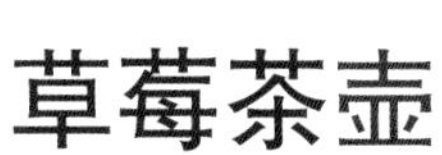

草莓茶壶

这款可爱的小茶壶花样的主体是一颗漂亮的草莓。

材料工具

线：Rooster 羊驼美丽诺 DK 线，色号 205 灰蓝色（A）；Debbie Bliss Rialto DK 线，色号 12 红色（B），色号 02 本白色（C）；Rooster 羊驼美丽诺 DK 线，色号 207 黄绿色（D）

针：美国 6 号（直径 4mm）针

编织方法

起 32 针。

按照编织图解编织 42 行平针。

收针。

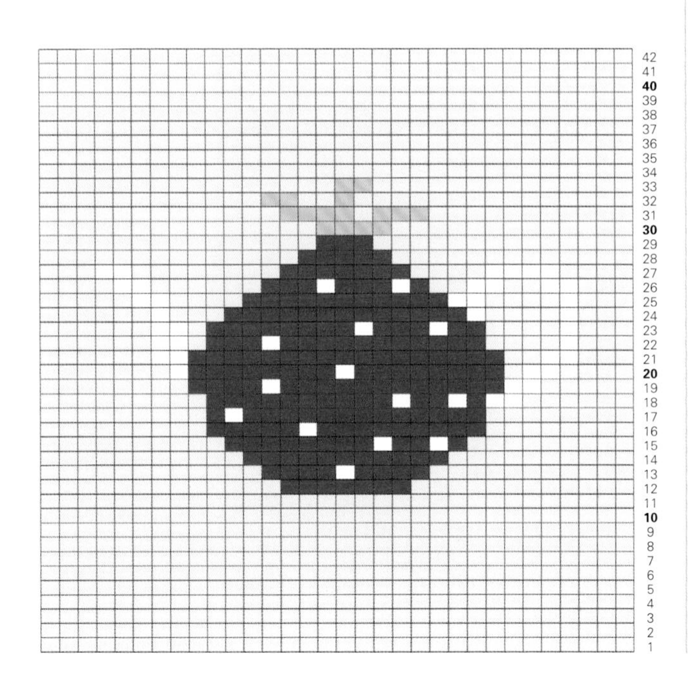

花朵

这款方块上的花朵非常阳光、快乐。

材料工具

线：Rowan 纯羊毛 DK 线，色号 043 米色（A）；Debbie Bliss Rialto DK 线，色号 12 红色（B），色号 32 橙色（C），色号 10 绿色（D）

针：美国 6 号（直径 4mm）针

编织方法

起 32 针。

按照编织图解编织 40 行平针。

收针。

镶边斑点

这款带镶边的大斑点色彩艳丽，设计在方块上非常醒目。

材料工具

线：Cascade 220 DK 线，色号 8901 紫色（A），色号 2429 深绿色（B），色号 8912 浅紫色（C）

针：美国 6 号（直径 4mm）针

编织方法

起 32 针。

按照编织图解编织 42 行平针。

收针。

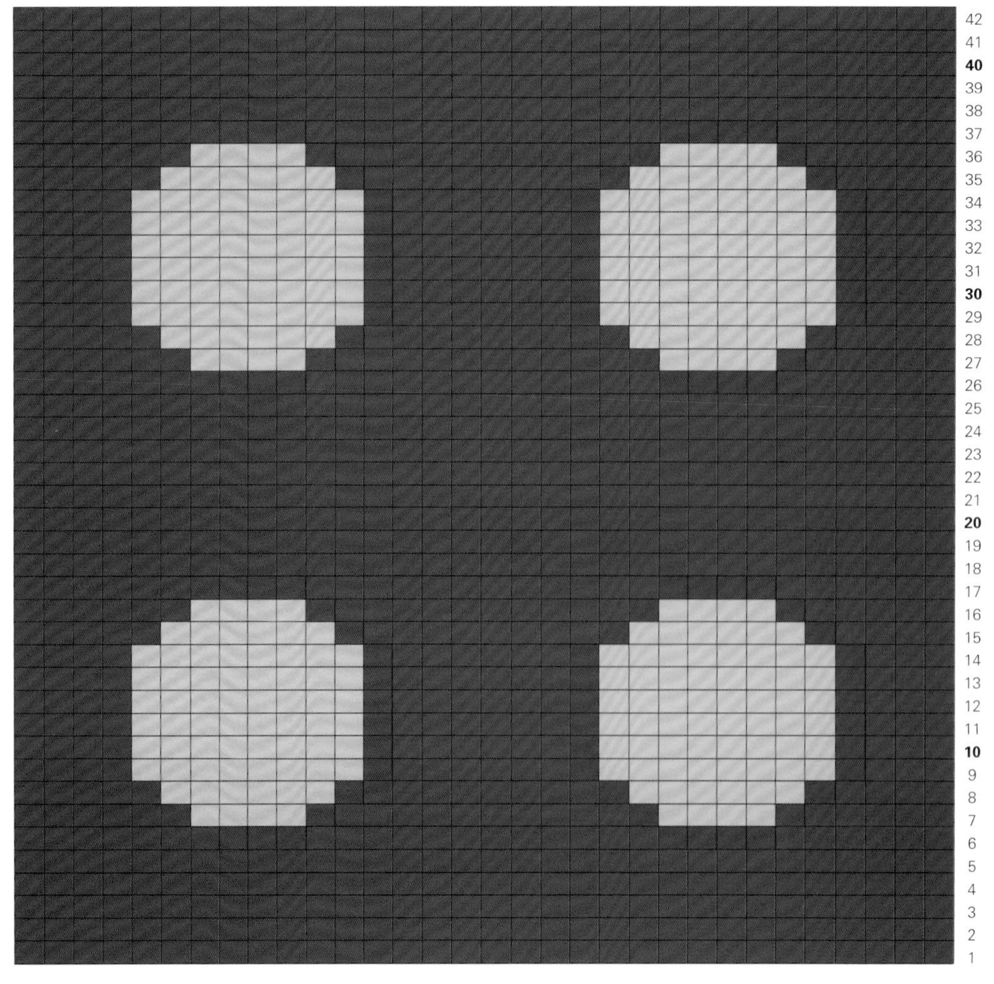

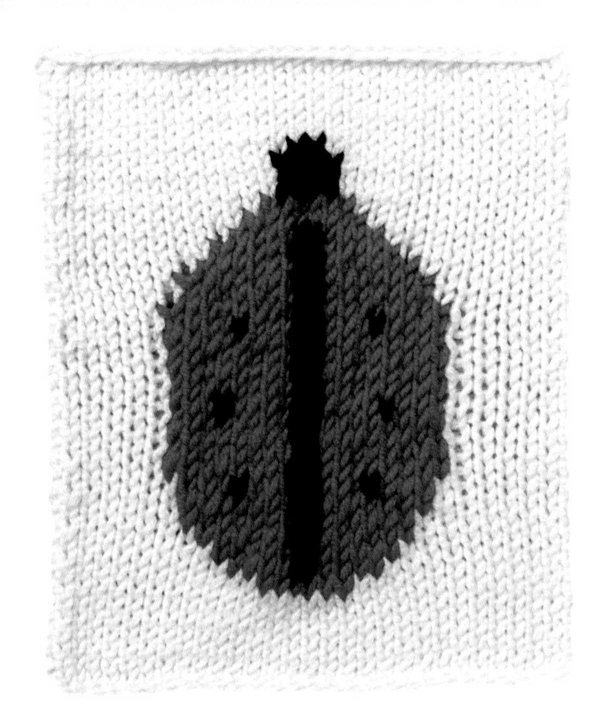

小瓢虫

这款色彩缤纷的小瓢虫图案非常讨人喜欢，可以用在不同的嵌花作品中。

材料工具
线：Debbie Bliss Rialto DK 线，色号 02 本白色（A），色号 12 红色（B），色号 03 黑色（C）
针：美国 6 号（直径 4mm）针

编织方法
起 32 针。
按照编织图解编织 42 行平针。
收针。

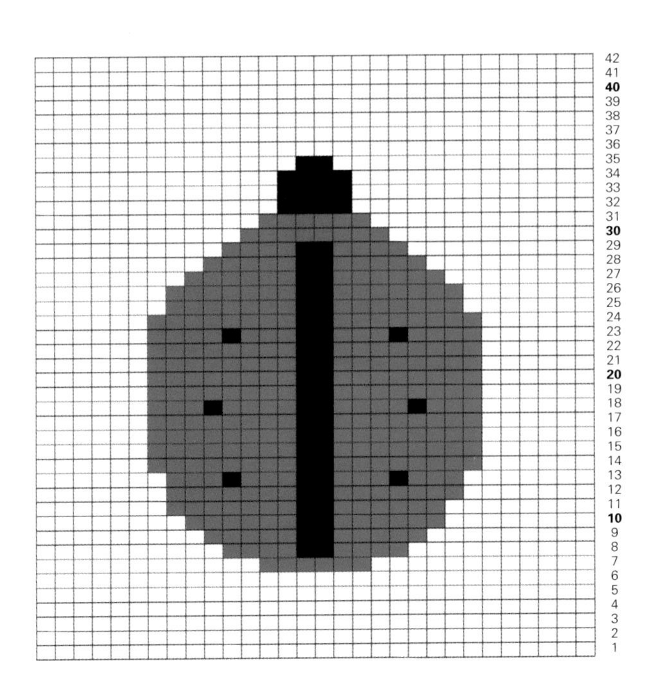

爱心

爱心图案很适合编织在毯子、婴儿围兜等作品上——见第 124 页的心形薰衣草香包。

材料工具
线：Rowan 纯羊毛 DK 线，色号 043 米色（A）；Debbie Bliss Rialto DK 线，色号 12 红色（B）
针：美国 6 号（直径 4mm）针

编织方法
起 32 针。
按照编织图解编织 42 行平针。
收针。

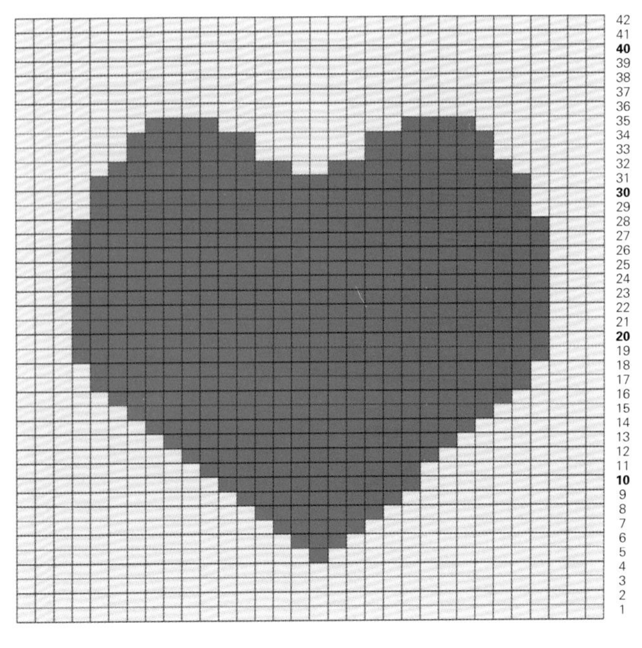

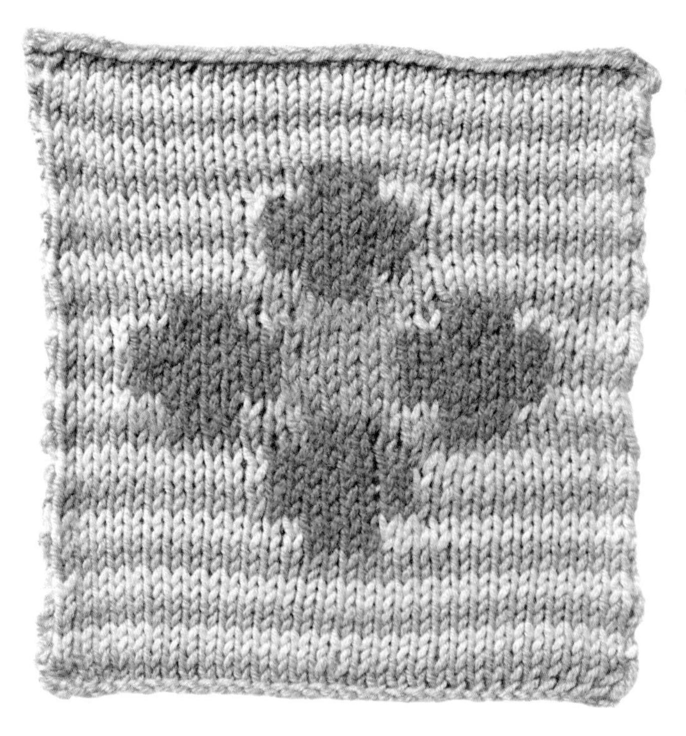

条纹花朵

柔和的条纹加上色彩亮丽的花朵，让这款方块特别引人注目。

材料工具

线：Rooster 羊驼美丽诺 DK 线，色号 205 灰蓝色（A），色号 201 米白色（B），色号 203 淡粉色（C），色号 211 玫红色（D）
针：美国 6 号（直径 4mm）针

编织方法

起 32 针。
按照编织图解编织 42 行平针。
收针。

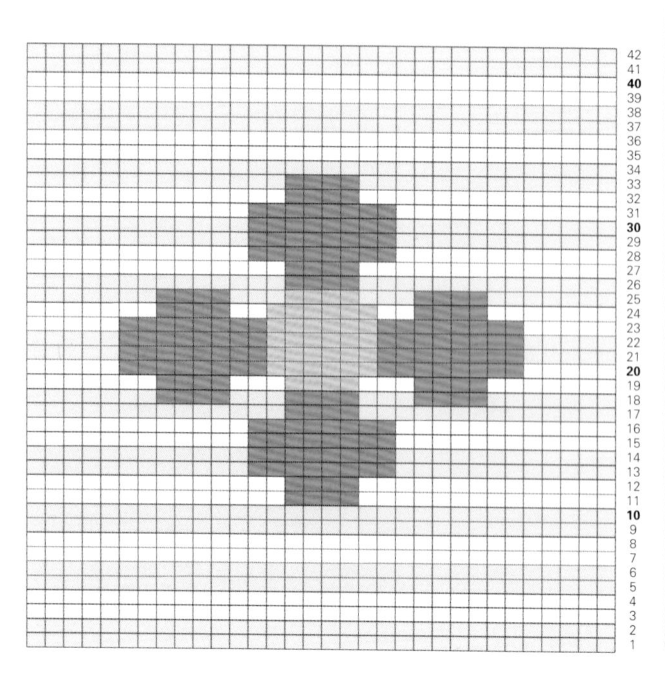

郁金香

试着变化郁金香的颜色，将这款方块编织出各种不同的样子吧。

材料工具

线：Debbie Bliss Rialto DK 线，色号 02 本白色（A），色号 07 黄色（B）；Rowan 纯羊毛 DK 线，色号 020 绿色（C）
针：美国 6 号（直径 4mm）针

编织方法

起 32 针。
按照编织图解编织 42 行平针。
收针。

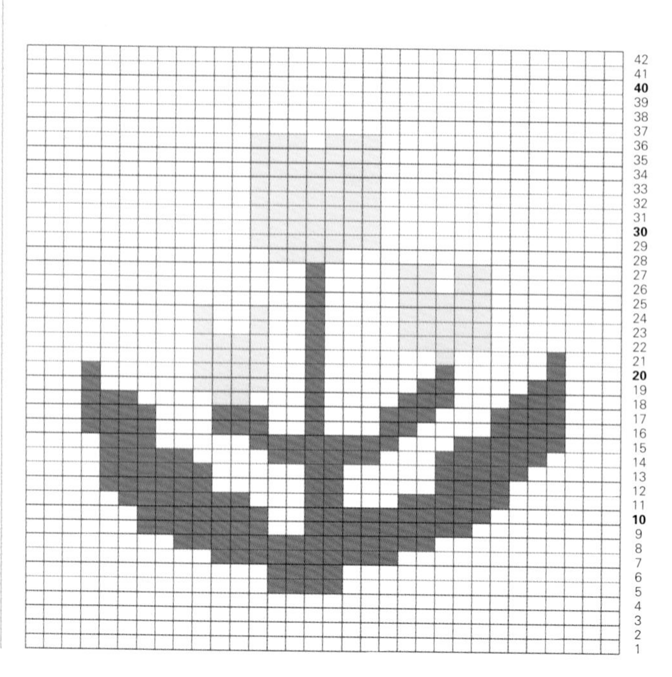

五角星

这款方块的背景色让五角星特别引人注目。

材料工具
线：Rooster 羊驼美丽诺 DK 线，色号 206 蓝黑色（A），色号 201 米白色（B）
针：美国 6 号（直径 4mm）针

编织方法
起 32 针。
按照编织图解编织 42 行平针。
收针。

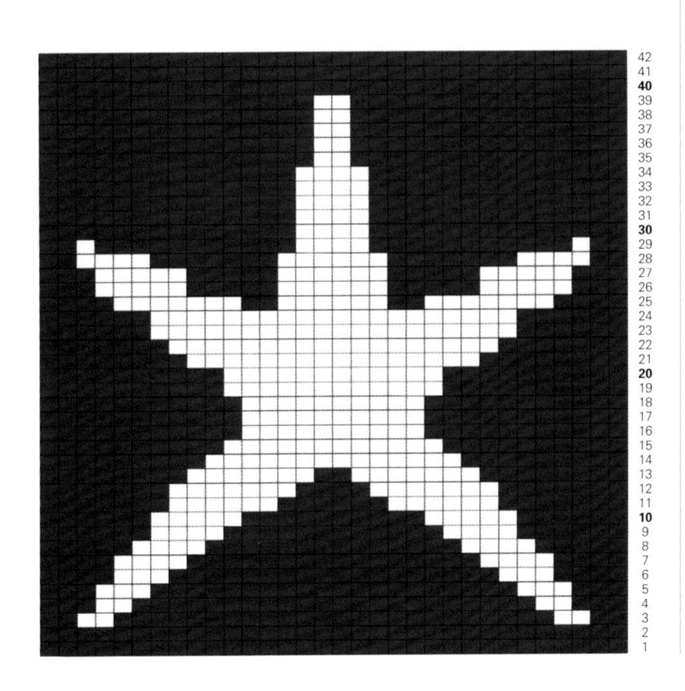

草莓惊喜

混合不同颜色的草莓方块，让人垂涎欲滴——可以组合编织第 44 页的果子露气泡酒以及第 39 页的糖果条。

材料工具
线：Debbie Bliss Rialto DK 线，色号 02 本白色（A），色号 12 红色（B），色号 10 绿色（C）
针：美国 6 号（直径 4mm）针

编织方法
起 32 针。
按照编织图解编织 42 行平针。
收针。

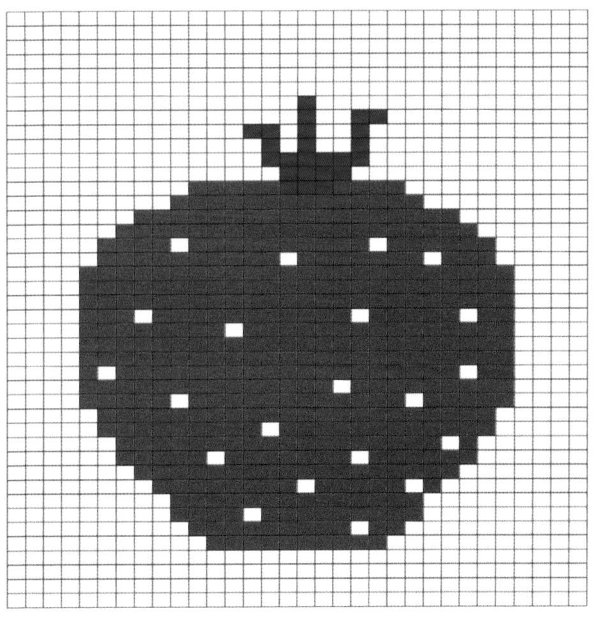

圆点

这几种美丽的色彩搭配得令人赏心悦目。

材料工具

线：Rooster 羊驼美丽诺 DK 线，色号 203 淡粉色（A），色号 208 海蓝色（B），色号 204 葡萄紫色（C），色号 201 米白色（D），色号 205 灰蓝色（E）

针：美国 6 号（直径 4mm）针

编织方法

起 38 针。

按照编织图解编织 42 行平针。

收针。

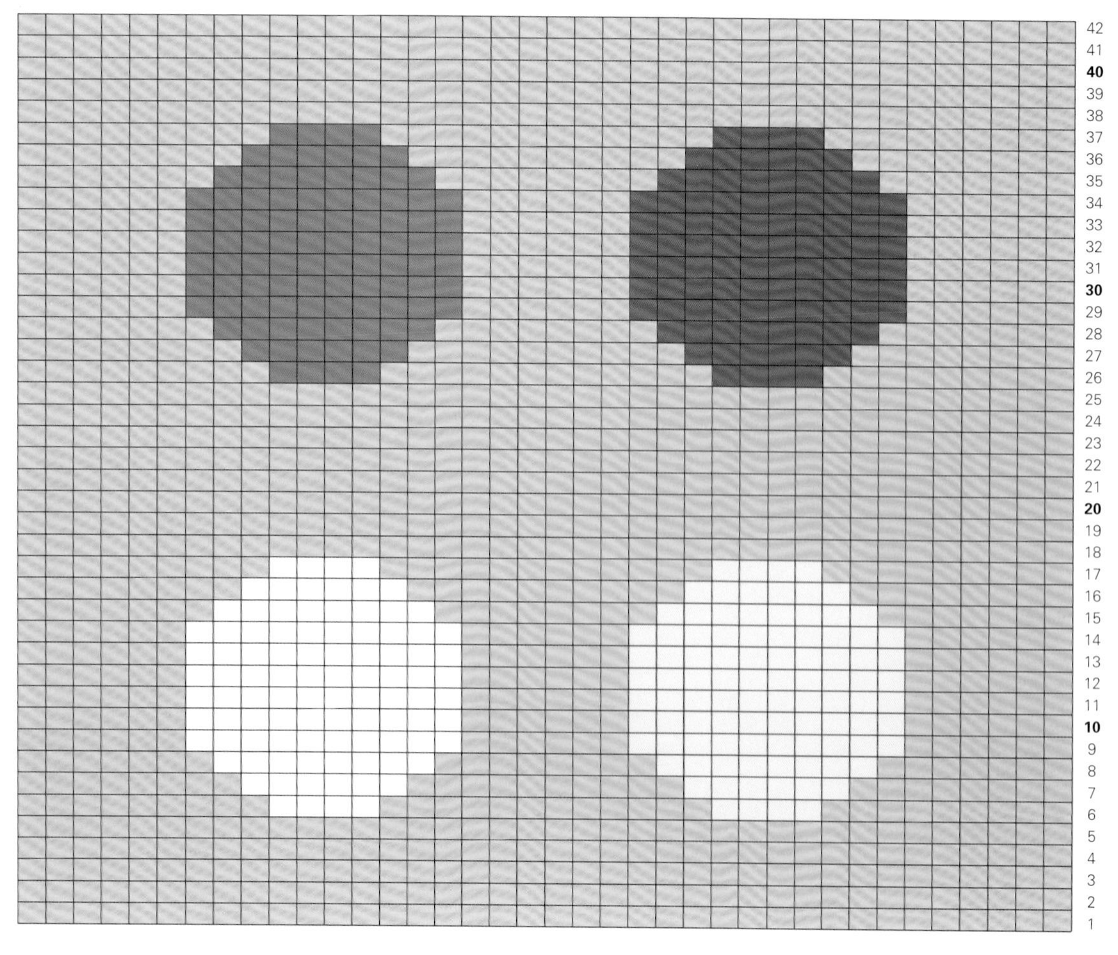

提花

这是我最热衷的编织花样，也许是小时候从祖母那里耳濡目染的缘故，而在织物背面渡线成为我的第二天性。下面有许多提花的花样和成品可供选择；若是初学者，可以先织两色提花，然后再织多色提花。

大黄馅与卡仕达馅

这是儿时祖母教我编织的第一种提花。

材料工具
线：Rowan 纯羊毛 DK 线，色号 029 石榴红色（A），色号 032 镀金色（B）
针：美国 6 号（直径 4mm）针

编织方法
用 A 色线起 36 针。
按照编织图解编织 44 行平针，或者编织到织块长度为 15cm 为止。
收针。

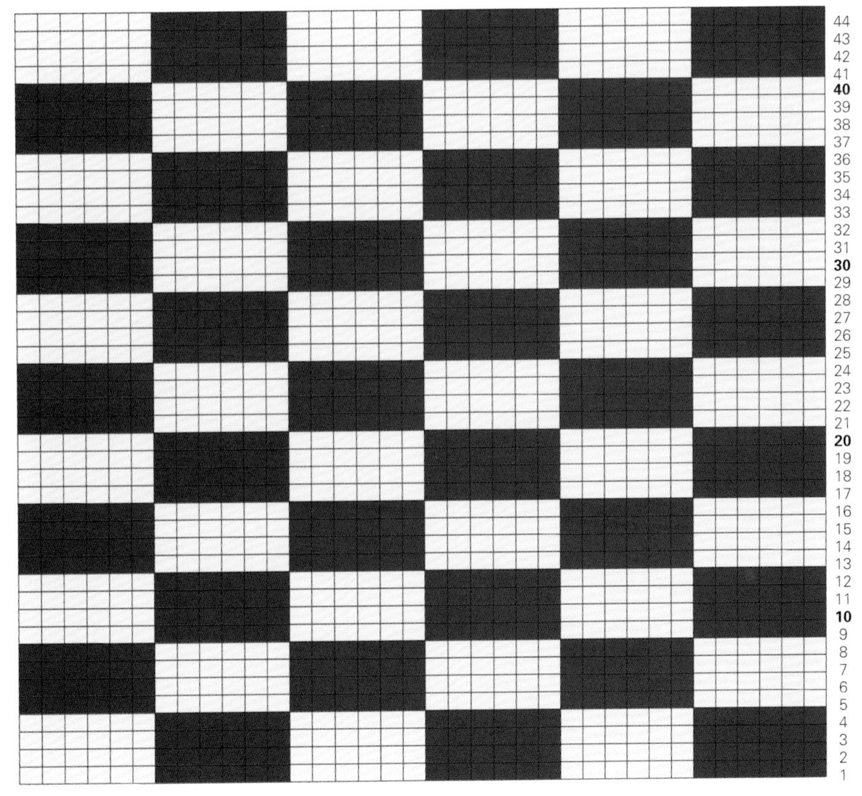

菱形花纹

这是一款非常传统的提花图案，在高尔夫袜子和苏格兰裙上很常见。

材料工具

线：Rooster 羊驼美丽诺 DK 线，色号 203 淡粉色（A），色号 207 黄绿色（B）
针：美国 6 号（直径 4mm）针

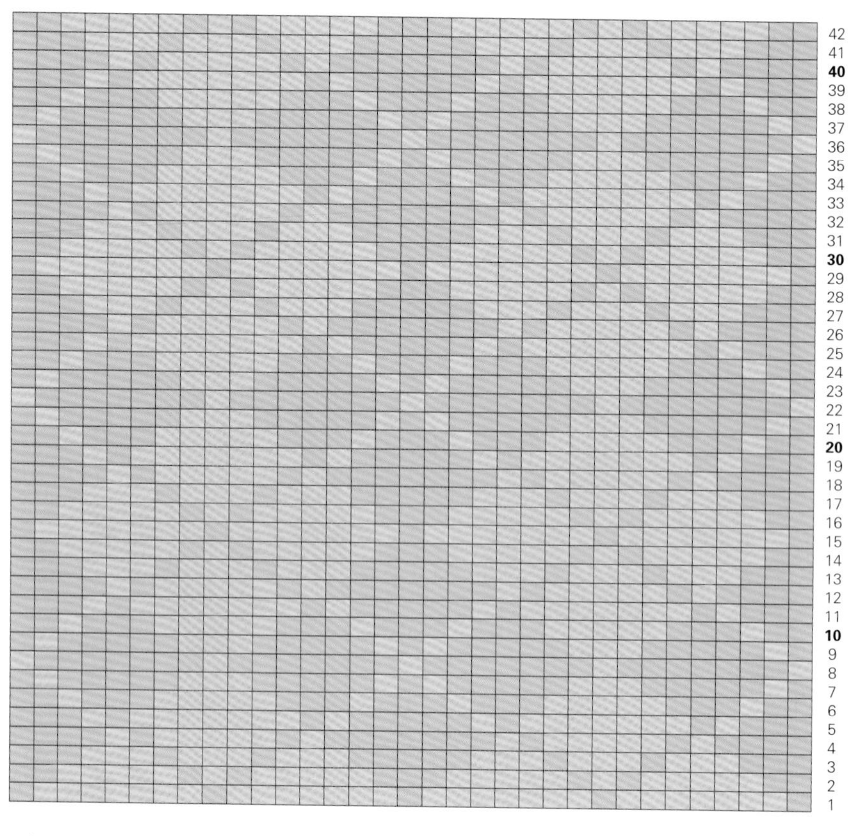

编织方法

用 A 色线起 33 针。
按照编织图解编织 42 行平针。
用 A 色线收针。

瑞士方格

这是一款简单的滑针花样——同一行颜色相同，不必在织物背面渡线。3 针以上的渡线要渡松些。

材料工具

线：Rowan 纯羊毛 DK 线，色号 029 石榴红色（A），色号 046 蔷薇粉色（B）
针：美国 6 号（直径 4mm）针

编织方法

用 A 色线起 37 针。
第 1 行：用 A 色线，1 针下针，编织上针直至还剩 1 针，1 针下针。
换成 B 色线。
第 2 行：1 针下针，滑 1 针，*1 针下针，滑 3 针；从 * 重复编织，直至还剩 3 针，1 针下针，滑 1 针，1 针下针。
第 3 行：1 针下针，*3 针上针，滑 1 针；从 * 重复编织，直至还剩 4 针，3 针上针，1 针下针。
换成 A 色线。
第 4 行：2 针下针，* 滑 1 针，3 针下针；从 * 重复编织，直至还剩 3 针，滑 1 针，2 针下针。
第 5 行：编织上针直至还剩 1 针，1 针下针。
换成 B 色线。
第 6 行：1 针下针，* 滑 3 针，1 针下针；从 * 重复编织，直至结束。
第 7 行：1 针下针，1 针上针，* 滑 1 针，3 针上针；从 * 重复编织，直至还剩 3 针，滑 1 针，1 针上针，1 针下针。

换成 A 色线。
第 8 行：4 针下针，* 滑 1 针，3 针下针；从 * 重复编织，直至还剩 1 针，1 针下针。
重复编织以上 8 行，直至织块长度为 15cm 为止。
收针。

费尔岛梦

这款钻石花样混合不同色彩，不论是单独织，还是与单色方块混合织，都非常漂亮。

材料工具

颜色搭配 1

线：Rooster 羊驼美丽诺 DK 线，207 黄绿色（A），色号 201 米白色（B），色号 213 樱桃红色（C），色号 210 黄色（D），色号 206 蓝黑色（E）

针：美国 6 号（直径 4mm）针

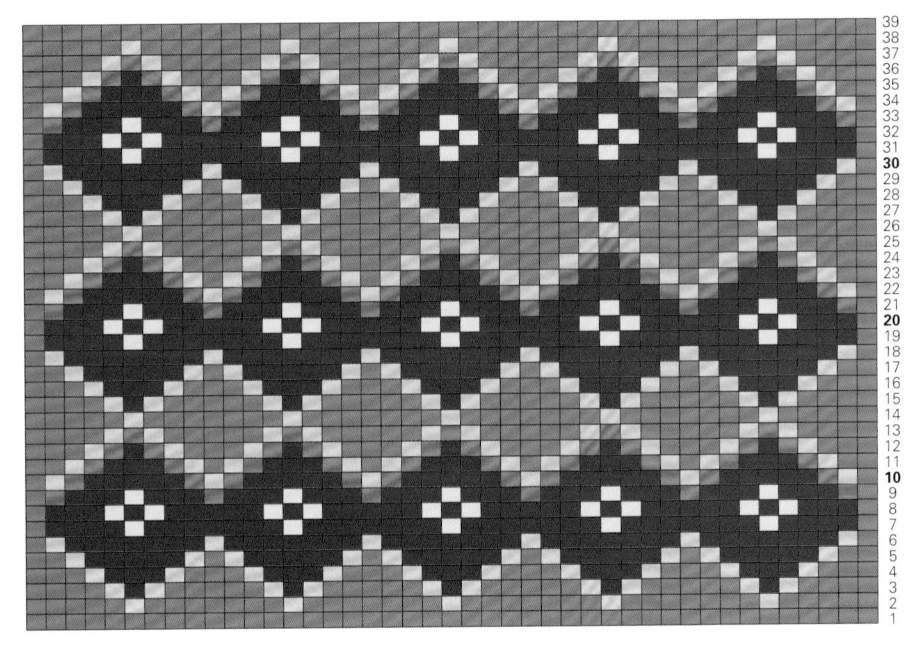

颜色搭配 2

线：Rooster 羊驼美丽诺 DK 线，色号 208 海蓝色（A），色号 203 淡粉色（B）；Rowan 纯羊毛 DK 线，色号 042 红 色（C）；Debbie Bliss Rialto DK 线，色号 07 黄色（D）；Cascade 220 DK 线，色号 9478 粉红色（E）

针：美国 6 号（直径 4mm）针

编织方法

用 A 色线起 43 针。

按照编织图解编织 39 行平针。

收针。

小斑点

非常适合初学提花花样的人——无需图解，非常简单。

材料工具

线：Rooster 羊驼美丽诺 DK 线，色号 201 米白色（A）；Rowan 纯羊毛 DK 线，色号 036 亮红色（B）

针：美国 6 号（直径 4mm）针

编织方法

用 A 色线起 38 针。

用 A 色线编织 2 针，换成 B 色线编织 2 针，直至结束。

每行交换颜色编织，直至织块长度为 15cm 为止。

收针。

小爱心

这款设计非常可爱，适合织在儿童毯子或者儿童衣服上。

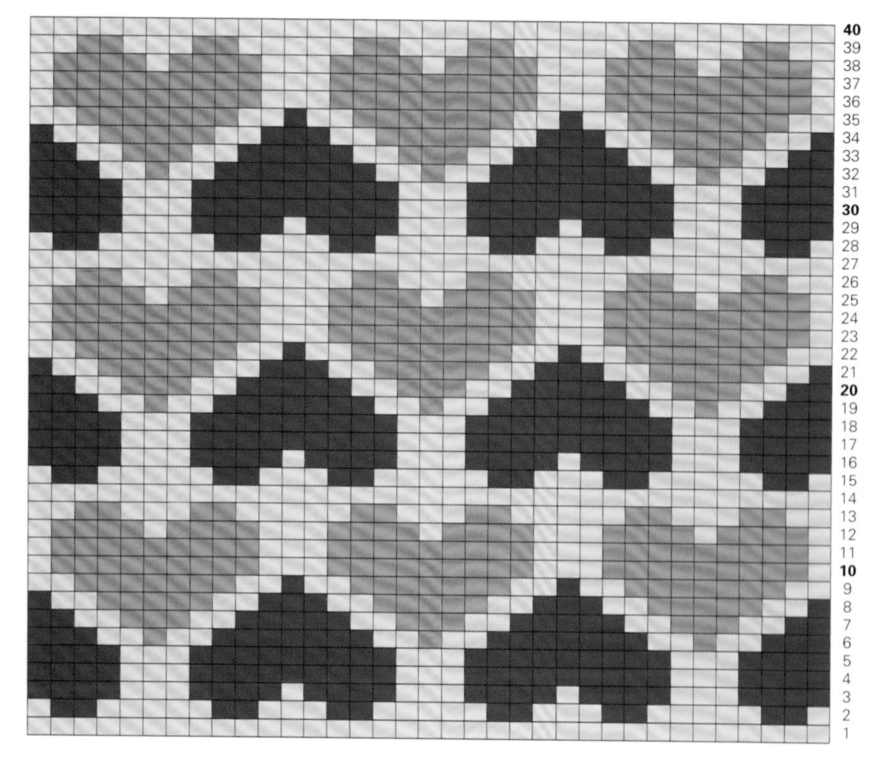

材料工具

线：Rooster 羊驼美丽诺 DK 线，色号 203 淡粉色（A）；Cascade 220 DK 线，色号 8901 紫色（B），色号 9478 粉红色（C）

针：美国 6 号（直径 4mm）针

编织方法

起 35 针。

按照编织图解编织 40 行平针。

收针。

费尔岛聚会

这是我最钟爱的提花图案，色彩丰富，设计简单。换成不同颜色编织，非常有趣。

材料工具

线：Rowan 纯羊毛 DK 线，色号 029 石榴红色（A）；Rooster 羊驼美丽诺 DK 线，色号 203 淡粉色（B）；Debbie Bliss Rialto DK 线，色号 32 橙色（C）；Rowan 纯羊毛 DK 线，色号 042 红色（D）；Rooster 羊驼美丽诺 DK 线，色号 208 海蓝色（E），色号 207 黄绿色（F），色号 201 米白色（G）

针：美国 6 号（直径 4mm）针

编织方法

用 A 色线起 37 针。

按照编织图解编织 42 行平针。

收针。

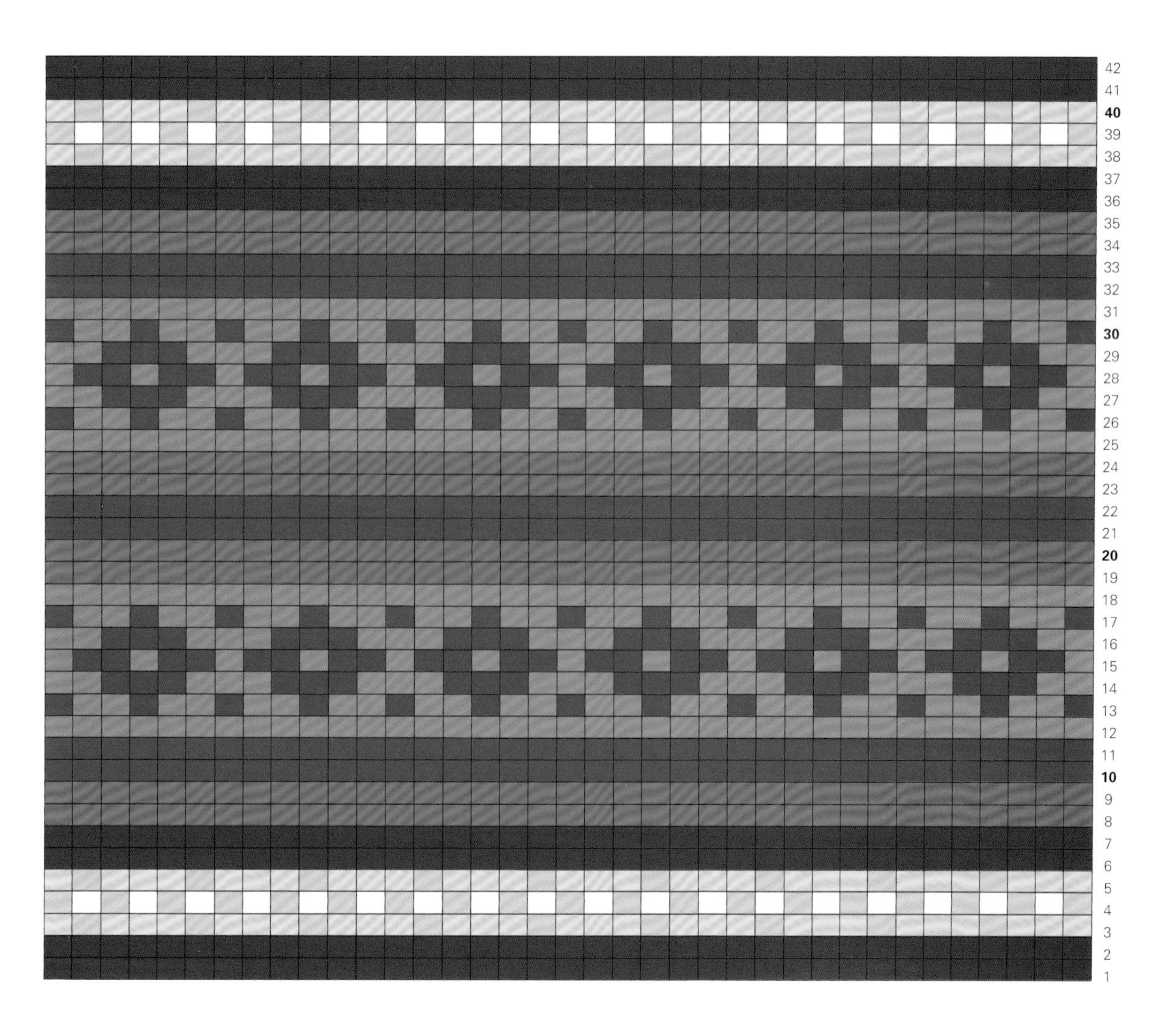

蝴蝶

这是一款最漂亮的提花图案，酷似蝴蝶，用华丽的线材编织起来特别棒。

材料工具

线：Rooster 羊驼美丽诺 DK 线，色号 203 淡粉色（A），色号 207 黄绿色（B），色号 201 米白色（C）；Rowan 纯羊毛 DK 线，色号 029 石榴红色（D）

针：美国 6 号（直径 4mm）针

编织方法

用 A 色线起 37 针。

按照编织图解编织 37 行平针。

收针。

条纹提花

用深浅不同的灰色线编织而成的这款提花图案，看上去更具男子汉气概。

材料工具

线：Sublime 丝羊绒美丽诺 DK 线，色号 10 米灰色（A）；Sublime 超细美丽诺 DK 线，色号 18 尘灰色（B）

针：美国 6 号（直径 4mm）针

编织方法

用 A 色线起 32 针。

按照编织图解编织 42 行平针。

收针。

钻石形方格提花

这款钻石花样中间使用浅蓝绿色线，外围用柔粉色线，非常醒目。

材料工具

线：Sublime 有机美丽诺 DK 线，色号 112 灰白色（A），色号 191 浅蓝绿色（B），色号 188 柔粉色（C）

针：美国 6 号（直径 4mm）针

编织方法

用 A 色线起 32 针。

按照编织图解编织 42 行平针。

收针。

经典提花

这款设计采用十字形、钻石形以及方格等经典的提花图案。

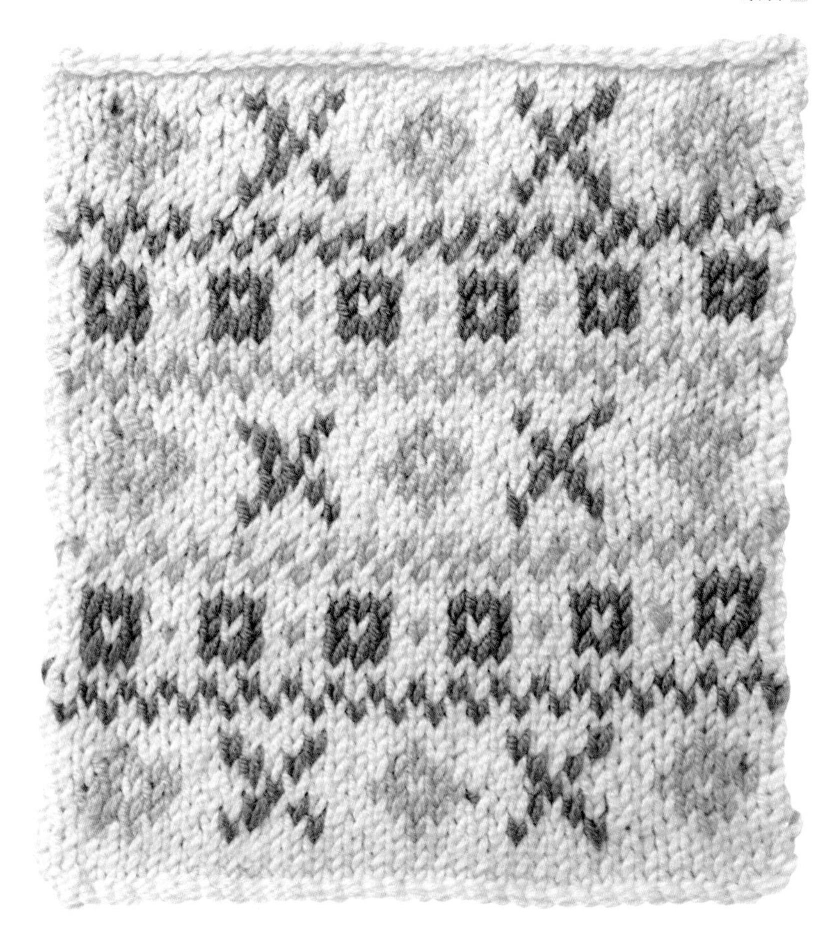

材料工具

线：Rooster 羊驼美丽诺 DK 线，色号 201 米白色（A），色号 205 灰蓝色（B）；Sublime 超细美丽诺 DK 线，色号 11 浅紫色（C），色号 106 姜黄色（D）；Sublime 丝羊绒美丽诺 DK 线，色号 08 褐绿色（E）

针：美国 6 号（直径 4mm）针

编织方法

用 A 色线起 37 针。

按照编织图解编织 41 行平针。

收针。

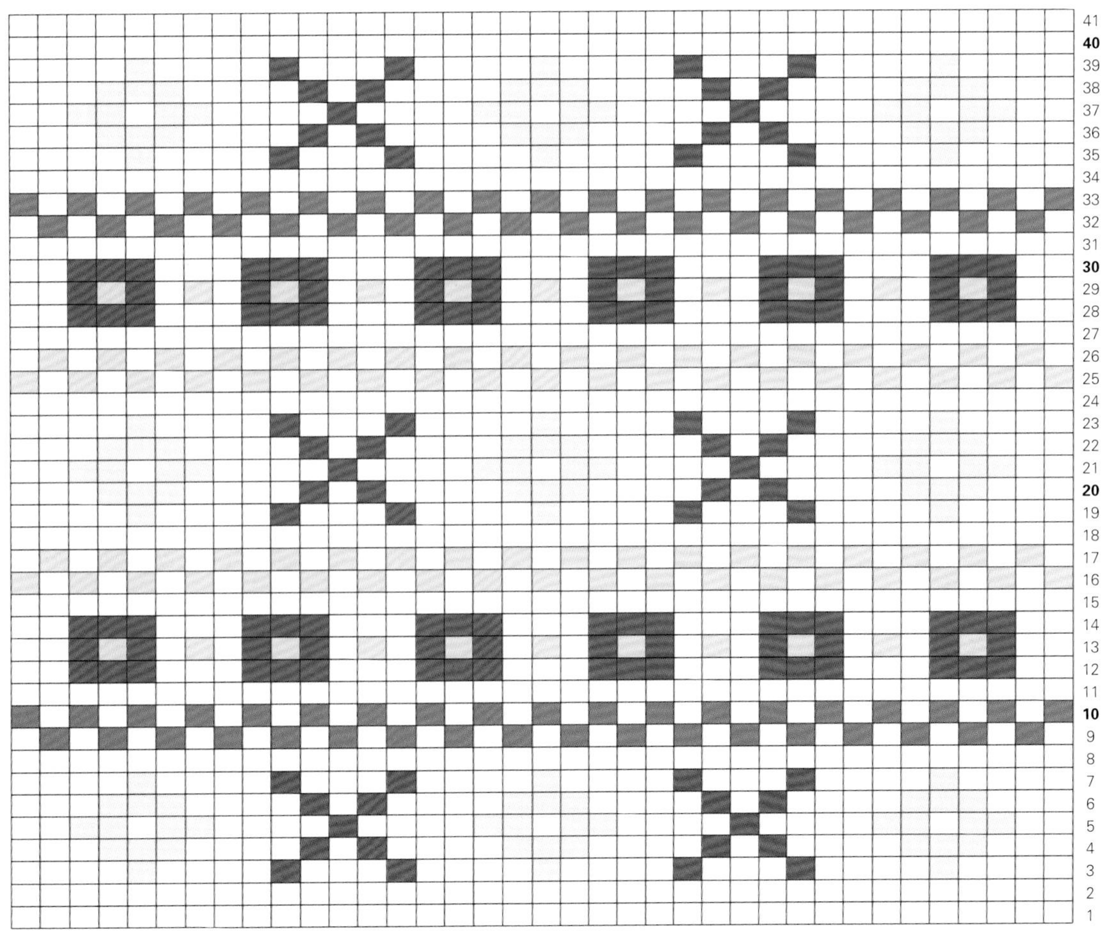

星形提花

这款星形提花图案色彩纷呈，看上去非常欢快。

材料工具

线：Rooster 羊驼美丽诺 DK 线，色号 201 米白色（A）；Sublime 超细美丽诺 DK 线，色号 11 浅紫色（B），色号 106 姜黄色（C）；Rowan 纯羊毛 DK 线，色号 042 红色（D）；Rooster 羊驼美丽诺 DK 线，色号 207 黄绿色（E）

针：美国 6 号（直径 4mm）针

编织方法

用 A 色线起 37 针。

按照编织图解编织 41 行平针。

收针。

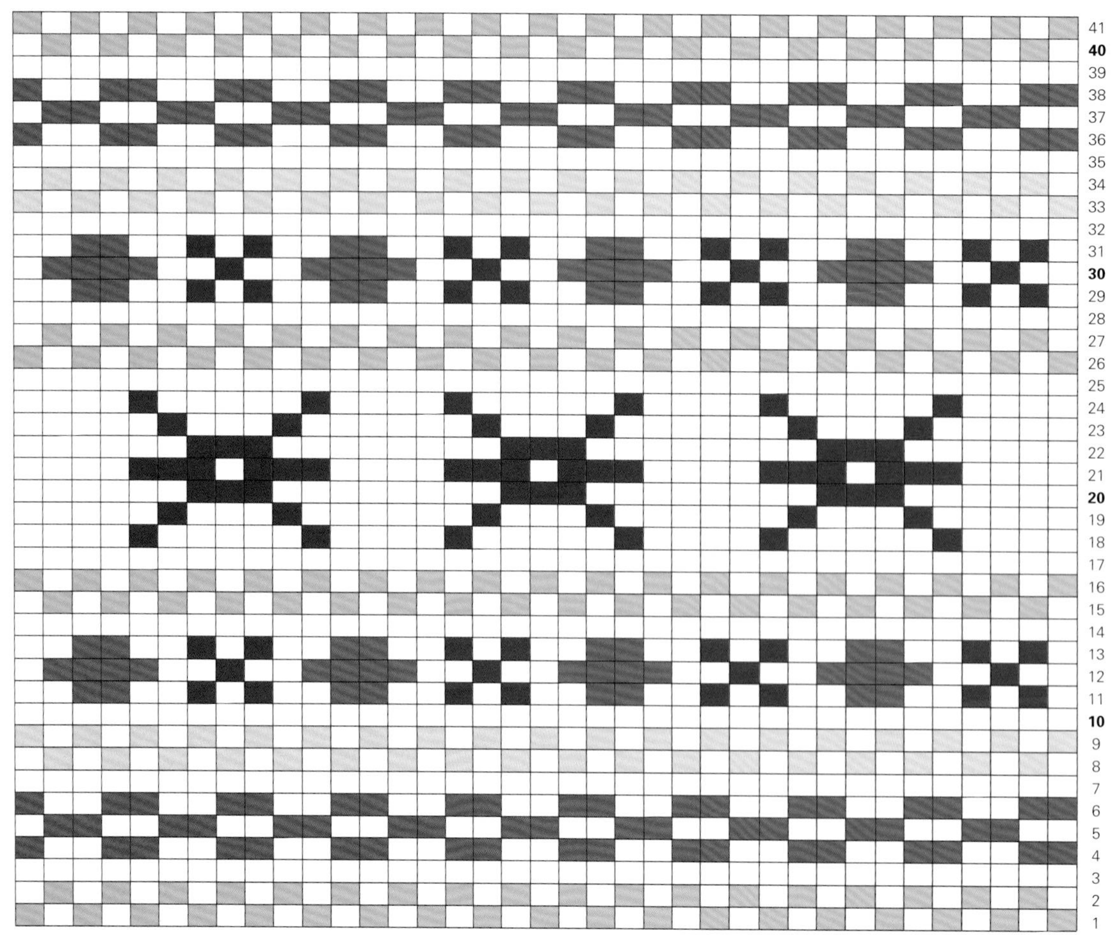

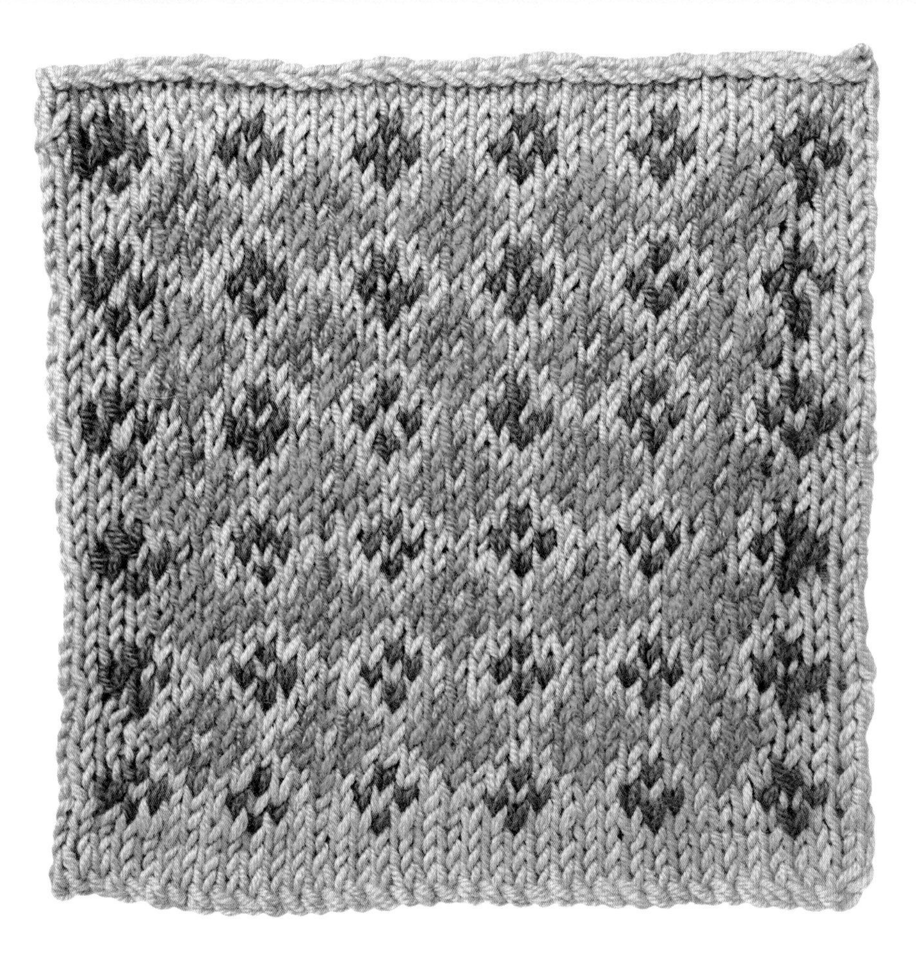

花丛提花

用这些颜色编织这款传统的提花图案，更具现代感。

材料工具

线：Rooster 羊驼美丽诺 DK 线，色号 205 灰蓝色（A），色号 208 海蓝色（B），色号 211 玫红色（C）

针：美国 6 号（直径 4mm）针

编织方法

起 37 针。

按照编织图解编织 37 行平针。

收针。

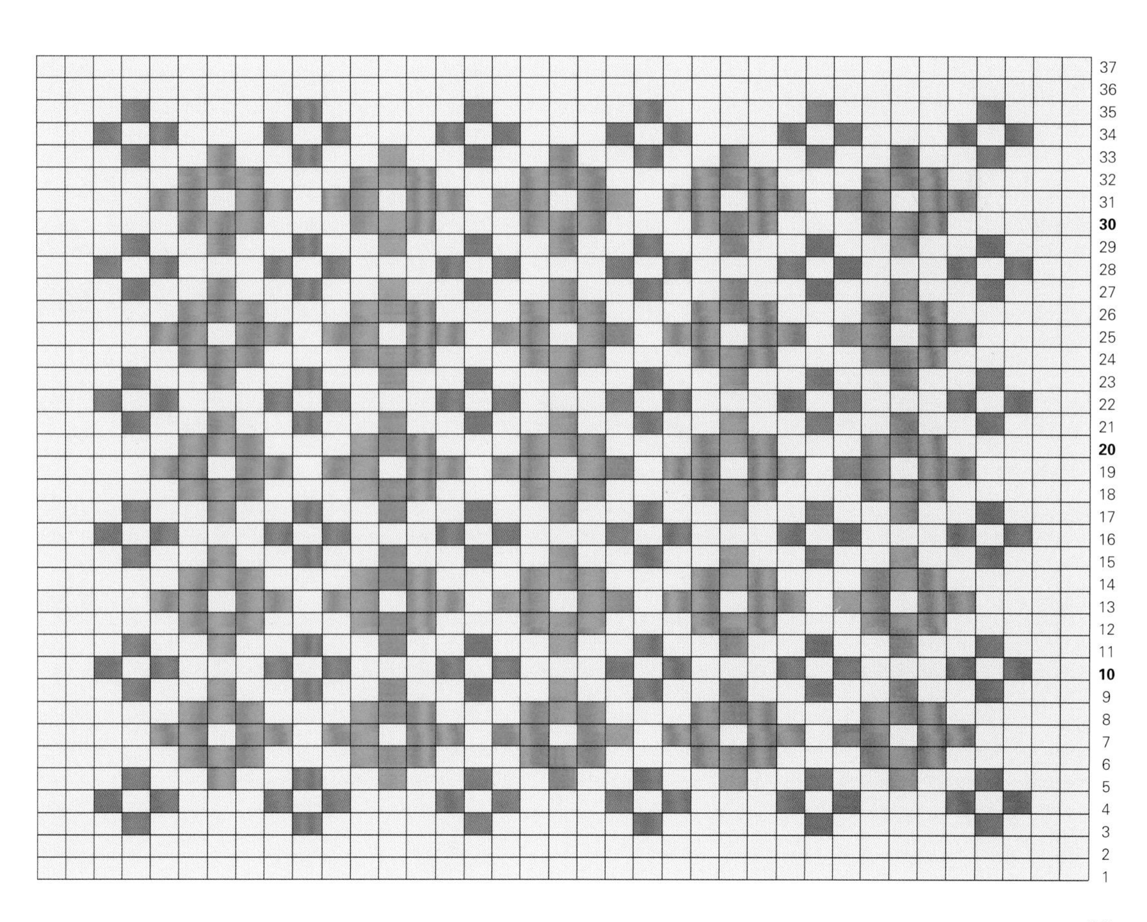

波纹

这些精美的方块设计了色彩缤纷的波浪及立体花样。波纹图案的底边不整齐，不利于将不同织块缝合在一起，但非常适合做各种作品的饰边。

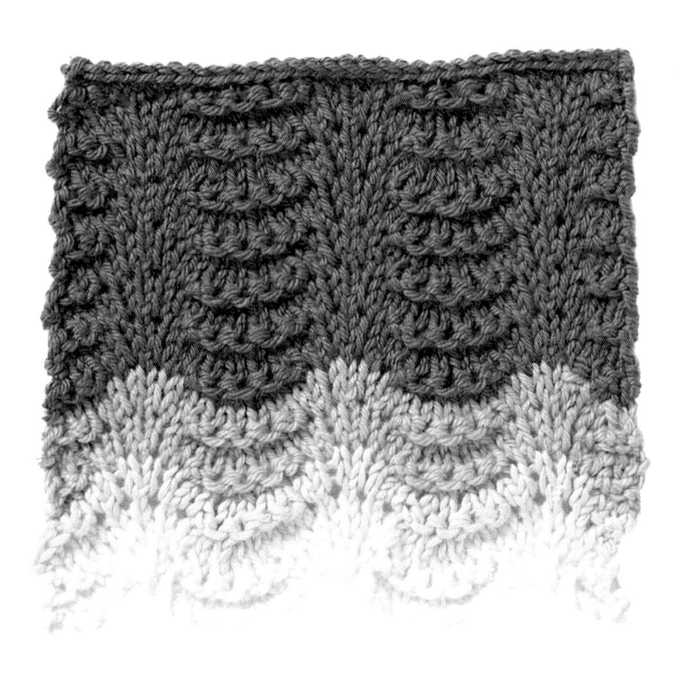

波浪

这款波纹花样的底边呈起伏状，可作毯子或者围巾的饰边。

材料工具
线：Rowan 纯羊毛 DK 线，色号 012 白色（A），色号 005 冰蓝色（B），色号 044 天蓝色（C），色号 006 湖水绿色（D），色号 007 松柏绿色（E）
针：美国 6 号（直径 4mm）针

缩略语解释
Kfb——在正面行，下一针织 1 针放 2 针，即下一针的前环和后环各织 1 针下针。

编织方法
用 A 色线起 33 针。
第 1 行：编织下针。
第 2 行：1 针下针，编织上针直至还剩 1 针，1 针下针。
第 3 行：[左上 2 针并 1 针] 织 2 次，[Kfb，1 针下针] 织 3 次，Kfb，*[左上 2 针并 1 针] 织 4 次，[Kfb，1 针下针] 织 3 次，Kfb；从 * 重复编织，直至还剩 4 针，[左上 2 针并 1 针] 织 2 次。
第 4 行：1 针下针，编织上针直至还剩 1 针，1 针下针。
换色编织。
重复编织以上 4 行，每 4 行换一次颜色。
第 17 行：继续用 E 色线编织，直至织块长度为 15cm 为止。
收针。

大西洋风暴

这款花样看起来很有动感，就像波涛汹涌的波浪，可用段染的手染线编织。

材料工具
线：Fyberspates Scrumptious DK 线，蓝礁湖混合色
针：美国 6 号（直径 4mm）针

编织方法
起 36 针。
第 1 行和所有的奇数行：1 针下针，编织上针直至还剩 1 针，1 针下针。
第 2 行：3 针下针，* 绕线加 1 针，2 针下针，右下 2 针并 1 针，左下 2 针并 1 针，2 针下针，绕线加 1 针，1 针下针；从 * 重复编织，直至还剩 1 针，1 针下针。
第 4 行：2 针下针，* 绕线加 1 针，2 针下针，右下 2 针并 1 针，左下 2 针并 1 针，2 针下针，绕线加 1 针，1 针下针；从 * 重复编织，直至还剩 2 针，2 针下针。
重复编织以上 4 行，直至织块长度为 15cm 为止。
收针。

凤尾波纹

这款花样的波纹很迷人，酷似小鸟的尾巴。

材料工具

线：Cascade 220 DK 线，色号 8912 浅紫色（A）；Debbie Bliss 丝羊驼线，色号 07 绿色（B）；Rooster 羊驼美丽诺 DK 线，色号 210 黄色（C）；Cascade 220 DK 线，色号 2419 紫红色（D）
针：美国 6 号（直径 4mm）针

缩略语解释

Ssk——滑 1 针，滑 1 针，从针目后方穿入棒针，将 2 针滑针并在一起织下针。

编织方法

用 A 色线起 41 针。
按照以下顺序每 2 行换色编织：
A，B，A，C，A，C，A，D，A，B，A，B，A，C，A，D，A，D，A，B，A，C
第 1 行：1 针下针，*Ssk，9 针下针，左下 2 针并 1 针；从 * 重复编织，直至还剩 1 针，1 针下针。
第 2 行：1 针下针，编织上针直至还剩 1 针，1 针下针。
换色编织。
第 3 行：1 针下针，*Ssk，7 针下针，左下 2 针并 1 针；从 * 重复编织，直至还剩 1 针，1 针下针。
第 4 行：同第 2 行。
换色编织。
第 5 行：1 针下针，*Ssk，[绕线加 1 针，1 针下针] 织 5 次，绕线加 1 针，左下 2 针并 1 针；从 * 重复编织，直至还剩 1 针，1 针下针。
第 6 行：编织下针。
换色编织。
重复编织以上 6 行，直至编织到 44 行为止。
用 A 色线收针。

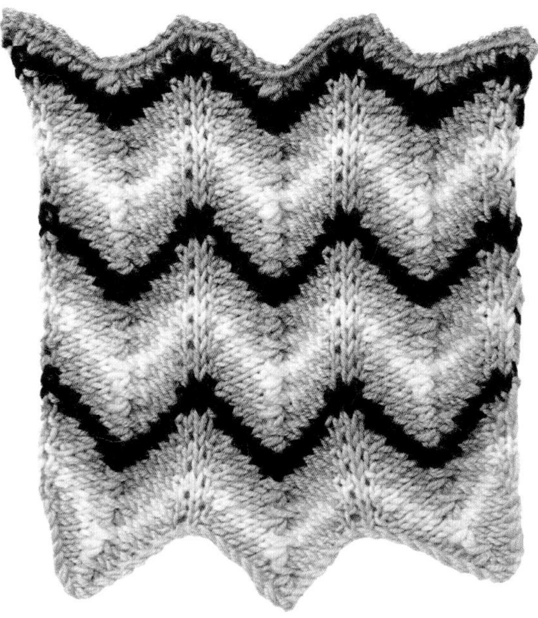

岩壁

用类似康沃尔岩壁的颜色的线编织而成。淡绿色线比其他线稍细，但只是为了配色才挑了这个线，换成其他粗细的 DK 线也可以。

材料工具

线：Rooster 宝宝线，色号 409 淡绿色（A）；Rooster 羊驼美丽诺 DK 线，色号 201 米白色（B），色号 202 土黄色（C）；Debbie Bliss Rialto DK 线，色号 05 棕色（D）
针：美国 6 号（直径 4mm）针

缩略语解释

Kfb——在正面行，下一针织 1 针放 2 针，即下一针的前环和后环各织 1 针下针。
Pfb——在反面行，下一针织 1 针放 2 针，即下一针的前环和后环各织 1 针上针。

编织方法

用 A 色线起 49 针。
按照以下顺序每 2 行换色编织：
A，B，A，C，D，C
第 1 行（正面）：1 针下针，*Kfb，5 针下针，右下 3 针并 1 针，5 针下针，Kfb，1 针下针；从 * 重复编织，直至结束。
第 2 行：1 针上针，*Pfb，5 针上针，右上 3 针并 1 针，5 针上针，Pfb，1 针上针；从 * 重复编织，直至结束。
换色编织。
重复编织以上 2 行，直至织块长度为 15cm 为止，以第 2 行的织法结束。
收针。

绣花

在织物上绣花看起来高雅美丽。可以绣出各种不同的花样。不过在下面这些织块中，我仅限于在素色平针织物上绣出一束束花朵。

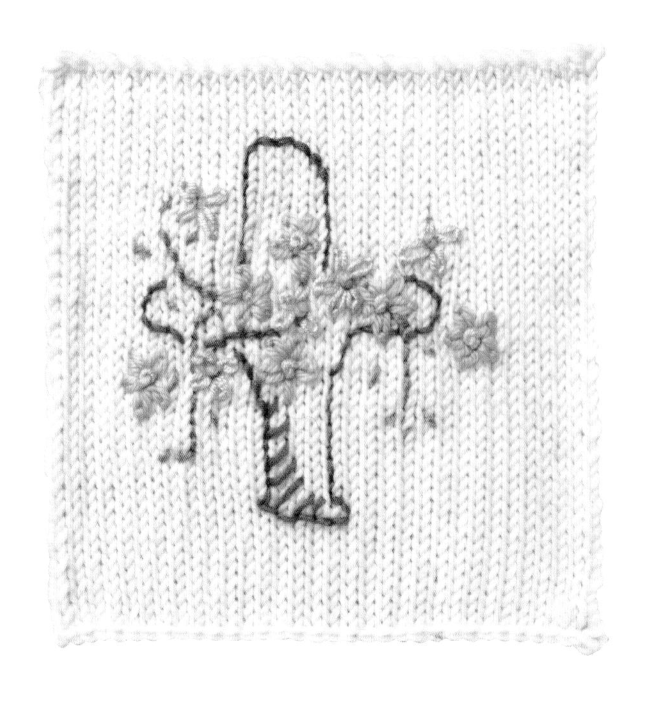

花篮

用色彩柔和的线绣出的花篮，复古范儿十足。

材料工具
基础方块
线：Debbie Bliss Rialto DK 线，色号 02 本白色
针：美国 6 号（直径 4mm）针

绣花
线：Rooster 羊驼美丽诺 DK 线，色号 203 淡粉色，色号 210 黄色，色号 207 黄绿色；Debbie Bliss 纯真丝线，色号 02 银白色；Rowan 竹棉 DK 线，色号 110 紫色
针：刺绣针

编织方法
起 33 针。
编织 45 行平针，或者编织平针直至织块长度为 15cm 为止。
收针。

绣花
将毛线拆股，只用一股线绣花，类似于其他的绣花方式。
将线穿入刺绣针中，按照第 67 页右上的模板绣花。

雏菊

用绿色、黄色、银白色线绣成的雏菊花样，简单清新。

材料工具
基础方块
线：Debbie Bliss Rialto DK 线，色号 02 本白色
针：美国 6 号（直径 4mm）针

绣花
线：Rowan 纯羊毛 DK 线，色号 020 绿色；Rooster 羊驼美丽诺 DK 线，色号 210 黄色；Debbie Bliss 纯真丝线，色号 02 银白色
针：刺绣针

编织方法
起 33 针。
编织 45 行平针，或者编织平针直至织块长度为 15cm 为止。
收针。

绣花
将毛线拆股，只用一股线绣花，类似于其他的绣花方式。
将线穿入刺绣针中，按照第 67 页右中的模板绣花。

勿忘我

心形加上勿忘我花朵，浪漫十足！

材料工具
基础方块
线：Debbie Bliss Rialto DK 线，色号 02 本白色
针：美国 6 号（直径 4mm）针

绣花
线：Debbie Bliss 宝宝羊绒美丽诺线，色号 204 蔚蓝色；Debbie Bliss Rialto 阿兰线，色号 04 粉紫色；Rooster 羊驼美丽诺 DK 线，色号 207 黄绿色；Debbie Bliss 纯真丝线， 色号 02 银白色
针：刺绣针

编织方法
起 33 针。
编织 45 行平针，或者编织平针直至织块长度为 15cm 为止。
收针。

绣花
将毛线拆股，只用一股线绣花，类似于其他的绣花方式。
将线穿入刺绣针中，按照右下的模板绣花。

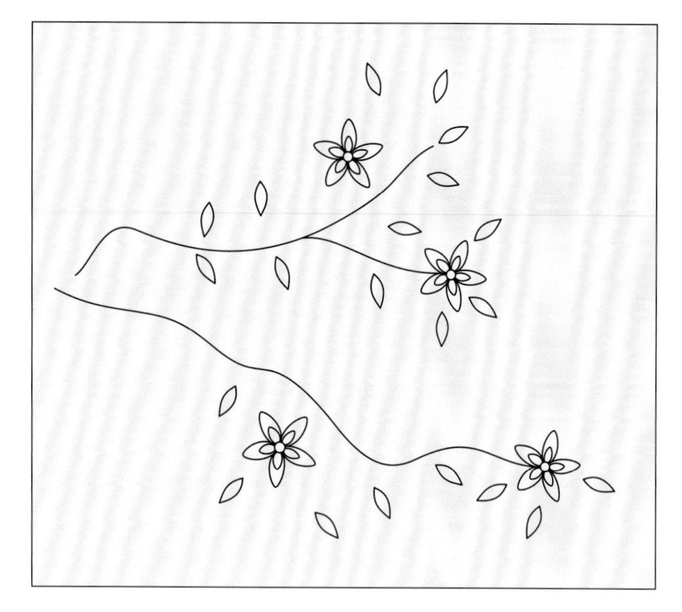

花簇

这款带枝干的春季花簇用深紫色、绿色、银白色和紫红色线刺绣而成，精致迷人。

材料工具

基础方块

线：Debbie Bliss Rialto DK 线，色号 02 本白色

针：美国 6 号（直径 4mm）针

绣花

线：Rooster 羊驼美丽诺阿兰线，色号 308 深紫色；Rowan 纯羊毛 DK 线，色号 020 绿色；Debbie Bliss 纯真丝线，色号 02 银白色；Cascade 220 DK 线，色号 2419 紫红色

针：刺绣针

编织方法

起 33 针。

编织 45 行平针，或者编织平针直至织块长度为 15cm 为止。

收针。

绣花

将毛线拆股，只用一股线绣花，类似于其他的绣花方式。

将线穿入刺绣针中，按照左上的模板绣花。

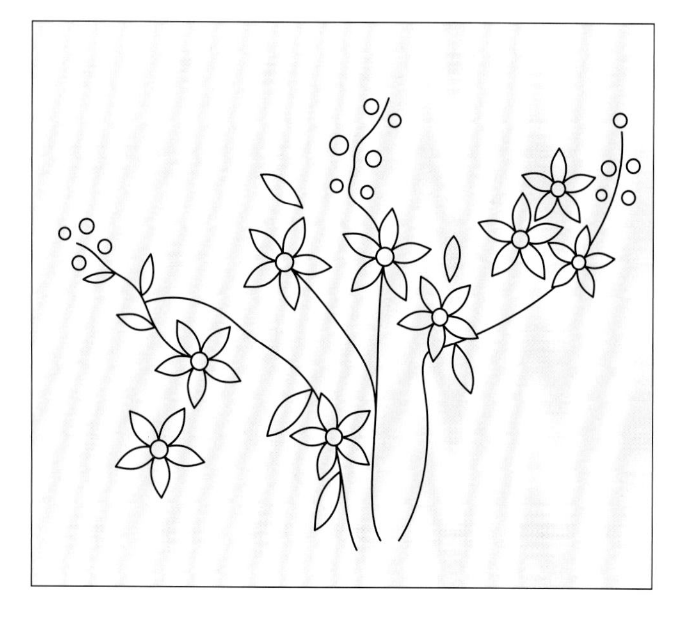

小树

这款设计会让人联想起英国夏天的草地上的树，小鸟在树上萦绕。

材料工具
基础方块
线：Debbie Bliss Rialto DK 线，色号 02 本白色
针：美国 6 号（直径 4mm）针

绣花
线：Rooster 羊驼美丽诺阿兰线，色号 308 深紫色，色号 306 黄绿色；Debbie Bliss Rialto DK 线，色号 03 黑色
针：刺绣针

编织方法
起 33 针。
编织 45 行平针，或者编织平针直至织块长度为 15cm 为止。
收针。

绣花
将毛线拆股，只用一股线绣花，类似于其他的绣花方式。
将线穿入刺绣针中，按照第 68 页左中的模板绣花。

花束

用淡粉色、黄绿色、银白色、紫红色线绣花，给这束漂亮的花增添复古感。

材料工具
基础方块
线：Debbie Bliss Rialto DK 线，色号 02 本白色
针：美国 6 号（直径 4mm）针

绣花
线：Rooster 羊驼美丽诺 DK 线，色号 207 黄绿色，色号 203 淡粉色；Debbie Bliss 纯真丝线，色号 02 银白色；Cascade 220 DK 线，色号 2419 紫红色
针：刺绣针

编织方法
起 33 针。
编织 45 行平针，或者编织平针直至织块长度为 15cm 为止。
收针。

绣花
将毛线拆股，只用一股线绣花，类似于其他的绣花方式。
将线穿入刺绣针中，按照第 68 页左下的模板绣花。

串珠

一旦在编织过程中开始串珠就很难停下来，因为串珠织物很漂亮，就很容易上瘾。可以在图案织物上串珠，也可以在普通织物上串珠，使其更漂亮。串珠并不费时。

串珠钻石

这款极富立体感的串珠钻石花样不但能为织块增添光彩，而且能让织物显得很精致。

材料工具

线：Rooster 羊驼美丽诺 DK 线，色号 208 海蓝色
针：美国 6 号（直径 4mm）针
其他：240 颗银色珠子

+ = 串珠
◆ = 反面织下针，正面织上针
□ = 正面织下针，反面织上针

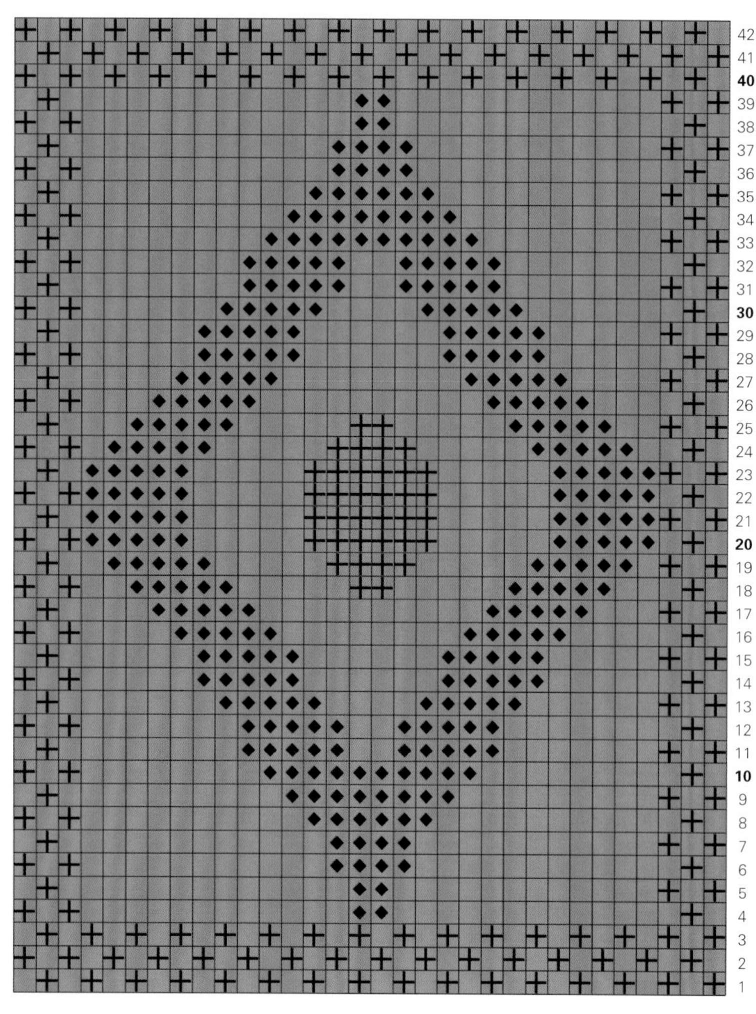

编织方法

起 31 针。
按照以下步骤，钻石图案中间织平针，四周织桂花针。同时按照编织图解串珠。
第 1 行：1 针下针，1 针上针，编织至结束。
第 2 行：1 针上针，1 针下针，编织至结束。
第 3 行：1 针下针，1 针上针，27 针下针，1 针上针，1 针下针。
第 4 行：1 针上针，1 针下针，27 针上针，1 针下针，1 针上针。
重复编织第 3、4 行，直至织完 40 行。
第 41 行：同第 1 行。
第 42 行：同第 2 行。
收针。

串珠条纹

为了使珠子精确固定到条纹上，编织条纹时，珠子要定位在上面。

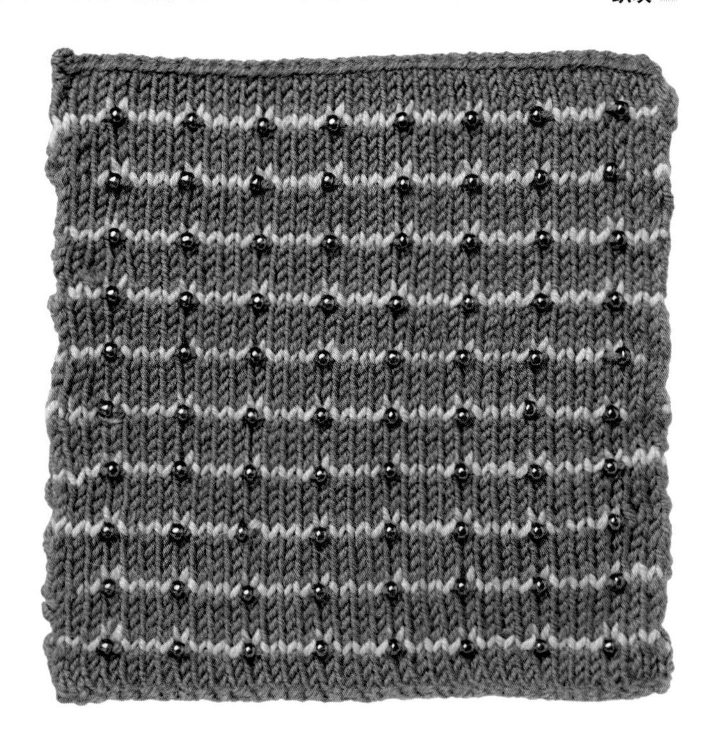

材料工具
线：Rooster 羊驼美丽诺 DK 线，色号 208 海蓝色（A），色号 205 灰蓝色（B）
针：美国 6 号（直径 4mm）针
其他：80 颗绿色珠子

编织方法
用 A 色线起 34 针。
按照以下步骤编织 44 行平针。
第 1、3 行：编织下针。
第 2、4 行：编织上针。
换成 B 色线。
第 5 行：同第 1 行。
换成 A 色线。
第 6 行：4 针上针，* 将线放在织片的后面，以下针方式滑 1 针，在反面串珠，将线放在织片的前面，4 针上针；从 * 重复编织，直至结束。
第 7 行：同第 1 行。
第 8 行：同第 2 行。
第 9 行：同第 1 行。
换成 B 色线。
第 10 行：同第 2 行。
换成 A 色线。
第 11 行：4 针下针，* 将线放在织片的前面，以上针方式滑 1 针，在前面串珠，将线放在织片的后面，4 针下针；从 * 重复编织，直至结束。
重复编织第 2~11 行，直至织块长度为 15cm 为止。
收针。

串珠小钻石

这款方块的钻石花样的中间 1 行下针、1 行上针交替编织。

材料工具
线：Rooster 羊驼美丽诺 DK 线，色号 204 葡萄紫色
针：美国 6 号（直径 4mm）针
其他：110 颗粉色珠子

编织方法
起 31 针。
第 1 行（正面）：3 针下针，*1 针上针，5 针下针；从 * 重复编织，直至还剩 4 针，1 针上针，3 针下针。
第 2 行：2 针上针，*1 针下针，1 针上针，1 针下针，3 针上针；从 * 重复编织，直至还剩 5 针，1 针下针，1 针上针，1 针下针，2 针上针。
第 3 行：1 针下针，*1 针上针，3 针下针，1 针上针，1 针下针；从 * 重复编织，直至结束。
第 4 行：1 针下针，*2 针上针 [以下针方式滑 1 针并串珠]，2 针上针，1 针下针；从 * 重复编织，直至结束。
第 5 行：同第 3 行。
第 6 行：同第 2 行。
第 7 行：3 针下针，*1 针上针，2 针下针 [以上针方式滑 1 针并串珠]，2 针下针；从 * 重复编织，直至还剩 4 针，1 针上针，3 针下针。
第 8 行：2 针上针，*1 针下针，1 针上针，1 针下针，3 针上针；从 * 重复编织，直至还剩 5 针，1 针下针，1 针上针，1 针下针，2 针上针。
第 9 行：1 针下针，*1 针上针，3 针下针，1 针上针，1 针下针；从 * 重复编织，直至结束。
第 10 行：1 针下针，*2 针上针 [以下针方式滑 1 针并串珠]，2 针上针，1 针下针；从 * 重复编织，直至结束。
第 11 行：同第 3 行。
第 12 行：同第 2 行。
重复编织第 7~12 行，直至织块长度为 15cm 为止。
收针。

串珠郁金香

这些漂亮的粉色珠子令花瓶里的郁金香显得与众不同。

材料工具

线：Rooster羊驼美丽诺DK线，色号201米白色（A），色号210黄色（B），色号208海蓝色（C），色号207黄绿色（D）
针：美国6号（直径4mm）针
其他：55颗粉色珠子

编织方法

起32针。
按照以下步骤，中间编织平针，四周编织桂花针，同时按照编织图解串珠。
第1行：1针下针，1针上针，编织至结束。
第2行：1针上针，1针下针，编织至结束。
第3、5行：1针下针，1针上针，28针下针，1针下针，1针上针。
第4行：1针上针，1针下针，28针上针，1针下针，1针上针。
以上面编织好的结构为基础，继续按照编织图解编织第6~37行。
第38、40行：同第4行。
第39行：同第3行。
第41行：同第1行。
第42行：同第2行。
收针。

+= 串珠

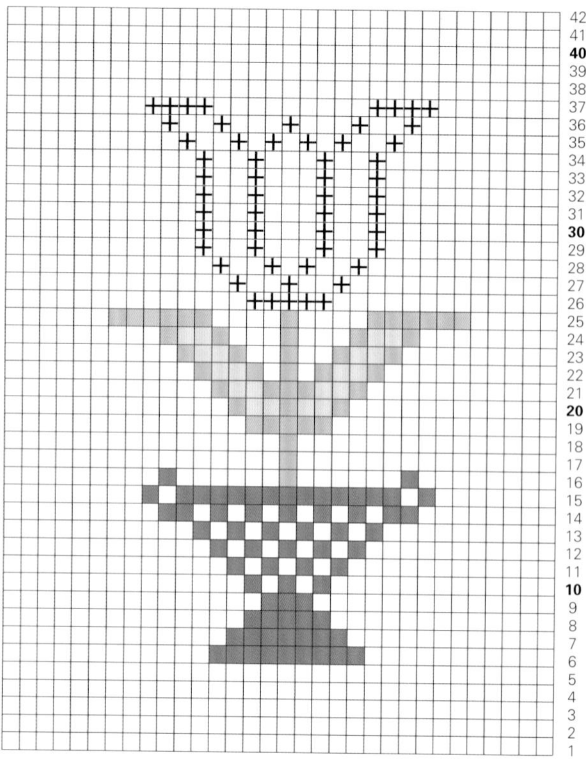

串珠雪花

可将雪花织成白色、淡蓝色、银白色等不同颜色。

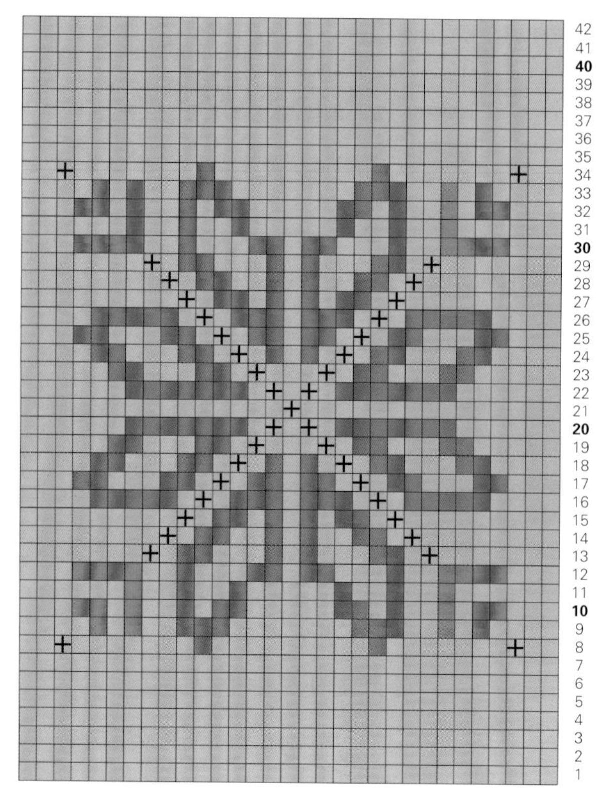

材料工具

线：Cascade 220 DK线，色号8912浅紫色（A），色号2419紫红色（B），色号9478粉红色（C）
针：美国6号（直径4mm）针
其他：37颗粉色珠子

编织方法

起31针。
按照以下步骤，中间编织平针，四周编织桂花针，同时按照编织图解串珠。
第1行：1针下针，1针上针，编织至结束。
第2行：1针上针，1针下针，编织至结束。
第3行：1针下针，1针上针，27针下针，1针上针，1针下针。
第4行：1针上针，1针下针，27针上针，1针下针，1针上针。
按照编织图解，重复编织第3、4行，直至织完40行。
第41行：同第1行。
第42行：同第2行。
收针。

+= 串珠

串珠锚

小珍珠直接串在普通织物上形成图案，非常精致。

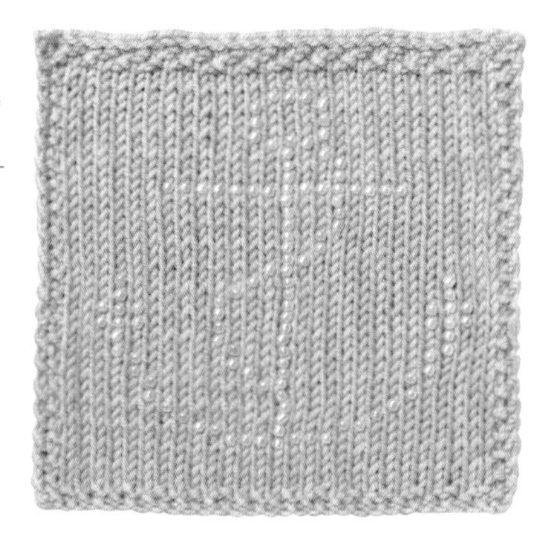

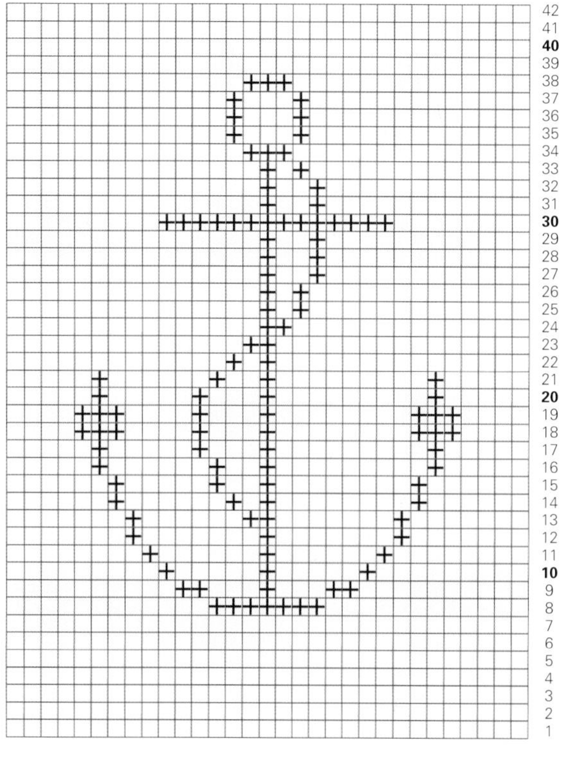

材料工具
线：Rooster 羊驼美丽诺 DK 线，色号 205 灰蓝色
针：美国 6 号（直径 4mm）针
其他：113 颗白色珠子

编织方法
起 31 针。
按照以下步骤，中间编织平针，四周编织桂花针，同时按照编织图解串珠。
第 1 行：1 针下针，1 针上针，编织至结束。
第 2 行：1 针上针，1 针下针，编织至结束。
第 3 行：1 针下针，1 针上针，27 针下针，1 针上针，1 针下针。
第 4 行：1 针上针，1 针下针，27 针上针，1 针下针，1 针上针。
重复编织第 3、4 行，直至织完 40 行。
第 41 行：同第 1 行。
第 42 行：同第 2 行。
收针。

+= 串珠

串珠花朵

这个例子充分展示珠子如何给图案增添精致感。

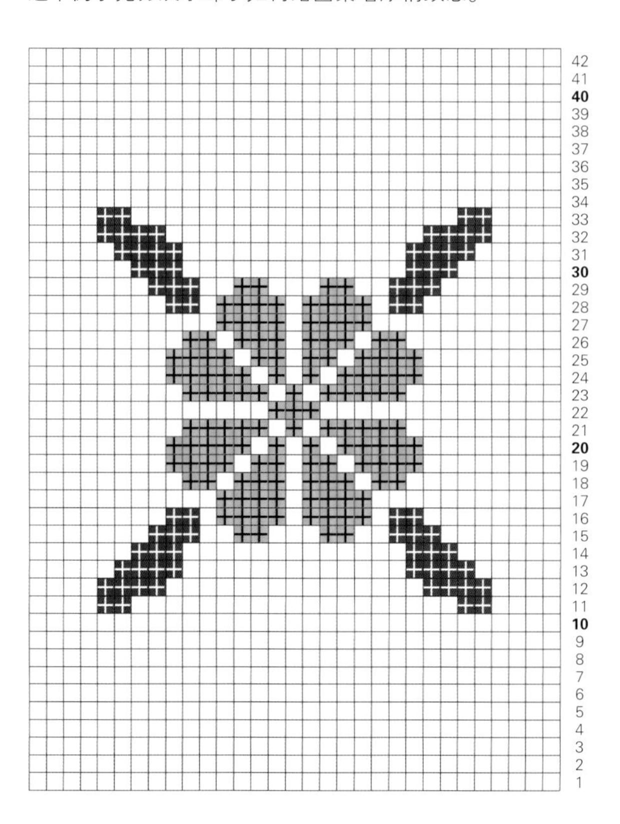

材料工具
线：Debbie Bliss Rialto DK线，色号 02 本白色（A）；Cascade 220 DK 线，色号 8912 浅紫色（B），色号 2429 深绿色（C）
针：美国 6 号（直径 4mm）针
其他：205 颗白色珠子

编织方法
起 31 针。
按照以下步骤，中间编织平针，四周编织桂花针，同时按照编织图解串珠。
第 1 行：1 针下针，1 针上针，编织至结束。
第 2 行：1 针上针，1 针下针，编织至结束。
第 3 行：1 针下针，1 针上针，27 针下针，1 针上针，1 针下针。
第 4 行：1 针上针，1 针下针，27 针上针，1 针下针，1 针上针。
重复编织第 3、4 行，直至织完 40 行。
第 41 行：同第 1 行。
第 42 行：同第 2 行。
收针。

+= 串珠

字母

将字母织块编织在毯子上，作为首字母，或者直接拼出单词、名字，或者用字母织块制作挂饰。在本章中，所有的大写字母用不同的亮色线呈现出来。请用嵌花编织方法编织这些织块。

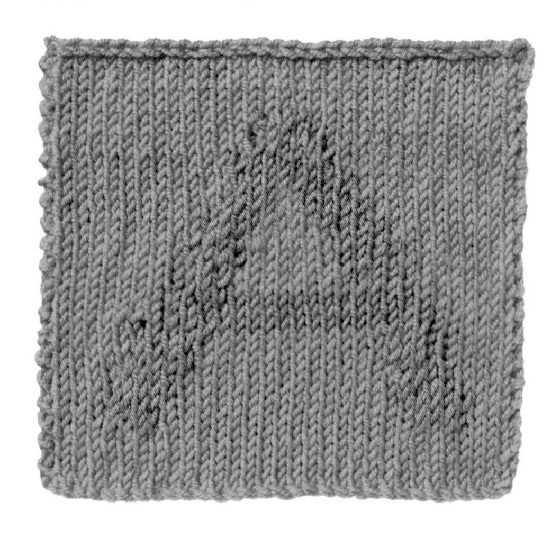

材料工具

背景色

线：Rooster 羊驼美丽诺 DK 线，色号 211 玫红色

字母

线：Rooster 羊驼美丽诺 DK 线，色号 207 黄绿色

通用

针：美国 6 号（直径 4mm）针

编织方法

用背景色线起 32 针。

按照编织图解编织 40 行平针，织成边长为 15cm 的方块。

收针。

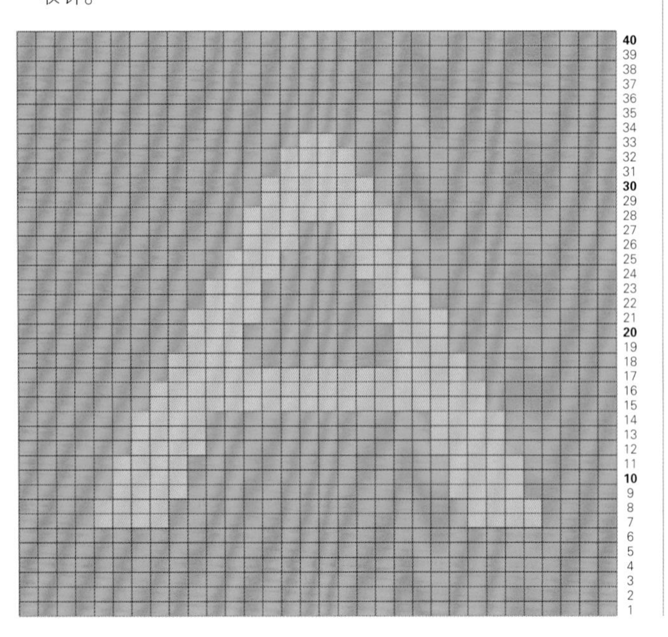

材料工具

背景色

线：Rooster 羊驼美丽诺 DK 线，色号 203 淡粉色

字母

线：Rowan 纯羊毛 DK 线，色号 010 靛蓝色

通用

针：美国 6 号（直径 4mm）针

编织方法

用背景色线起 32 针。

按照编织图解编织 40 行平针，织成边长为 15cm 的方块。

收针。

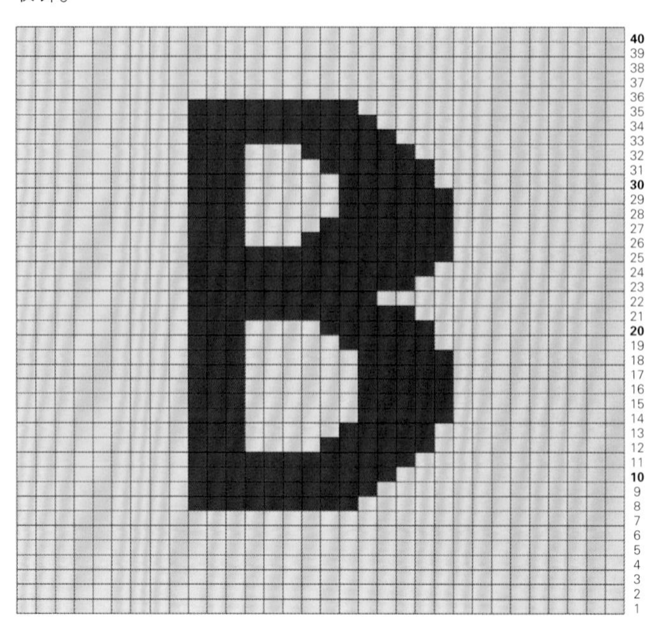

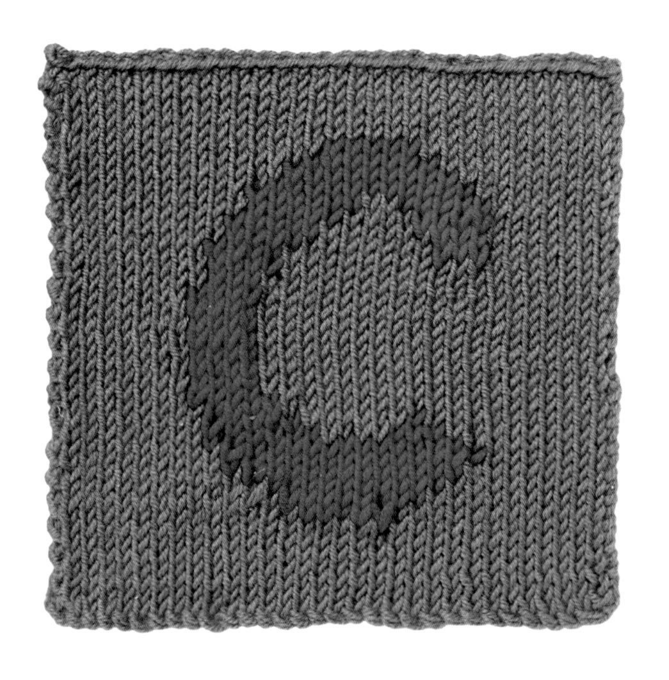

材料工具

背景色

线：Rooster 羊驼美丽诺 DK 线，色号 208 海蓝色

字母

线：Debbie Bliss Rialto DK 线，色号 12 红色

通用

针：美国 6 号（直径 4mm）针

编织方法

用背景色线起 32 针。

按照编织图解编织 40 行平针，织成边长为 15cm 的方块。

收针。

材料工具

背景色

线：Debbie Bliss Rialto DK 线，色号 12 红色

字母

线：Rooster 羊驼美丽诺 DK 线，色号 201 米白色

通用

针：美国 6 号（直径 4mm）针

编织方法

用背景色线起 32 针。

按照编织图解编织 40 行平针，织成边长为 15cm 的方块。

收针。

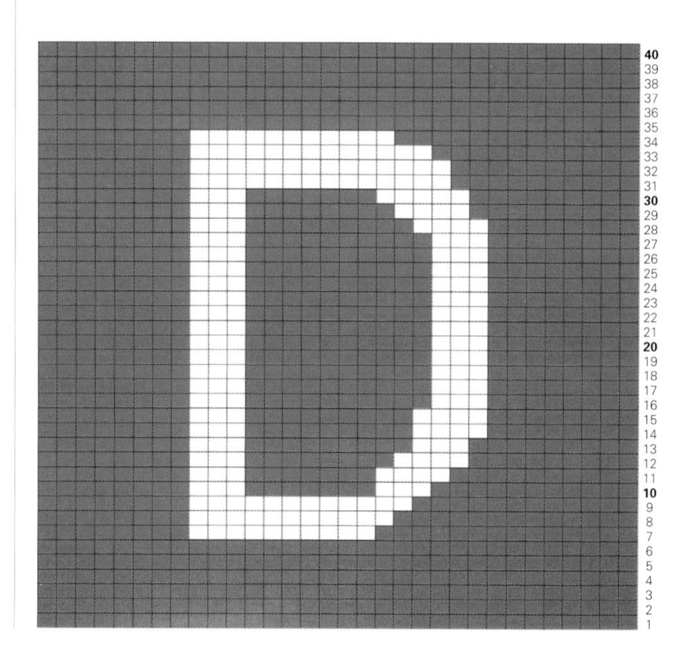

材料工具
背景色
线：Rowan 纯羊毛 DK 线，色号 037 枣红色

字母
线：Rowan 纯羊毛 DK 线，色号 031 浅金色

通用
针：美国 6 号（直径 4mm）针

编织方法
用背景色线起 32 针。
按照编织图解编织 40 行平针，织成边长为 15cm 的方块。
收针。

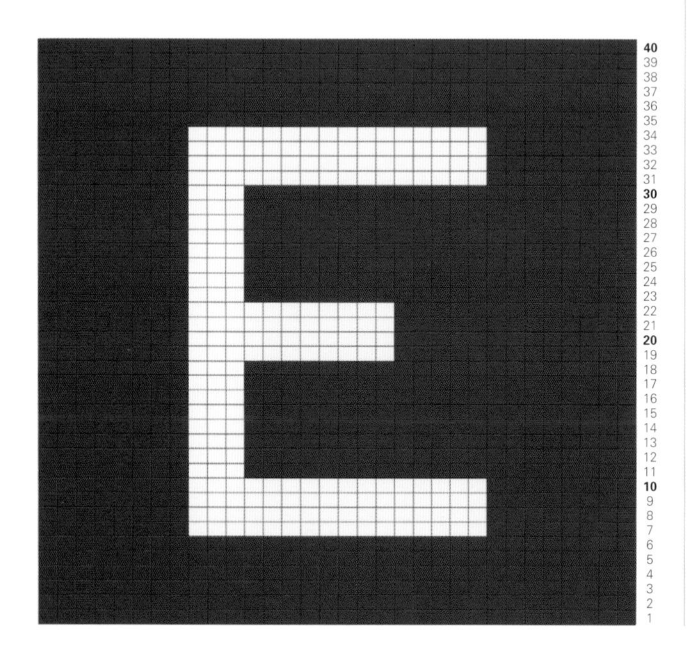

材料工具
背景色
线：Rowan 纯羊毛 DK 线，色号 027 深紫色

字母
线：Rowan 纯羊毛 DK 线，色号 005 冰蓝色

通用
针：美国 6 号（直径 4mm）针

编织方法
用背景色线起 32 针。
按照编织图解编织 40 行平针，织成边长为 15cm 的方块。
收针。

材料工具

背景色

线：Rooster 羊驼美丽诺 DK 线，色号 207 黄绿色

字母

线：Rowan 纯羊毛 DK 线，色号 033 浅橙色

通用

针：美国 6 号（直径 4mm）针

编织方法

用背景色线起 32 针。

按照编织图解编织 40 行平针，织成边长为 15cm 的方块。

收针。

材料工具

背景色

线：Rooster 羊驼美丽诺 DK 线，色号 211 玫红色

字母

线：Rooster 羊驼美丽诺 DK 线，色号 207 黄绿色

通用

针：美国 6 号（直径 4mm）针

编织方法

用背景色线起 32 针。

按照编织图解编织 40 行平针，织成边长为 15cm 的方块。

收针。

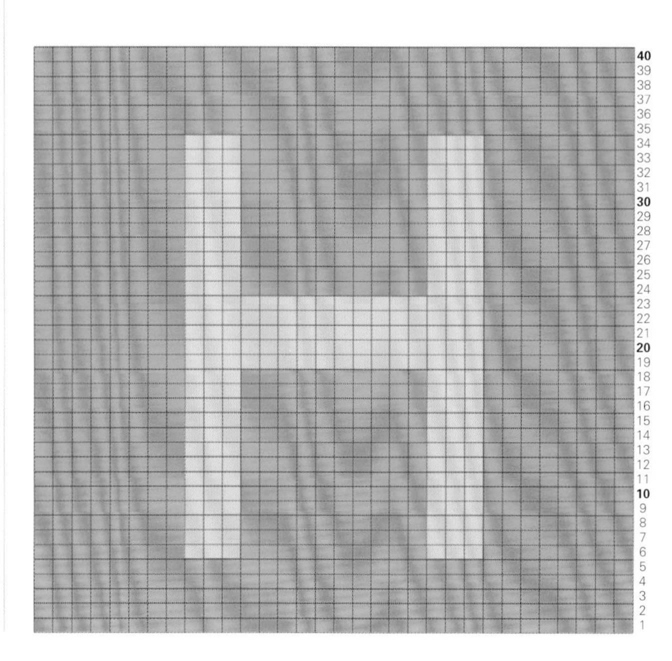

材料工具

背景色

线：Rowan 纯羊毛 DK 线，色号 005 冰蓝色

字母

线：Rowan 纯羊毛 DK 线，色号 042 红色

通用

针：美国 6 号（直径 4mm）针

编织方法

用背景色线起 32 针。

按照编织图解编织 40 行平针，织成边长为 15cm 的方块。

收针。

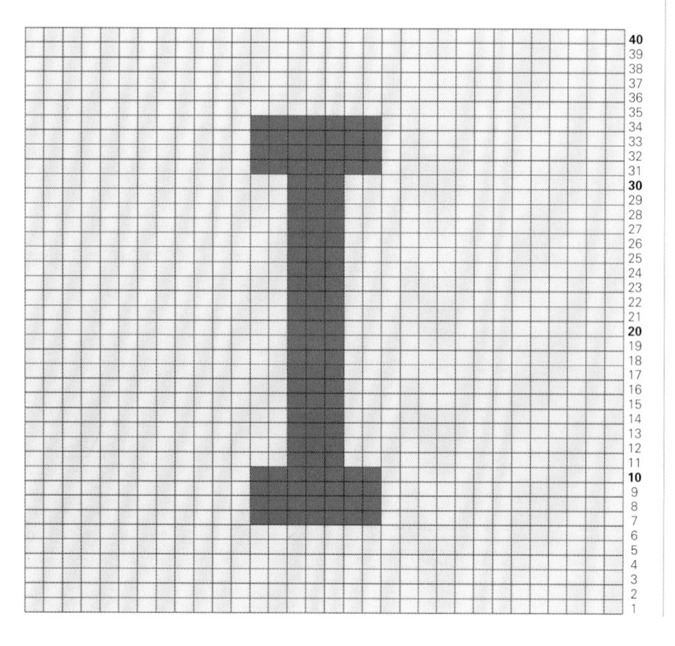

材料工具

背景色

线：Cascade 220 DK 线，色号 2419 紫红色

字母

线：Debbie Bliss 羊绒美丽诺 DK 线，色号 17 浅紫色

通用

针：美国 6 号（直径 4mm）针

编织方法

用背景色线起 32 针。

按照编织图解编织 40 行平针，织成边长为 15cm 的方块。

收针。

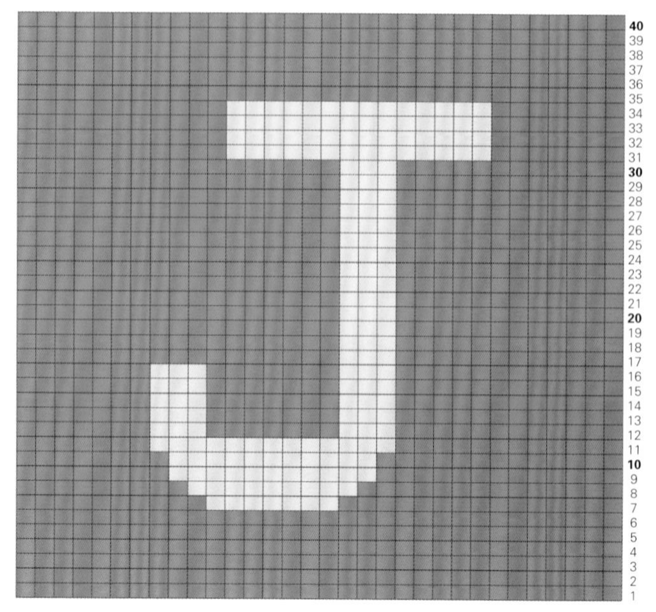

材料工具

背景色

线：Rooster 羊驼美丽诺 DK 线，色号 202 土黄色

字母

线：Debbie Bliss Rialto DK 线，色号 12 红色

通用

针：美国 6 号（直径 4mm）针

编织方法

用背景色线起 32 针。
按照编织图解编织 40 行平针，织成边长为 15cm 的方块。
收针。

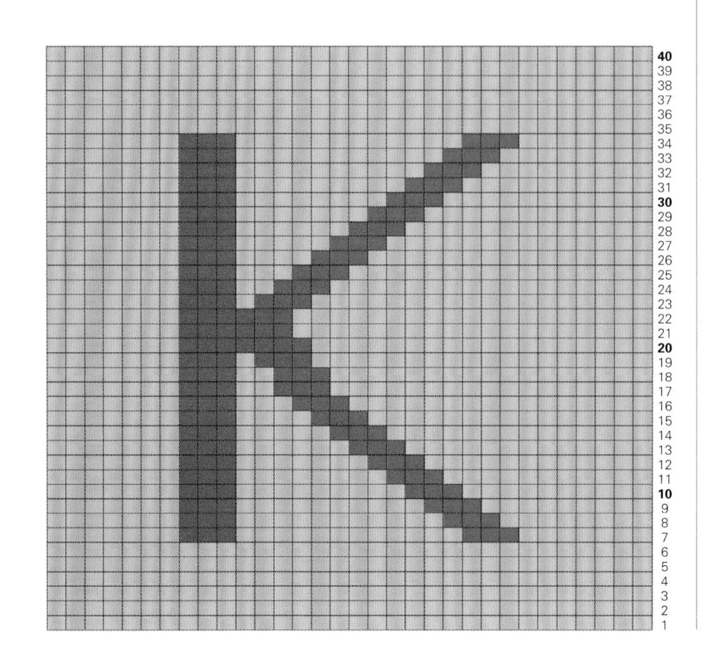

材料工具

背景色

线：Rooster 羊驼美丽诺 DK 线，色号 209 桃红色

字母

线：Rowan 纯羊毛 DK 线，色号 034 姜黄色

通用

针：美国 6 号（直径 4mm）针

编织方法

用背景色线起 32 针。
按照编织图解编织 40 行平针，织成边长为 15cm 的方块。
收针。

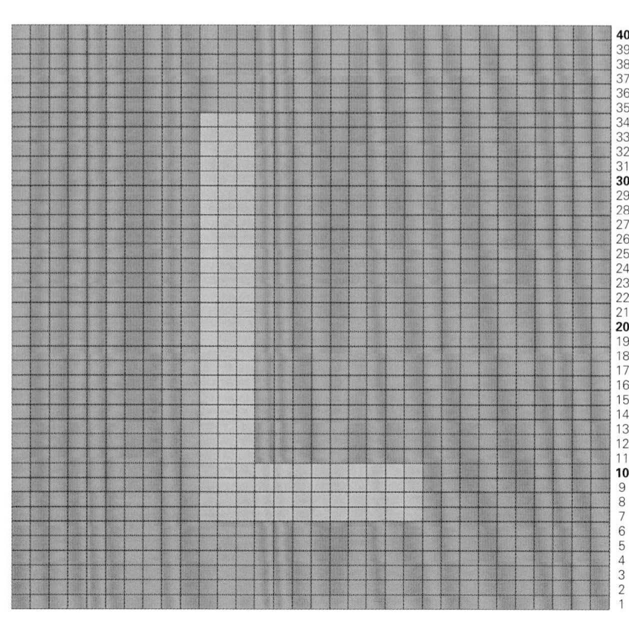

材料工具
背景色
线：Rowan 纯羊毛 DK 线，色号 010 靛蓝色

字母
线：Rowan 纯羊毛 DK 线，色号 031 浅金色

通用
针：美国 6 号（直径 4mm）针

编织方法
用背景色线起 32 针。
按照编织图解编织 40 行平针，织成边长为 15cm 的方块。
收针。

材料工具
背景色
线：Debbie Bliss 羊绒美丽诺 DK 线，色号 17 浅紫色

字母
线：Rooster 羊驼美丽诺 DK 线，色号 214 深紫色

通用
针：美国 6 号（直径 4mm）针

编织方法
用背景色线起 32 针。
按照编织图解编织 40 行平针，织成边长为 15cm 的方块。
收针。

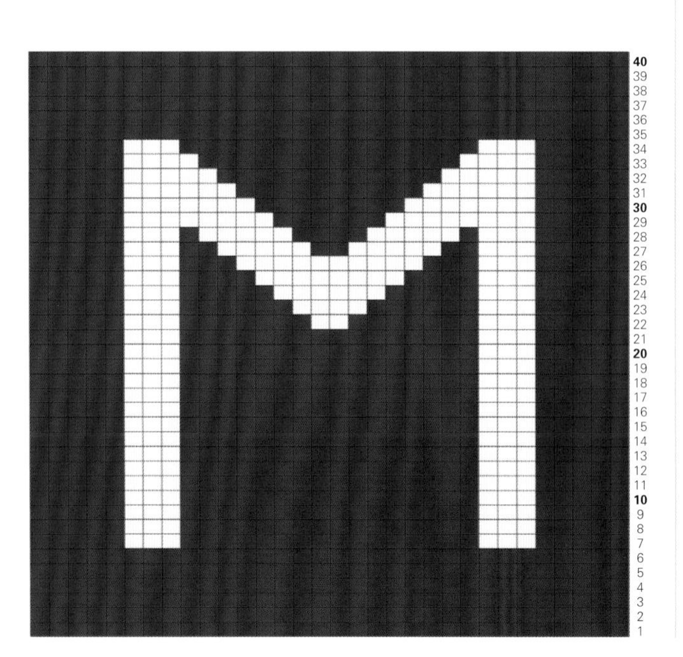

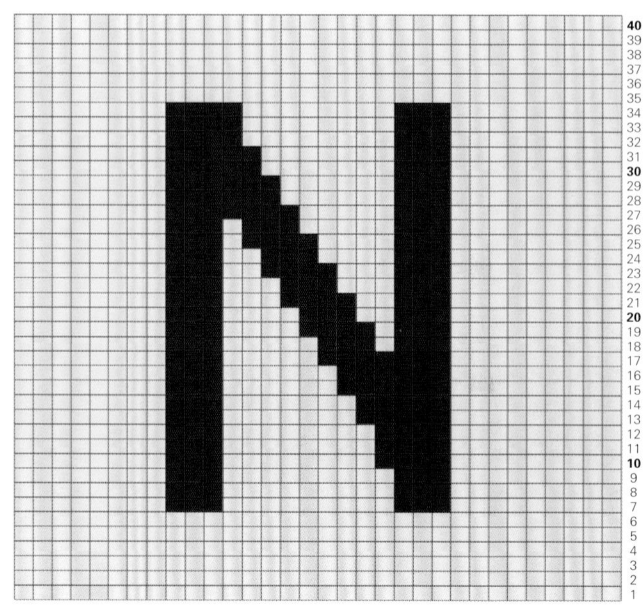

材料工具

背景色

线：Rooster 羊驼美丽诺 DK 线，色号 204 葡萄紫色

字母

线：Rowan 纯羊毛 DK 线，色号 031 浅金色

通用

针：美国 6 号（直径 4mm）针

编织方法

用背景色线起 32 针。

按照编织图解编织 40 行平针，织成边长为 15cm 的方块。

收针。

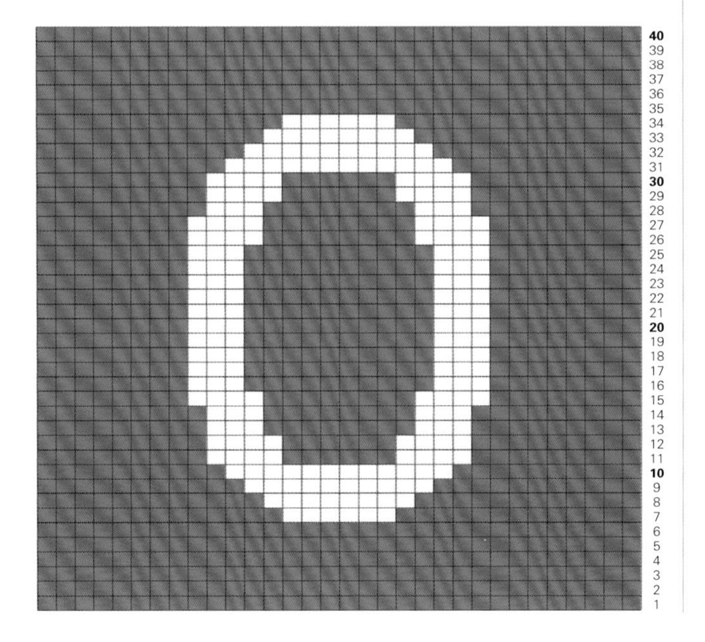

材料工具

背景色

线：Rowan 纯羊毛 DK 线，色号 044 天蓝色

字母

线：Rooster 羊驼美丽诺 DK 线，色号 211 玫红色

通用

针：美国 6 号（直径 4mm）针

编织方法

用背景色线起 32 针。

按照编织图解编织 40 行平针，织成边长为 15cm 的方块。

收针。

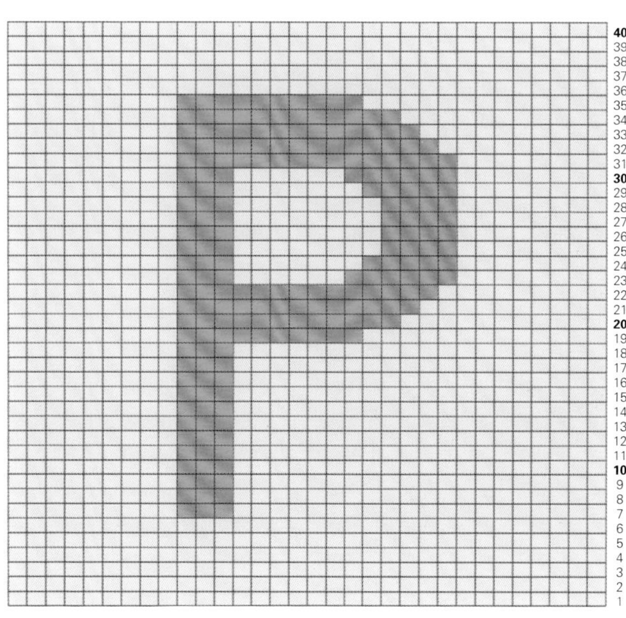

材料工具

背景色

线：Rowan 纯羊毛 DK 线，色号 029 石榴红色

字母

线：Rooster 羊驼美丽诺 DK 线，色号 202 土黄色

通用

针：美国 6 号（直径 4mm）针

编织方法

用背景色线起 32 针。

按照编织图解编织 40 行平针，织成边长为 15cm 的方块。

收针。

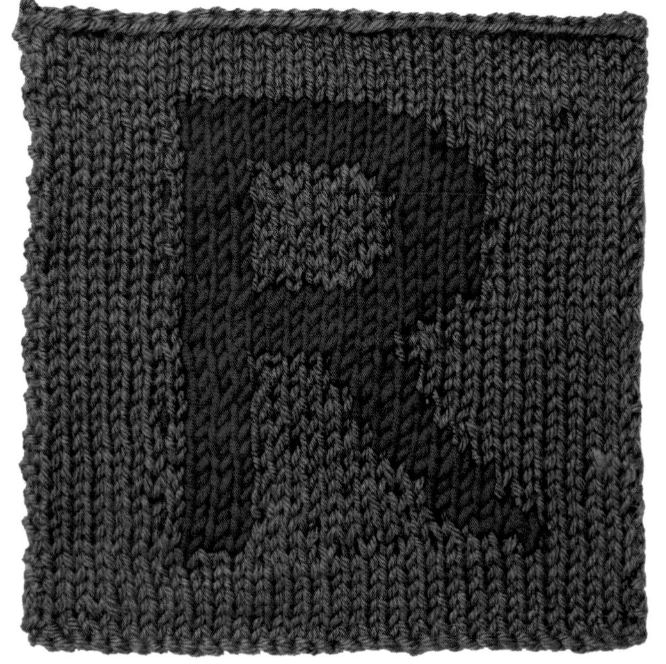

材料工具

背景色

线：Rowan 纯羊毛 DK 线，色号 021 草绿色

字母

线：Debbie Bliss Rialto DK 线，色号 12 红色

通用

针：美国 6 号（直径 4mm）针

编织方法

用背景色线起 32 针。

按照编织图解编织 40 行平针，织成边长为 15cm 的方块。

收针。

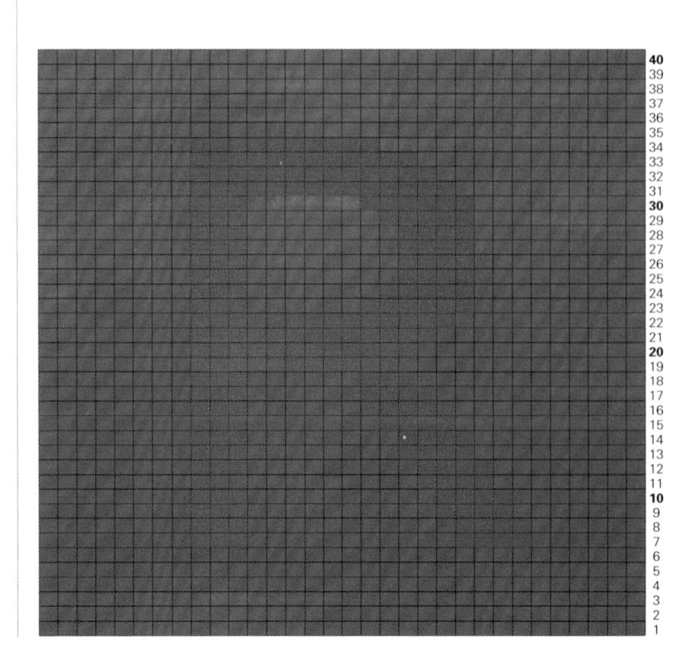

材料工具
背景色
线：Debbie Bliss Rialto DK 线，色号 12 红色

字母
线：Rowan 纯羊毛 DK 线，色号 044 天蓝色

通用
针：美国 6 号（直径 4mm）针

编织方法
用背景色线起 32 针。
按照编织图解编织 40 行平针，织成边长为 15cm 的方块。
收针。

材料工具
背景色
线：Rowan 纯羊毛 DK 线，色号 046 蔷薇粉色

字母
线：Rowan 纯羊毛 DK 线，色号 027 深紫色

通用
针：美国 6 号（直径 4mm）针

编织方法
用背景色线起 32 针。
按照编织图解编织 40 行平针，织成边长为 15cm 的方块。
收针。

材料工具

背景色

线：Rowan 纯羊毛 DK 线，色号 023 黑色

字母

线：Rowan 纯羊毛 DK 线，色号 033 浅橙色

通用

针：美国 6 号（直径 4mm）针

编织方法

用背景色线起 32 针。

按照编织图解编织 40 行平针，织成边长为 15cm 的方块。

收针。

材料工具

背景色

线：Rooster 羊驼美丽诺 DK 线，色号 207 黄绿色

字母

线：Debbie Bliss Rialto DK 线，色号 12 红色

通用

针：美国 6 号（直径 4mm）针

编织方法

用背景色线起 32 针。

按照编织图解编织 40 行平针，织成边长为 15cm 的方块。

收针。

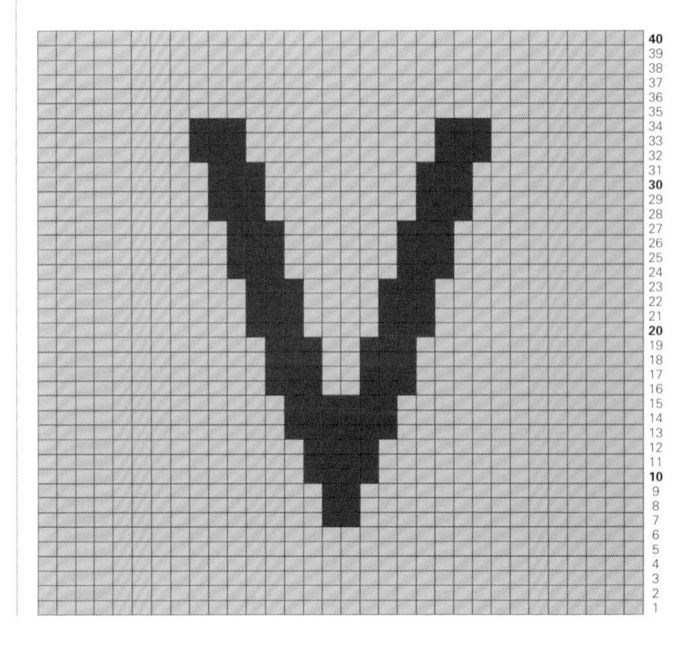

材料工具

背景色

线：Sirdar 乡村风格 DK 线，色号 602 湖水蓝色

字母

线：Rowan 纯羊毛 DK 线，色号 031 浅金色

通用

针：美国 6 号（直径 4mm）针

编织方法

用背景色线起 32 针。

按照编织图解编织 40 行平针，织成边长为 15cm 的方块。

收针。

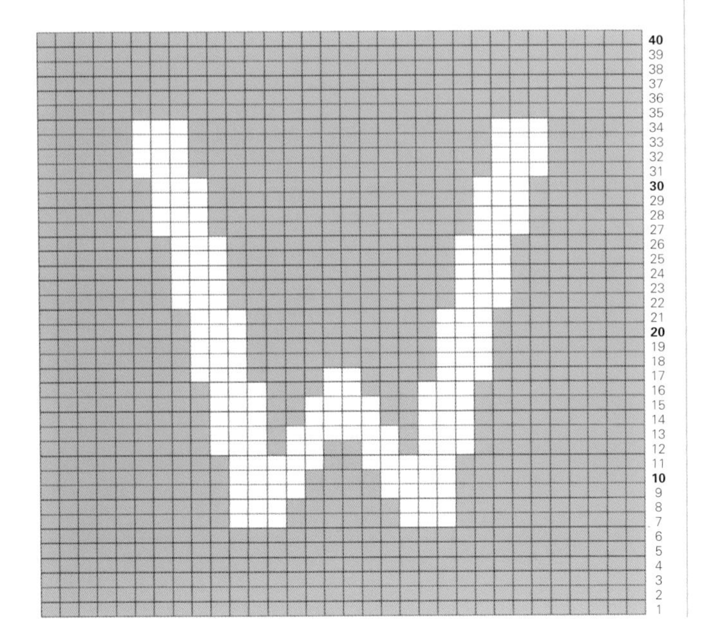

材料工具

背景色

线：Rooster 羊驼美丽诺 DK 线，色号 208 海蓝色

字母

线：Rooster 羊驼美丽诺 DK 线，色号 202 土黄色

通用

针：美国 6 号（直径 4mm）针

编织方法

用背景色线起 32 针。

按照编织图解编织 40 行平针，织成边长为 15cm 的方块。

收针。

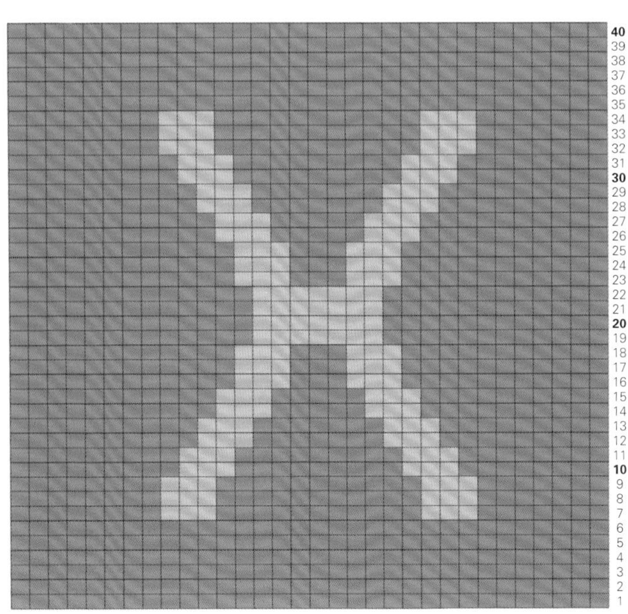

材料工具

背景色

线：Rooster 羊驼美丽诺 DK 线，色号 204 葡萄紫色

字母

线：Debbie Bliss Rialto DK 线，色号 12 红色

通用

针：美国 6 号（直径 4mm）针

编织方法

用背景色线起 32 针。

按照编织图解编织 40 行平针，织成边长为 15cm 的方块。

收针。

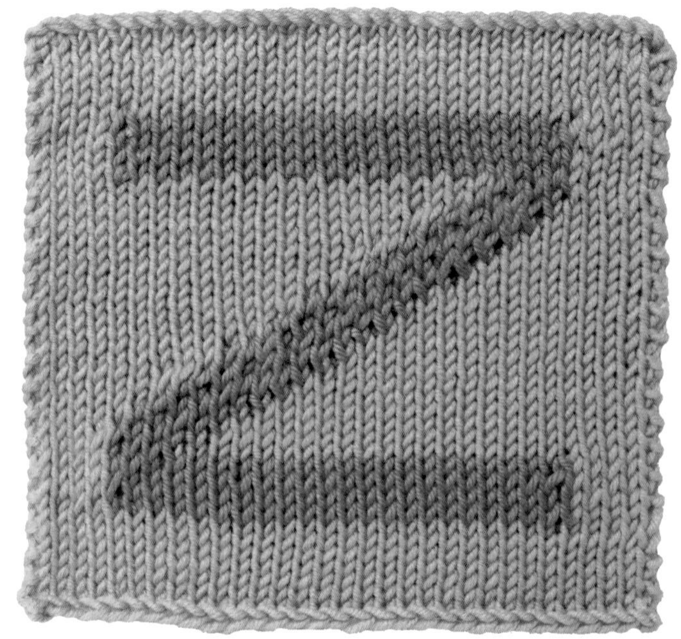

材料工具

背景色

线：Rowan 纯羊毛 DK 线，色号 033 浅橙色

字母

线：Rooster 羊驼美丽诺 DK 线，色号 208 海蓝色

通用

针：美国 6 号（直径 4mm）针

编织方法

用背景色线起 32 针。

按照编织图解编织 40 行平针，织成边长为 15cm 的方块。

收针。

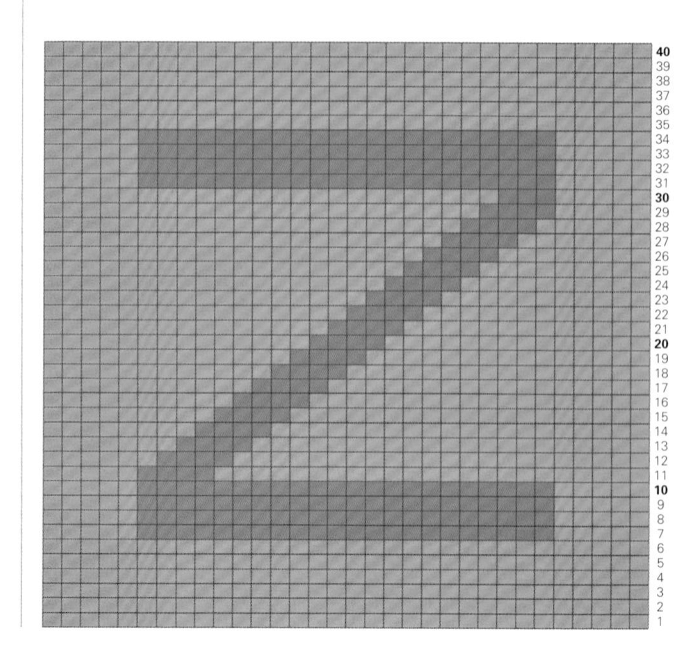

数字

这是另一种用嵌花编织方法编织的织块。可以利用数字织块教孩子学数数，这是一种很有趣的教学方式——你不妨将这些方块撑起来，做成可爱的墙饰，或者试着在毯子中编织数字。

材料工具

背景色

线：Sirdar 乡村风格 DK 线，色号 602 湖水蓝色

数字

线：Rowan 纯羊毛 DK 线，色号 025 浅玫红色

通用

针：美国 6 号（直径 4mm）针

编织方法

用背景色线起 32 针。

按照编织图解编织 40 行平针，织成边长为 15cm 的方块。

收针。

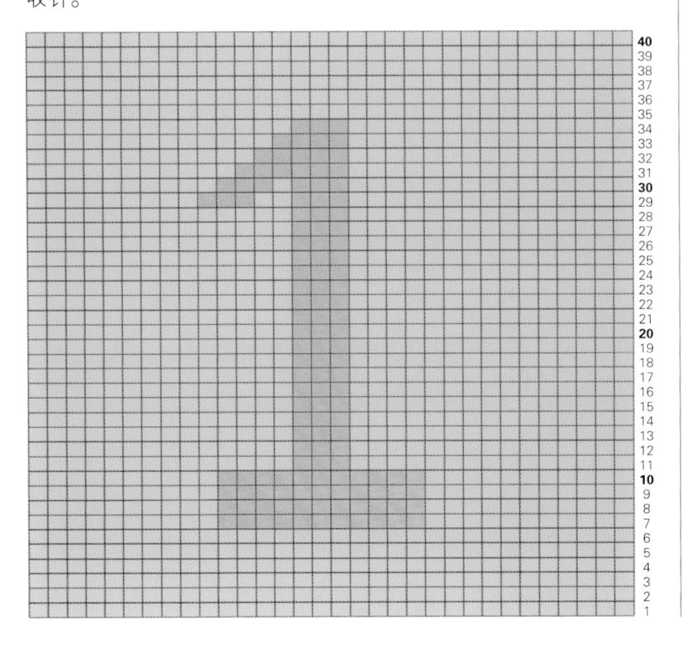

材料工具

背景色

线：Rooster 羊驼美丽诺 DK 线，色号 202 土黄色

数字

线：Rowan 纯羊毛 DK 线，色号 037 枣红色

通用

针：美国 6 号（直径 4mm）针

编织方法

用背景色线起 32 针。

按照编织图解编织 40 行平针，织成边长为 15cm 的方块。

收针。

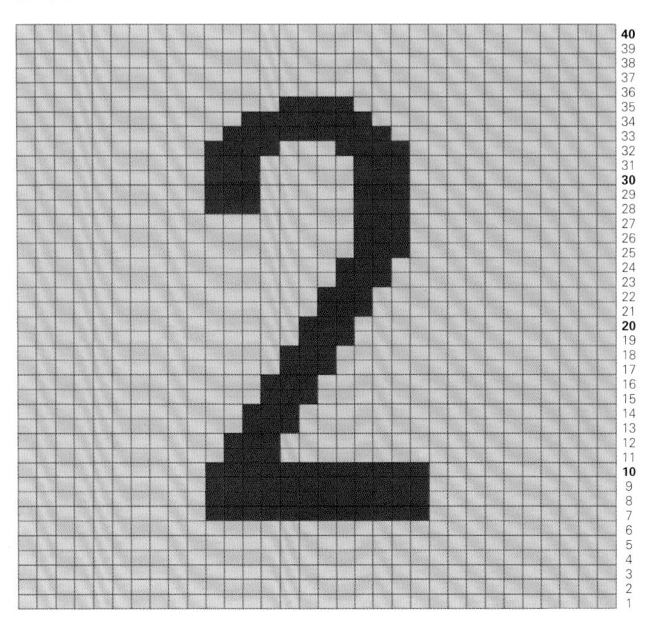

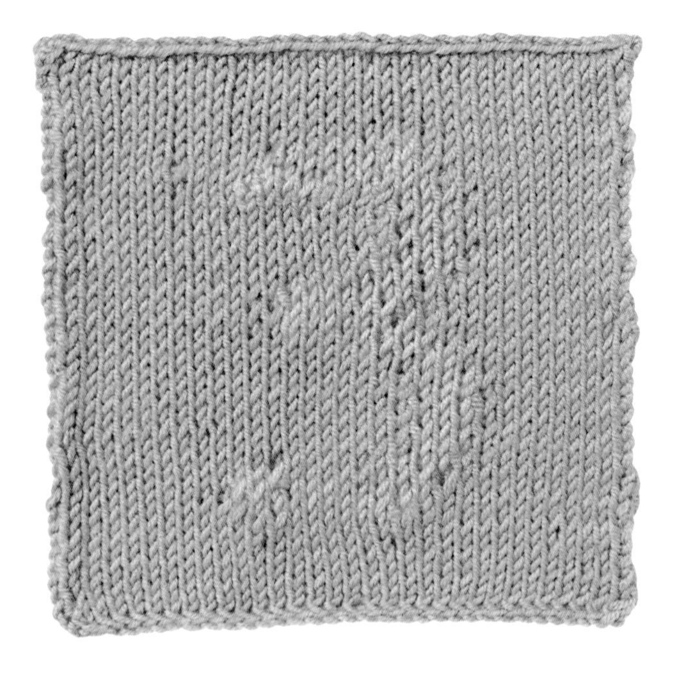

材料工具

背景色

线：Debbie Bliss 羊绒美丽诺 DK 线，色号 17 浅紫色

数字

线：Rooster 羊驼美丽诺 DK 线，色号 210 黄色

通用

针：美国 6 号（直径 4mm）针

编织方法

用背景色线起 32 针。
按照编织图解编织 40 行平针，织成边长为 15cm 的方块。
收针。

材料工具

背景色

线：Rooster 羊驼美丽诺 DK 线，色号 202 土黄色

数字

线：Rooster 羊驼美丽诺 DK 线，色号 208 海蓝色

通用

针：美国 6 号（直径 4mm）针

编织方法

用背景色线起 32 针。
按照编织图解编织 40 行平针，织成边长为 15cm 的方块。
收针。

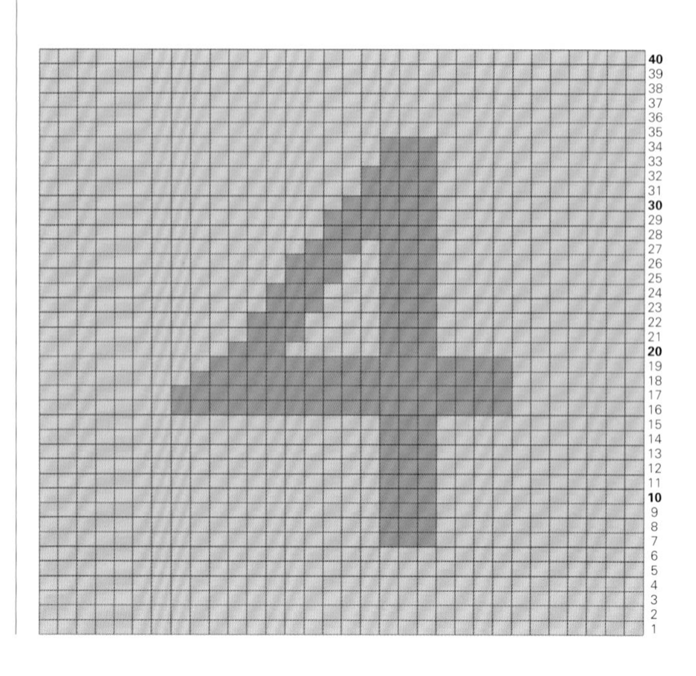

材料工具

背景色

线：Rowan 纯羊毛 DK 线，色号 005 冰蓝色

数字

线：Debbie Bliss Rialto DK 线，色号 35 海军蓝色

通用

针：美国 6 号（直径 4mm）针

编织方法

用背景色线起 32 针。
按照编织图解编织 40 行平针，织成边长为 15cm 的方块。
收针。

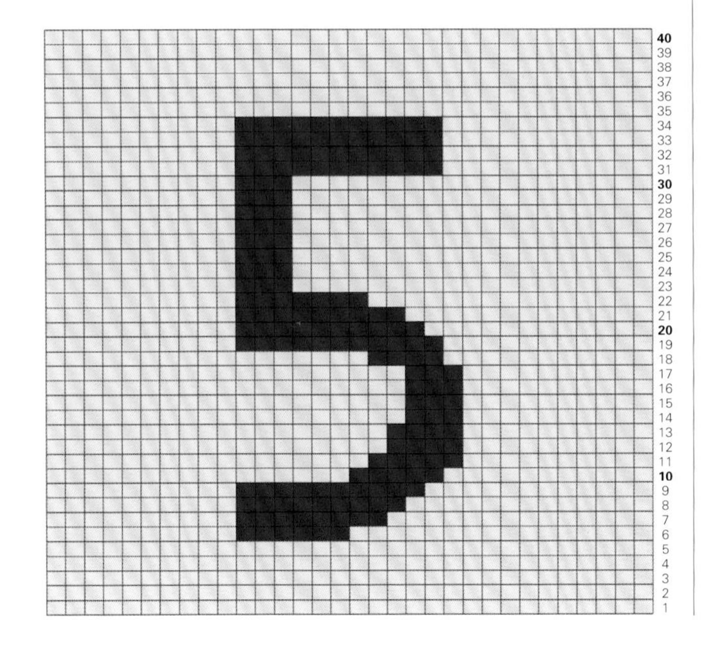

材料工具

背景色

线：Rooster 羊驼美丽诺 DK 线，色号 202 土黄色

数字

线：Rooster 羊驼美丽诺 DK 线，色号 205 灰蓝色

通用

针：美国 6 号（直径 4mm）针

编织方法

用背景色线起 32 针。
按照编织图解编织 40 行平针，织成边长为 15cm 的方块。
收针。

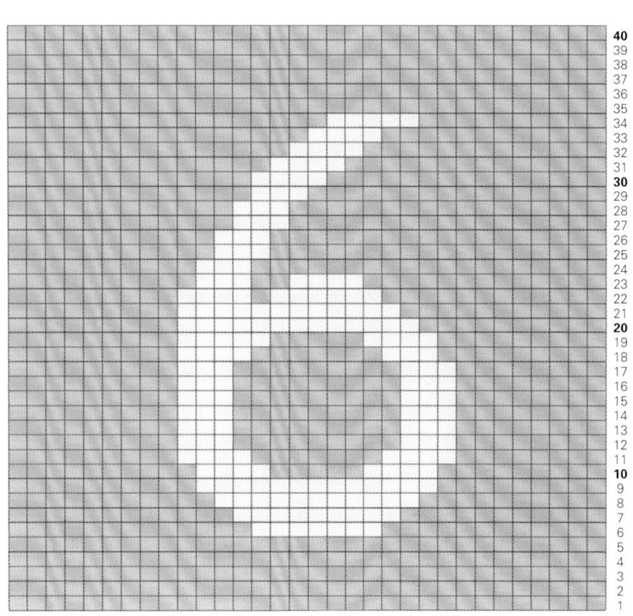

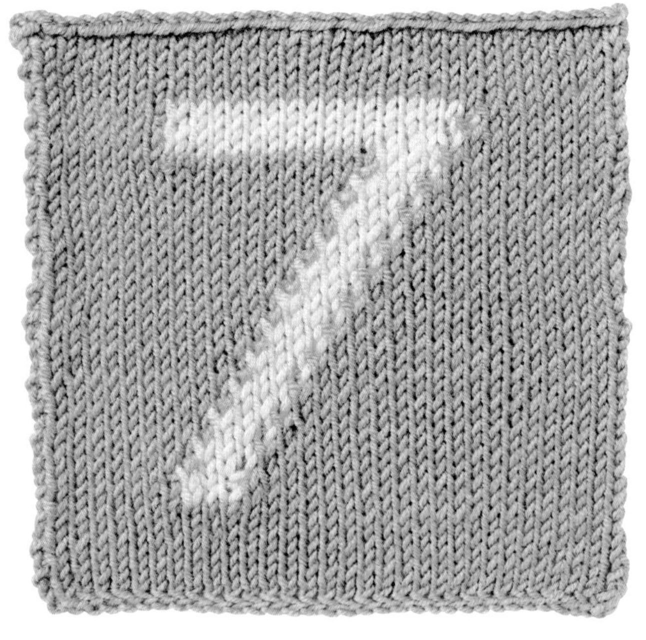

材料工具

背景色

线：Rowan 纯羊毛 DK 线，色号 005 冰蓝色

数字

线：Rooster 羊驼美丽诺 DK 线，色号 201 米白色

通用

针：美国 6 号（直径 4mm）针

编织方法

用背景色线起 32 针。

按照编织图解编织 40 行平针，织成边长为 15cm 的方块。

收针。

材料工具

背景色

线：Debbie Bliss 羊绒美丽诺 DK 线，色号 17 浅紫色

数字

线：Rooster 羊驼美丽诺 DK 线，色号 204 葡萄紫色

通用

针：美国 6 号（直径 4mm）针

编织方法

用背景色线起 32 针。

按照编织图解编织 40 行平针，织成边长为 15cm 的方块。

收针。

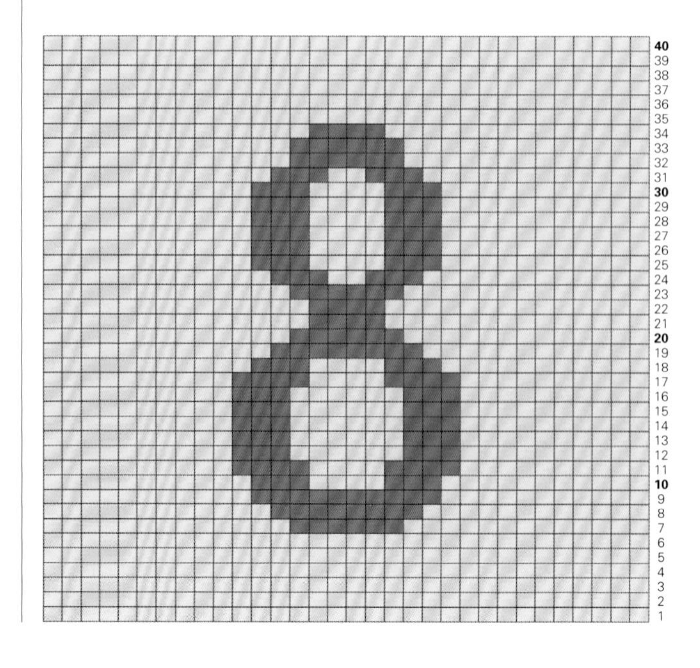

材料工具
背景色
线：Debbie Bliss 羊绒美丽诺 DK 线，色号 17 浅紫色

数字
线：Rooster 羊驼美丽诺 DK 线，色号 207 黄绿色

通用
针：美国 6 号（直径 4mm）针

编织方法
用背景色线起 32 针。
按照编织图解编织 40 行平针，织成边长为 15cm 的方块。
收针。

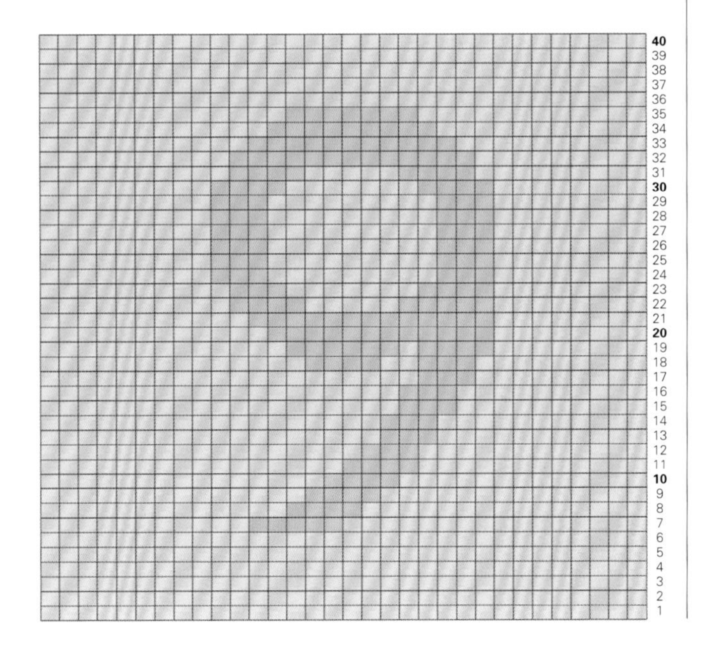

材料工具
背景色
线：Rooster 羊驼美丽诺 DK 线，色号 202 土黄色

数字
线：Rowan 纯羊毛 DK 线，色号 030 紫红色

通用
针：美国 6 号（直径 4mm）针

编织方法
用背景色线起 32 针。
按照编织图解编织 40 行平针，织成边长为 15cm 的方块。
收针。

第二部分

设计作品

设计作品部分不但采用织块部分的技法和花样，也收入其他一些创意。你可以在这些设计作品中利用一些基础花样，也可以换成自己喜欢的织块——大胆地试验、混搭吧。

蕾丝床罩

这款大床罩温馨舒适，是为爱而织的。最初我妈妈分别给我和我姐姐各织了一个，在我和姐姐结婚之前，床罩一直存放在阁楼的袋子里。现在我们的女儿居然也都各要一个！

尺寸

单人床：除流苏外，大概 157cm × 218cm
双人床：除流苏外，大概 185cm × 218cm
每个大方块（总共 4 个图案）的边长大概 30cm

材料工具

线：100% 纯棉线，如 Pegasus 手工棉线 / 洗碗布棉线

单人床

40 团，每团 100g，大概 5920m，白色

双人床

45 团，每团 100g，大概 7200m，白色

针：美国 8 号（直径 5mm）针
其他：缝衣针

密度

编织平针，在 10cm × 10cm 的范围内织 19 针，28 行。若有必要，可更换针号，以达到需要的密度。

图案编织方法（每个大方块需要织 4 个图案）

起 2 针。
第 1 行（正面）：1 针下针，绕线加 1 针，1 针下针。（共 3 针）
第 2 行：编织上针。
第 3 行：[1 针下针，绕线加 1 针] 织 2 次，1 针下针。（共 5 针）
第 4 行：编织上针。
第 5 行：[1 针下针，绕线加 1 针] 织 4 次，1 针下针。（共 9 针）
第 6 行：编织上针。
第 7 行：1 针下针，绕线加 1 针，1 针上针，2 针下针，绕线加 1 针，1 针下针，绕线加 1 针，2 针下针，1 针上针，绕线加 1 针，1 针下针。（共 13 针）
第 8 行：2 针上针，1 针下针，7 针上针，1 针下针，2 针上针。
第 9 行：1 针下针，绕线加 1 针，2 针上针，3 针下针，绕线加 1 针，1 针下针，绕线加 1 针，3 针下针，2 针上针，绕线加 1 针，1 针下针。（共 17 针）
第 10 行：2 针上针，2 针下针，9 针上针，2 针下针，2 针上针。
第 11 行：1 针下针，绕线加 1 针，3 针上针，4 针下针，绕线加 1 针，1 针下针，绕线加 1 针，4 针下针，3 针上针，绕线加 1 针，1 针下针。（共 21 针）
第 12 行：2 针上针，3 针下针，11 针上针，3 针下针，2 针上针。
第 13 行：1 针下针，绕线加 1 针，4 针上针，5 针下针，绕线加 1 针，1 针下针，绕线加 1 针，5 针下针，4 针上针，绕线加 1 针，1 针下针。（共 25 针）
第 14 行：2 针上针，4 针下针，13 针上针，4 针下针，2 针上针。
第 15 行：1 针下针，绕线加 1 针，5 针上针，6 针下针，绕线加 1 针，1 针下针，绕线加 1 针，6 针下针，5 针上针，绕线加 1 针，1 针下针。（共 29 针）
第 16 行：2 针上针，5 针下针，15 针上针，5 针下针，2 针上针。
第 17 行：1 针下针，绕线加 1 针，6 针上针，右下 2 针并 1 针，11 针下针，左下 2 针并 1 针，6 针上针，绕线加 1 针，1 针下针。（共 29 针）
第 18 行：2 针上针，6 针下针，13 针上针，6 针下针，2 针上针。
第 19 行：1 针下针，绕线加 1 针，7 针上针，右下 2 针并 1 针，9 针下针，左下 2 针并 1 针，7 针上针，绕线加 1 针，1 针下针。（共 29 针）
第 20 行：2 针上针，7 针下针，11 针上针，7 针下针，2 针上针。
第 21 行：1 针下针，绕线加 1 针，8 针上针，右下 2 针并 1 针，7 针下针，左下 2 针并 1 针，8 针上针，绕线加 1 针，1 针下针。（共 29 针）
第 22 行：2 针上针，8 针下针，9 针上针，8 针下针，2 针上针。
第 23 行：1 针下针，绕线加 1 针，9 针上针，右下 2 针并 1 针，5 针下针，左下 2 针并 1 针，9 针上针，绕线加 1 针，1 针下针。（共 29 针）
第 24 行：2 针上针，9 针下针，7 针上针，9 针下针，2 针上针。
第 25 行：1 针下针，绕线加 1 针，10 针上针，右下 2 针并 1 针，3 针下针，左下 2 针并 1 针，10 针上针，绕线加 1 针，1 针下针。（共 29 针）
第 26 行：2 针上针，10 针下针，5 针上针，10 针下针，2 针上针。
第 27 行：1 针下针，绕线加 1 针，11 针上针，右下 2 针并 1 针，1 针下针，左下 2 针并 1 针，11 针上针，绕线加 1 针，1 针下针。（共 29 针）
第 28 行：2 针上针，11 针下针，3 针上针，11 针下针，2 针上针。
第 29 行：1 针下针，绕线加 1 针，12 针上针，右下 3 针并 1 针，12 针上针，绕线加 1 针，1 针下针。（共 29 针）
第 30 行：编织上针。
第 31 行：第 1 针加 1 针，27 针下针，最后 1 针加 1 针。（共 31 针）
第 32、33 行：编织上针。
第 34 行：[左下 2 针并 1 针，绕线加 1 针] 重复编织，直至还剩 3 针，左下 3 针并 1 针。（剩 29 针）
第 35 行：编织上针。
第 36 行：左上 2 针并 1 针，编织上针直至还剩 2 针，左上 2 针并 1 针。（剩 27 针）
第 37 行：编织下针。
第 38 行：同第 36 行。（剩 25 针）
第 39 行：编织上针。
再重复编织第 34~39 行 3 次，然后再重复编织第 34~37 行 1 次。（剩 3 针）
织左上 3 针并 1 针。
收针。

收尾

编织 4 个图案，并将 4 个图案按照花瓣居中的形状缝合起来，形成 1 个大方块。单人床织 35 个大方块，每行 5 个方块，共 7 行，用缝衣针缝合。双人床织 42 个大方块，每行 6 个大方块，共 7 行，用缝衣针缝合。

饰边

起 4 针。
第 1 行：绕线加 1 针，2 针下针，绕线加 1 针，左下 2 针并 1 针。（共 5 针）
第 2 行：编织下针。
第 3 行：绕线加 1 针，3 针下针，绕线加 1 针，左下 2 针并 1 针。（共 6 针）

第 4 行：编织下针。
第 5 行：绕线加 1 针，4 针下针，绕线加 1 针，左下 2 针并 1 针。（共 7 针）
第 6 行：编织下针。
第 7 行：绕线加 1 针，5 针下针，绕线加 1 针，左下 2 针并 1 针。（共 8 针）
第 8 行：编织下针。
第 9 行：绕线加 1 针，6 针下针，绕线加 1 针，左下 2 针并 1 针。（共 9 针）
第 10 行：编织下针。
第 11 行：平收 5 针，1 针下针，绕线加 1 针，左下 2 针并 1 针。（剩 4 针）
第 12 行：编织下针。
这 12 行组成 1 个花样，重复编织以上 12 行，直至长度与床罩的周长相同为止。收针。
将饰边缝在床罩上，若有必要，每个转角的地方可打褶。

流苏
将棉线剪成 26cm 长，将 4 段 26cm 长的棉线对折，然后将线圈一端穿过饰边的洞眼，将另一端（穗状物端）穿入线圈，形成一个活结。最后将线端剪整齐。重复以上步骤制作流苏，整圈中的每个流苏的间隙要均匀。

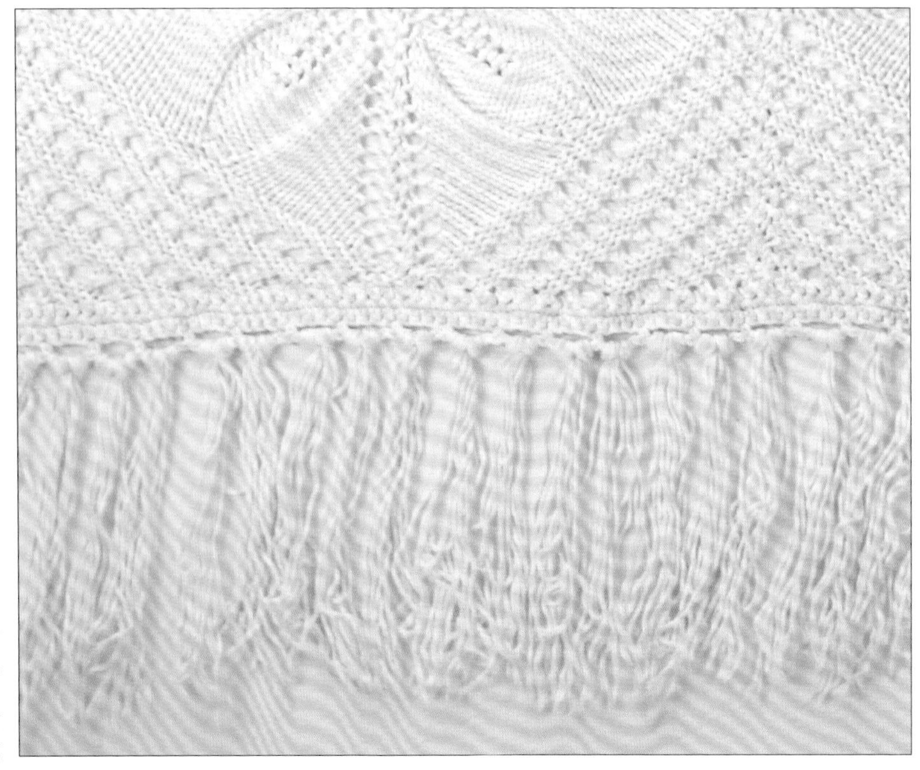

婴儿床盖毯

采用奢华的柔软棉线编织婴儿床盖毯来迎接新生命，充满温馨幸福感。这款盖毯不仅适合初学者，也适合有一定基础的编织者。饰边编织很简单，编织方块也毫不费时。

尺寸
大概 75cm×85cm

材料工具
线：精纺 DK 线，如 Rooster 羊驼美丽诺 DK 线
2 团，每团 50g，大概 225m，淡粉色（A）
4 团，每团 50g，大概 450m，白色（B）
每色1团，每团 50g，大概 225m，淡蓝色（C），浅棕色（D）
针：美国 5 号（直径 3.75mm）针
其他：缝衣针

密度
编织平针，在 10cm×10cm 的范围内织 21 针，28 行。若有必要，可更换针号，以达到需要的密度。.

方块编织方法（每种颜色织 20 片）
起 18 针。
织 26 行平针。
收针。

收尾
缝合线头。
每片白色织块分别用 A、C、D 三色线绣上法式结粒绣。
用接缝拼接的方法将织块缝合起来，一行缝 8 块，缝 10 行。确保织块收针的边在盖毯的外围。

饰边（大概织 60 个三角形）
起 7 针。
第 1 行：2 针下针，绕线加 1 针，左下 2 针并 1 针，绕线加 1 针，3 针下针。（共 8 针）
第 2 行：编织下针。
第 3 行：2 针下针，绕线加 1 针，左下 2 针并 1 针，绕线加 1 针，4 针下针。（共 9 针）
第 4 行：编织下针。
第 5 行：2 针下针，绕线加 1 针，左下 2 针并 1 针，绕线加 1 针，5 针下针。（共 10 针）
第 6 行：编织下针。
第 7 行：2 针下针，绕线加 1 针，左下 2 针并 1 针，绕线加 1 针，6 针下针。（共 11 针）
第 8 行：编织下针。
第 9 行：2 针下针，绕线加 1 针，左下 2 针并 1 针，绕线加 1 针，7 针下针。（共 12 针）
第 10 行：编织下针。
第 11 行：2 针下针，绕线加 1 针，左下 2 针并 1 针，绕线加 1 针，8 针下针。（共 13 针）
第 12 行：编织下针。
第 13 行：2 针下针，绕线加 1 针，左下 2 针并 1 针，绕线加 1 针，9 针下针。（共 14 针）
第 14 行：编织下针。
第 15 行：2 针下针，绕线加 1 针，左下 2 针并 1 针，绕线加 1 针，10 针下针。（共 15 针）
第 16 行：平收 8 针，编织下针直至结束。（剩 7 针）
重复编织以上 16 行，直至饰边与盖毯周长相同为止。
收针。

收尾
以滑针方法将饰边与盖毯主体缝合起来。

小贴士
为使饰边和盖毯主体服帖，可以一边织饰边，一边和盖毯主体以滑针缝合起来。

儿童盖毯

这款盖毯用羊驼和超软美丽诺羊毛混纺线编织而成，混合了隐形图案和立体图案，非常别致。其灵感来自儿童喜欢的元素：艳丽的色彩，心形、小船、花朵、瓢虫和大象图案。

尺寸

盖毯尺寸：大概 112cm × 117cm
每个方块尺寸：大概 30cm × 30cm

材料工具

线：精纺羊驼和美丽诺羊毛混纺阿兰线，如 Rooster 羊驼美丽诺阿兰线
13 团，每团 50g，大概 1222m，浅棕色（A）
2 团，每团 50g，大概 188m，红色（B）
每色 1 团，每团 50g，大概 94m，粉红色（C），黄色（D），紫红色（E），白色（F），蓝绿色（G），绿色（H），淡粉色（I），淡蓝色（J）
针：美国 8 号（直径 5mm）针
其他：缝衣针

密度

编织平针，在 10cm × 10cm 的范围内织 16 针，24 行。若有必要，可更换针号，以达到需要的密度。

方块编织方法

用 A 色线起 62 针。
按照第 98、99 页的编织图解编织方块，单色图案全部织平针，彩色图案用嵌花方法编织。立体图案按照编织图解在下针行上织上针。
收针。

饰边（织 4 条）

用 A 色线起 7 针。
第 1 行：2 针下针，绕线加 1 针，左下 2 针并 1 针，绕线加 1 针，编织下针直至结束。（共 8 针）
第 2 行：编织下针。
第 3~14 行：重复编织第 1、2 行 6 次。（共 14 针）
第 15 行：重复编织第 1 行。（共 15 针）
第 16 行：平收 8 针，编织下针直至结束。（剩 7 针）
这 16 行织好一个三角形，再重复编织以上 16 行 15 次，总共织 16 个三角形。
收针。

收尾

按照图片的样子将方块缝合好，将每条饰边与盖毯的四条边缝合起来。

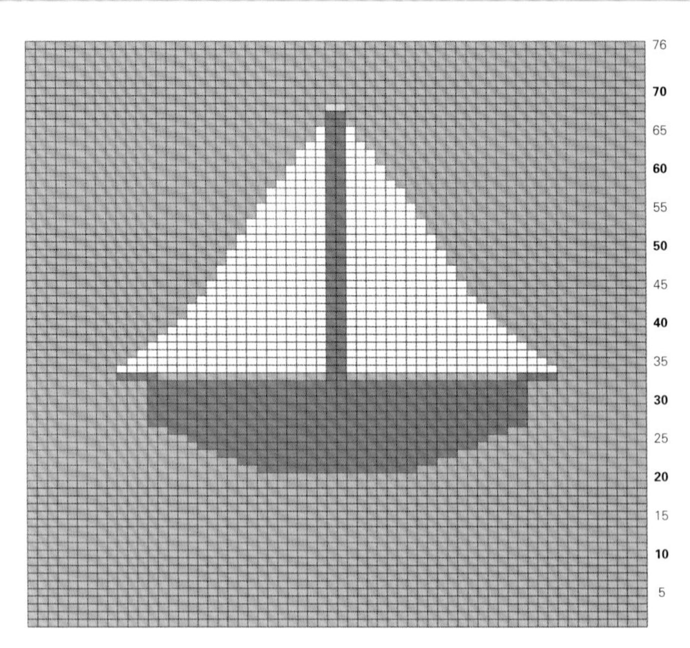

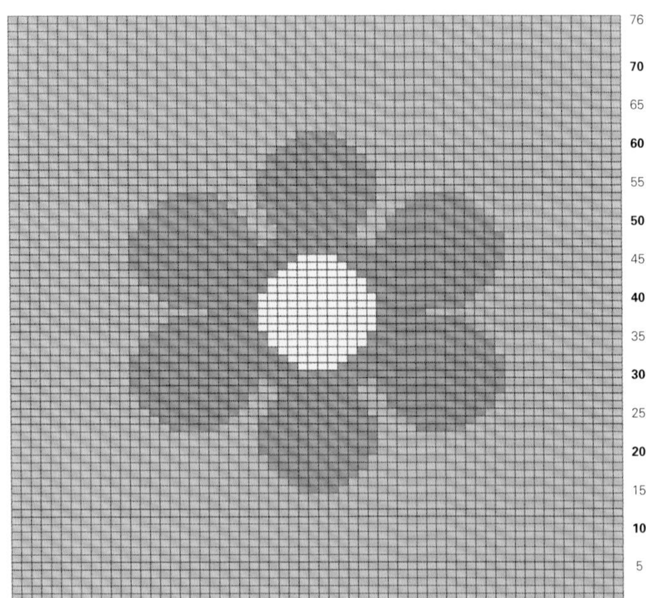

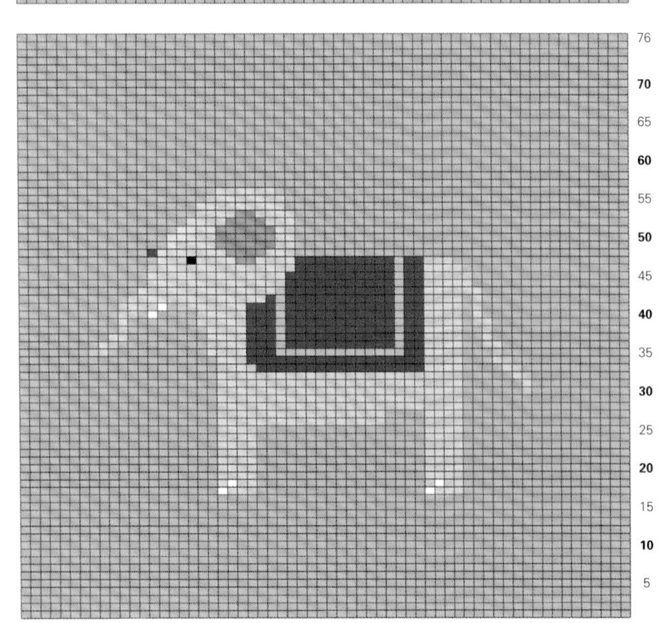

儿童盖毯编织图解

见第 97 页的方块编织方法。

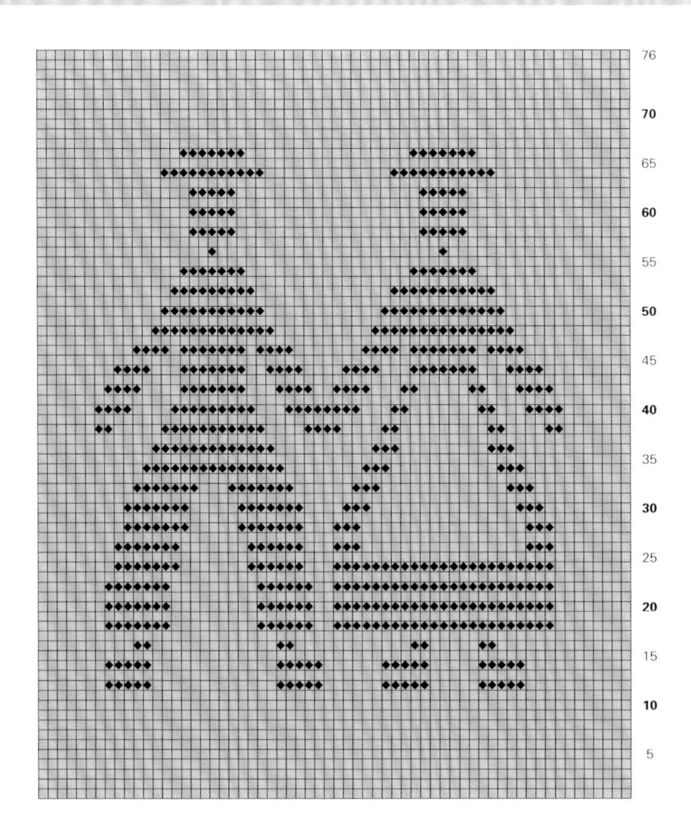

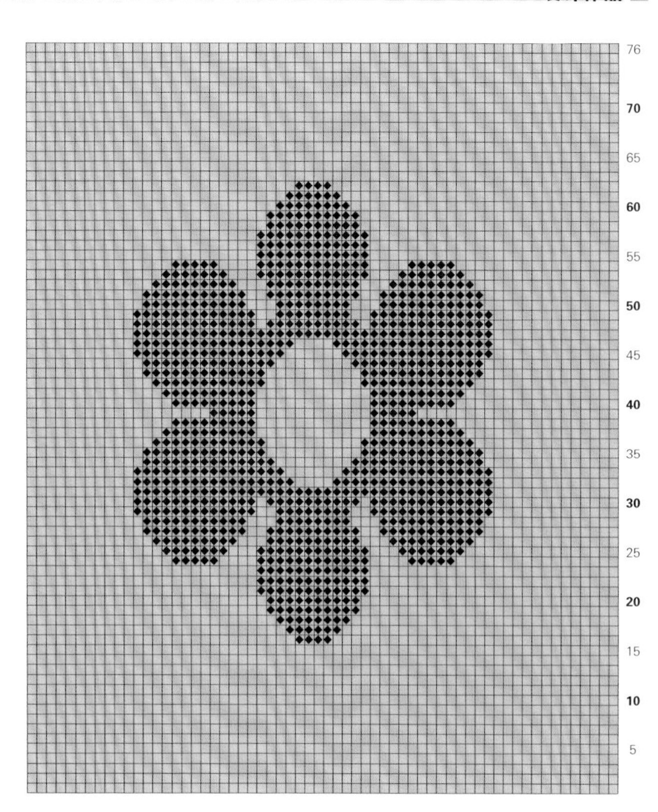

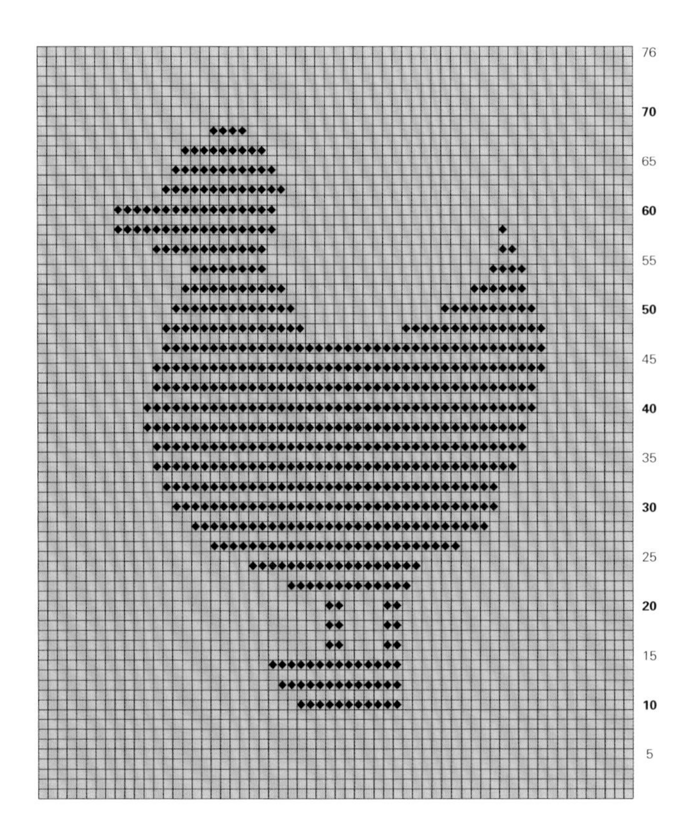

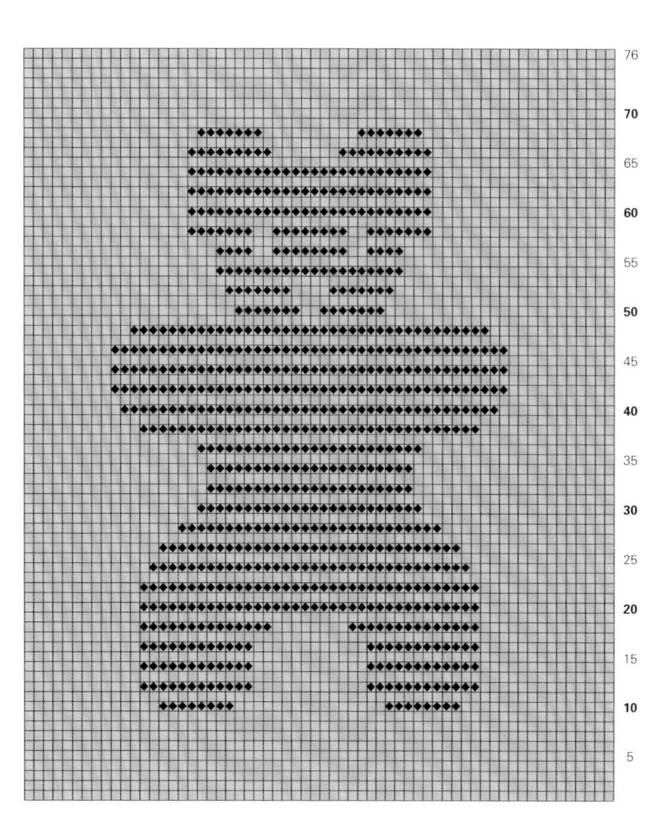

◆ = 正面织上针，反面织下针
□ = 正面织下针，反面织上针

绣花沙发罩

将简单的绣花添加在织物上是一件非常令人愉快的事。这款绣花沙发罩采用传统绣花图案，织成传家宝毯子，可以作为珍贵的礼物，也可以作为家里一件赏心悦目的装饰品。

尺寸
大概 95cm × 135cm

材料工具
背景方块
线：精纺美丽诺 DK 线，如 Debbie Bliss Rialto DK 线
18 团，每团 50g，大概 1890m，本白色
针：美国 6 号（直径 4mm）针
环形针，60cm 长，直径 4mm（可选）
其他：缝衣针

绣花材料
线：雏菊：少量银白色、淡粉色、黄色、绿色、蔚蓝色线
母鸡：少量深紫红色线
鹅：少量银白色、黄色、黑色、绿色线
树：少量深紫红色、绿色、黑色线
针：刺绣针

密度
编织平针，在 10cm × 10cm 的范围内织 22 针，30 行。若有必要，可更换针号，以达到需要的密度。

背景方块（织 12 块）
用美国 6 号（直径 4mm）针起 66 针。
以下针行开始编织，编织 90 行平针。
收针。

收尾
以回针缝将织块缝合起来，一行缝 4 个，缝 3 行。

顶部和底部的饰边
用环形针，在沙发罩顶部均匀地挑 193 针并织下针。
第 1 行：滑 1 针，[1 针下针，1 针上针] 重复编织，直至结束。
第 2 行：滑 1 针，从两针之间的线圈中挑

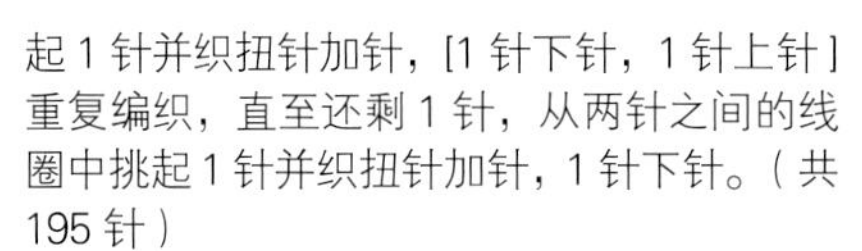

起 1 针并织扭针加针，[1 针下针，1 针上针] 重复编织，直至还剩 1 针，从两针之间的线圈中挑起 1 针并织扭针加针，1 针下针。（共 195 针）
第 3 行：滑 1 针，[1 针上针，1 针下针] 重复编织，直至结束。
第 4 行：滑 1 针，从两针之间的线圈中挑起 1 针并织扭针加针，[1 针上针，1 针下针] 重复编织，直至还剩 1 针，从两针之间的线圈中挑起 1 针并织扭针加针，1 针下针。（共 197 针）
再重复编织以上 4 行 6 次。（共 221 针）
用桂花针收针。
重复以上步骤编织沙发罩底部的饰边。

两侧饰边（织 2 条）
用环形针起 2 针。
加针部分。第 1 行：1 针下针，1 针上针。
第 2 行：滑 1 针，从两针之间的线圈中挑起 1 针并织扭针加针，1 针上针。（共 3 针）
第 3 行：1 针下针，1 针上针，1 针下针。
第 4 行：滑 1 针，从两针之间的线圈中挑起 1 针并织扭针加针，1 针上针，1 针下针。（共 4 针）
第 5 行：滑 1 针，1 针上针，1 针下针，1 针上针。

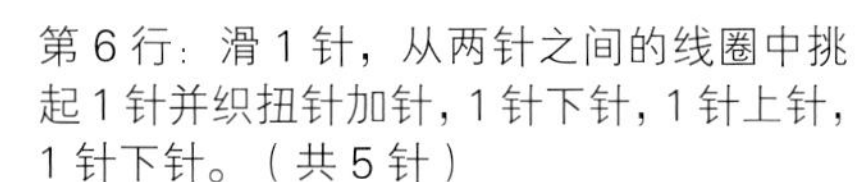

第 6 行：滑 1 针，从两针之间的线圈中挑起 1 针并织扭针加针，1 针下针，1 针上针，1 针下针。（共 5 针）
第 7 行：滑 1 针，1 针上针，1 针下针，1 针上针，1 针下针。
第 8 行：滑 1 针，从两针之间的线圈中挑起 1 针并织扭针加针，1 针上针，1 针下针，1 针上针，1 针下针。（共 6 针）
第 9 行：滑 1 针，1 针上针，1 针下针，1 针上针，1 针下针，1 针上针。
第 10 行：滑 1 针，从两针之间的线圈中挑起 1 针并织扭针加针，[1 针下针，1 针上针] 重复编织，直至结束。（共 7 针）
第 11 行：滑 1 针，[1 针上针，1 针下针] 重复编织，直至结束。
第 12 行：滑 1 针，从两针之间的线圈中挑起 1 针并织扭针加针，[1 针上针，1 针下针] 重复编织，直至结束。（共 8 针）
第 13 行：滑 1 针，[1 针上针，1 针下针] 重复编织，直至结束。
再重复编织第 10~13 行 4 次，再重复编织第 10、11 行 1 次。（共 17 针）
非加针部分。下一行：滑 1 针，[1 针上针，1 针下针] 重复编织，直至结束。
下一行：滑 1 针，[1 针上针，1 针下针] 重复编织，直至结束。

以上 2 行形成桂花针花样。重复编织以上 2 行，直至再织完 358 行，或者直至桂花针长度稍微拉长时和沙发罩的长度（到沙发罩第 4 个方块的收针边的长度）相同为止。

减针部分。下一行：滑 1 针，左下 2 针并 1 针，[1 针上针，1 针下针] 重复编织，直至结束。

下一行：滑 1 针，[1 针上针，1 针下针] 重复编织，直至结束。

下一行：滑 1 针，左下 2 针并 1 针，[1 针下针，1 针上针] 重复编织，直至结束。

下一行：滑 1 针，[1 针上针，1 针下针] 重复编织，直至结束。

重复编织以上 4 行，直至棒针上还剩 2 针为止。

下一行：左下 2 针并 1 针。

收针。

收尾

用接缝拼接的方法将两侧饰边缝在沙发罩上。分别将两侧饰边的两角与顶部、底部饰边的两角用接缝拼接的方法缝合起来。

绣花

将毛线拆股，只用一股线绣花，类似于其他的绣花方式。

将线穿入刺绣针中，按照第 100 页的模板绣花。

小贴士

缝合织块时，确保顶部和底部的 3 块织块收针的边放在外围，这样，从顶部和底部挑针织桂花针的时候比较容易。

刺绣法式结粒绣时，在织物背面撑住结，防止结陷入背面。

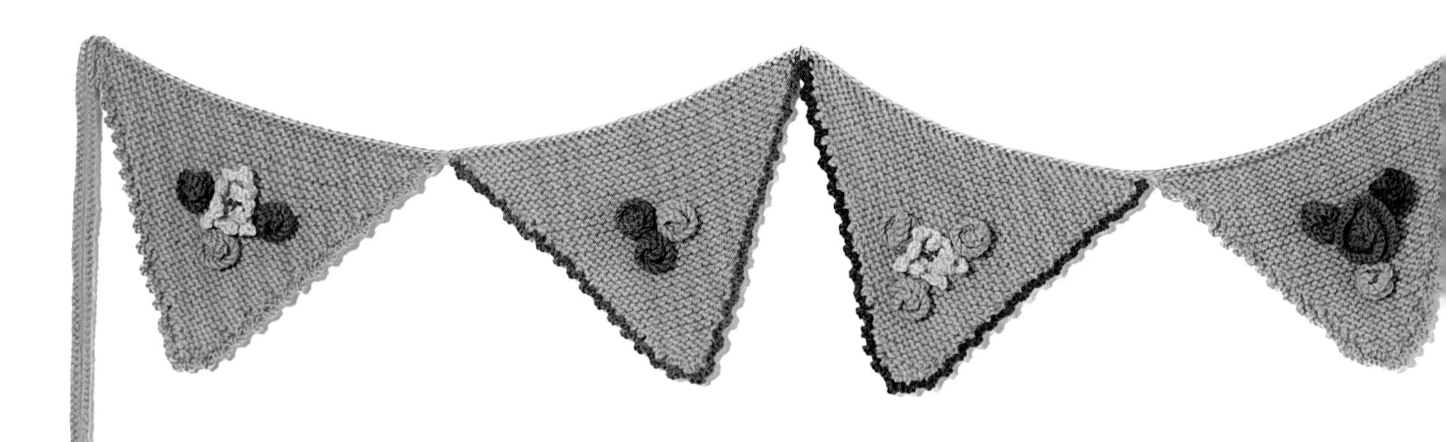

花朵彩旗挂饰

彩旗挂饰可以为房间增添活力，也可以为茶话会、庆典活动等增添喜庆气氛。这款可爱的花朵彩旗复古风浓郁，十分迷人，能使人心情愉悦。编织花朵用线量少，是余线再利用的理想方法。

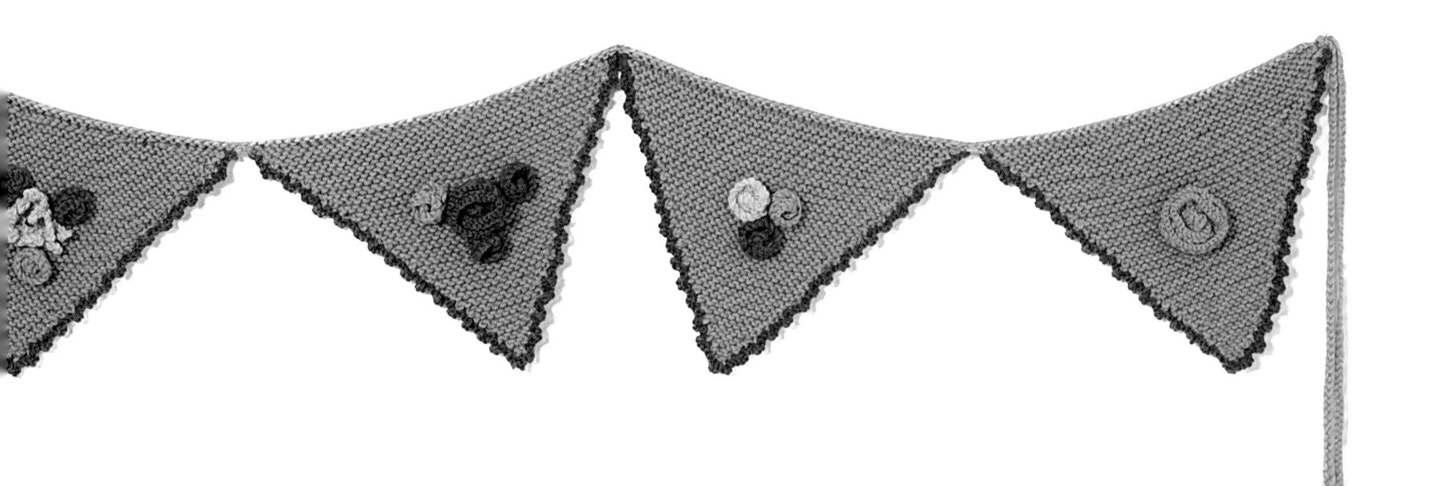

尺寸

彩旗挂饰：除系绳外，180cm 长
每面彩旗尺寸：19cm × 22.5cm

材料工具

彩旗

线：精纺羊绒美丽诺阿兰线，如 Debbie Bliss 羊绒美丽诺阿兰线
4 团，每团 50g，大概 360m，绿色（A）
针：美国 8 号（直径 5mm）针

饰边、花朵和系绳

线：精纺纯羊毛 DK 线，如 Rowan 纯羊毛 DK 线
每色 1 团，每团 50g，大概 125m，紫红色（B），紫色（C），深红色（D），粉红色（E），深粉色（F），黄色（G）
针：美国 6 号（直径 4mm）针，针长 35~40cm
其他：缝衣针

密度

编织平针，在 10cm × 10cm 的范围内织 18 针，24 行。若有必要，可更换针号，以达到需要的密度。

彩旗（织 8 面）

用 A 色线、美国 8 号（直径 5mm）针起 41 针。
第 1、2 行：编织下针。
第 3 行：左下 2 针并 1 针，编织下针直至还剩 2 针，左下 2 针并 1 针。（剩 39 针）
重复编织以上 3 行，直至还剩 3 针。
下一行：左下 3 针并 1 针。
收针。

饰边

分别用 B、C、E 色线和美国 6 号（直径 4mm）针，在彩旗的正面从左边顶部开始均匀挑 32 针并织下针。
下一行：1 针下针，起 1 针，* 平收 3 针，将下一针从右边棒针滑向左边棒针，起 1 针；从 * 重复编织，直至右边棒针还剩 1 针。平收针。
按照以上步骤编织彩旗其他饰边。
织到最后一个小环时，在顶端将两边的小环饰边连接起来，即将右边棒针插入第一条边上的第一个小环，织下针，翻面，织左下 2 针并 1 针。

顶部饰边和彩旗的连接

将织物正面朝向编织者，用美国 6 号（直径 4mm）针和 E 色线，按顺序在每面彩旗的顶部挑针并织下针，每条饰边的最后一个小环的顶部也要织下针。所有的彩旗都在右边棒针上后，翻面，织 1 行下针。收针。

大玫瑰（织 3 朵）

用美国 6 号（直径 4mm）针和 D、E、F 或 G 色线，起 10 针。
第 1 行（正面）：编织下针。
第 2、4、6 行：编织上针。
第 3 行：每针织 1 针放 2 针，即在 1 针的前环和后环各织 1 针。（共 20 针）
第 5 行：每针织 1 针放 2 针，即在 1 针的前环和后环各织 1 针。（共 40 针）
第 7 行：每针织 1 针放 2 针，即在 1 针的前环和后环各织 1 针。（共 80 针）
第 8 行：编织上针。
收针。

小玫瑰（织 21 朵）

用美国 6 号（直径 4mm）针和 B、C、D、E、F 或 G 色线，起 21 针。
第 1~3 行：编织下针。
将所有针目依次套过第 1 针，直至棒针上还剩第 1 针。
收针。

迷你花环（织 3 个）

用美国 6 号（直径 4mm）针和 B、C、D、E、F 或 G 色线，起 5 针。
第 1 行：每针织 1 针放 2 针，即在 1 针的前环和后环各织 1 针。（共 10 针）
第 2、4 行：编织上针。
第 3 行：同第 1 行。（共 20 针）
第 5 行：平收 1 针，* 将下一针从右边棒针移到左边棒针，起 3 针，平收 5 针；从 * 重复编织，直至右边棒针还剩 1 针。
收针。

收尾

将大、小玫瑰一个个扭成螺旋状，并在背面缝好固定。将迷你花环的花瓣缝合连接好。用其他颜色的线穿进缝花针，在花环中心绣上 3~5 个法式结粒绣。在每面彩旗上都缝上做好的花朵。缝好后在背面藏线头。

系绳（编 2 条）

剪 6 条 150cm 长的 E 色线。3 条线并在一起，在一端打结，然后编成辫子。编完后另外一端也打结，并将线头剪整齐。以相同方法编剩下的 3 条线。然后将做好的系绳系在彩旗的两端。

圣诞树花环

在圣诞节，在壁炉边悬挂这款圣诞树花环，明快喜气，节日气氛浓厚。也可以编织单个圣诞树图案的织片，作为装饰挂在圣诞树上。

尺寸
花环：除系绳外，95cm 长
每棵树：6.5cm × 14cm

材料工具
线：精纺羊驼和美丽诺羊毛混纺 DK 线，如 Rooster 羊驼美丽诺 DK 线
2 团，每团 50g，大概 225m，绿色（A）
1 团，每团 50g，大概 112.5m，红色（B）
针：美国 6 号（直径 4mm）针
其他：缝衣针

密度
编织平针，在 10cm × 10cm 的范围内织 21 针，28 行。若有必要，可更换针号，以达到需要的密度。

缩略语解释
Kfb——在正面行，下一针织 1 针放 2 针，即下一针的前环和后环各织 1 针下针。

圣诞树（织 8 棵）
用 A 色线起 10 针。
编织 7 行桂花针。
第 8 行：起 5 针，编织下针直至结束。（共 15 针）
第 9 行：起 5 针，编织下针直至结束。（共 20 针）
第 10、11 行：编织下针。
第 12 行：1 针下针，左下 2 针并 1 针，编织下针直至还剩 3 针，左下 2 针并 1 针，1 针下针。（剩 18 针）
第 13 行：编织下针。
再重复编织第 12、13 行 4 次。（剩 10 针）
第 22 行：起 4 针，编织下针直至结束。（共 14 针）
第 23 行：起 4 针，编织下针直至结束。（共 18 针）
第 24、25 行：编织下针。
第 26 行：*1 针下针，左下 2 针并 1 针，编织下针直至还剩 3 针，左下 2 针并 1 针，1 针下针。（剩 16 针）
第 27 行：编织下针。
再重复编织第 26、27 行 4 次。（剩 8 针）
第 36 行：起 4 针，编织下针直至结束。（共 12 针）
第 37 行：起 4 针，编织下针直至结束。（共 16 针）
第 38、39 行：编织下针。
第 40 行：1 针下针，左下 2 针并 1 针，编织下针直至还剩 3 针，左下 2 针并 1 针，1 针下针。（剩 14 针）
第 41 行：编织下针。
再重复编织第 40、41 行 4 次。（剩 6 针）
第 49 行：[左下 3 针并 1 针] 织 2 次。（剩 2 针）
第 50 行：左下 2 针并 1 针。
收针。

绒球（织 48 个）
用 B 色线起 3 针。
第 1 行：编织下针。
第 2 行：Kfb，1 针下针，Kfb。（共 5 针）
第 3 行：编织下针。
第 4 行：左下 2 针并 1 针并扭针，编织下针直至还剩 2 针，左下 2 针并 1 针。（剩 3 针）
第 5 行：编织下针。
收针。

收尾
按顺序将每个绒球的边用平针缝缝合，拉紧线，形成绒球状。藏线头，并将绒球缝在树梢。

花环挂绳
用 B 色线起 162 针。
编织 1 行下针。
收针。

以均匀的间距将每棵圣诞树的顶部缝在花环挂绳上。剪 6 条 30cm 长的 B 色线。每 3 条线编辫子，编好后作为系绳系在花环挂绳一端，另一根系绳做法相同。

春季花朵茶壶罩

这是一个废线利用的好办法。我曾经回收了一条旧羊毛毯来做茶壶罩。首先在洗衣机中进行染色，然后编织上简单的花朵，缝上收集的旧纽扣即可。

尺寸
适合标准的茶壶

材料工具
线：精纺羊驼和美丽诺羊毛混纺DK线，如 Rooster 羊驼美丽诺 DK 线
每色 10g，大概 25m，黄色，紫色
精纺纯羊毛 DK 线，如 Rowan 纯羊毛 DK 线
每色 10g，大概 25m，粉红色，深红色，橙色，米白色，紫红色
针：美国 6 号（直径 4mm）针
其他：14 颗五颜六色的纽扣
缝纫针和缝纫线
缝衣针

密度
这款设计（成品）的密度不重要。

花朵（每种颜色织 2 朵）
起 8 针。
第 1 行：滑 1 针，7 针下针。
第 2 行：滑 1 针，5 针下针，翻面。（右边棒针还剩 2 针）
第 3 行：滑 1 针，3 针下针，翻面。（右边棒针还剩 2 针）
第 4 行：滑 1 针，3 针下针，翻面。（右边棒针还剩 2 针）
第 5 行：滑 1 针，5 针下针，翻面。
第 6 行：滑 1 针，6 针下针（左边棒针留 1 针），翻面。
第 7 行：滑 1 针，收针，直至还剩 1 针。起 7 针。（共 8 针）
再重复编织以上 7 行 4 次，每次起 7 针，然后再重复 1 次。
收最后 1 针，留一段线。

收尾
将编织花朵用的毛线穿在缝衣针上，将每朵花缝在茶壶罩上。沿着花朵中心的洞眼缝，以减小洞眼的尺寸。藏线头。

用缝纫线在每朵花正面中心处缝上一颗纽扣。每朵花的花瓣也进行固定，防止花瓣向上卷曲。

天使披肩

这款蕾丝披肩轻薄柔软，浪漫迷人。花样也很容易编织，充分发挥了超柔羊驼线的魅力。

尺寸
大概 30cm × 175cm

材料工具
线：羊驼、真丝、羊绒混纺蕾丝线，如 Bluefaced Angel 蕾丝线
2 团，每团 100g，大概 2400m，白色
针：美国 5 号（直径 3.75mm）针
美国 2~3 号（3mm）针
其他：缝衣针

密度
这款设计（成品）的密度不重要。

披肩编织方法
用美国 5 号（直径 3.75mm）针起 161 针。
第 1 行（反面）：编织上针。
第 2 行：1 针下针，* 绕线加 1 针，3 针下针，右下 3 针并 1 针，3 针下针，绕线加 1 针，1 针下针；从 * 重复编织，直至结束。
再重复编织以上 2 行 3 次。
第 9 行：编织上针。
第 10 行：左下 2 针并 1 针，*3 针下针，绕线加 1 针，1 针下针，绕线加 1 针，3 针下针，右下 3 针并 1 针；从 * 重复编织，直至还剩 9 针，3 针下针，绕线加 1 针，1 针下针，绕线加 1 针，3 针下针，右下 2 针并 1 针。
再重复编织第 9、10 行 3 次。
1~16 行为 1 个花样，重复编织这 16 行，直至织物长度大概为 175cm 为止，以第 8 行或者第 16 行的织法结束。

饰边（织 4 条）
用美国 2~3 号（直径 3mm）针起 10 针。
第 1 行（正面）：滑 1 针，2 针下针，绕线加 1 针，左下 2 针并 1 针，*[绕线加 1 针] 织 2 次，左下 2 针并 1 针；从 * 再重复编织 1 次，1 针下针。
第 2 行：3 针下针，[1 针上针，2 针下针] 织 2 次，绕线加 1 针，左下 2 针并 1 针，1 针下针。
第 3 行：滑 1 针，2 针下针，绕线加 1 针，左下 2 针并 1 针，2 针下针，*[绕线加 1 针] 织 2 次，左下 2 针并 1 针；从 * 再重复编织 1 次，1 针下针。
第 4 行：3 针下针，1 针上针，2 针下针，1 针上针，4 针下针，绕线加 1 针，左下 2 针并 1 针，1 针下针。
第 5 行：滑 1 针，2 针下针，绕线加 1 针，左下 2 针并 1 针，4 针下针，[绕线加 1 针] 织 2 次，左下 2 针并 1 针；从 * 再重复编织 1 次，1 针下针。
第 6 行：3 针下针，1 针上针，2 针下针，1 针上针，6 针下针，绕线加 1 针，左下 2 针并 1 针，1 针下针。
第 7 行：滑 1 针，2 针下针，绕线加 1 针，左下 2 针并 1 针，11 针下针。
第 8 行：平收 6 针，6 针下针（不包括收针后留在棒针上的那针），绕线加 1 针，左下 2 针并 1 针，1 针下针。
这 8 行为 1 个花样。按照这样的结构编织，直至饰边和披肩主体周长相同。
收针。

收尾
缝合饰边和披肩主体，并缝合拐角的针目。

贝壳围巾

这款蕾丝围巾的花样呈扇贝形，非常漂亮。Rooster 羊驼美丽诺线是羊驼和美丽诺羊毛混纺的毛线，非常柔软贴身。

尺寸
大概 175cm 长

材料工具
线：精纺羊驼和美丽诺羊毛混纺 DK 线，如 Rooster 羊驼美丽诺 DK 线
4 团，每团 50g，大概 450m，蓝绿色
针：美国 8 号（直径 5mm）针
美国 3 号（直径 3.25mm）针

密度
编织平针，在 10cm × 10cm 的范围内织 21 针，28 行。若有必要，可更换针号，以达到需要的密度。

缩略语解释
Cluster 5——将接下来的 5 针移至右边棒针上，将多余圈数放掉，然后将这 5 针移回左边棒针上，这 5 针每针都织 [1 针下针，1 针上针，1 针下针，1 针上针，1 针下针]，而且每针都要在棒针上绕线 2 圈。

围巾编织方法
用美国 8 号（直径 5mm）针起 37 针。
第 1 行：编织下针。
第 2 行：1 针上针，*5 针上针，每针都要在棒针上绕 2 圈线，1 针上针；从 * 重复编织，直至结束。
第 3 行：1 针下针，[Cluster 5，1 针下针] 重复编织，直至结束。
第 4 行：1 针上针，*5 针下针，将多余圈数放掉，1 针上针；从 * 重复编织，直至结束。
第 5 行：编织下针。
第 6 行：4 针上针，5 针上针，每针都要在棒针上绕 2 圈线，*1 针上针，5 针上针，每针都要在棒针上绕 2 圈线；从 * 重复编织，直至还剩 4 针，4 针上针。
第 7 行：4 针下针，Cluster 5，*1 针下针，Cluster 5；从 * 重复编织，直至还剩 4 针，4 针下针。
第 8 行：4 针上针，5 针下针，将多余圈数放掉，*1 针上针，5 针下针，将多余圈数放掉；从 * 重复编织，直至还剩 4 针，4 针上针。
1~8 行为 1 个花样，重复编织这 8 行，直至织物长度大概为 175cm 为止，以第 8 行的织法结束。
收针。

扇贝饰边（2 条相同）
用美国 3 号（直径 3.25mm）针在起针边上挑 37 针并织下针。
第 1 行：编织下针。
第 2 行：3 针下针，* 从两针之间的线圈中挑起 1 针并织扭针加针，1 针下针，从两针之间的线圈中挑起 1 针并织扭针加针，滑 1 针，右下 3 针并 1 针，3 针下针；从 * 重复编织，直至结束。
第 3 行：编织下针。
收针。
收针边以相同方法编织。

拼布型围巾

这款围巾的灵感来自母亲用这种绚丽的毛线为我织的一条披肩，这些拼布型方块能完美展现不同的色彩，非常漂亮。

尺寸
大概 29cm × 188cm

材料工具
线：马海毛、真丝混纺蕾丝线，如 Rowan Kid Silk Haze 线

饰边
2 团，每团 25g，大概 420m，浅紫色（A）

色彩设计 1
每色 1 团，每团 25g，大概 210m，绿色（B），灰褐色（C），粉红色（D）

色彩设计 2
每色 1 团，每团 25g，大概 210m，亮粉色（E），蓝绿色（F），浅绿色（G）

色彩设计 3
每色 1 团，每团 25g，大概 210m，白色（H），橙色（I），暗灰色（J）

针：美国 4 号（3.5mm）针

密度
编织平针，在 10cm × 10cm 的范围内织 19 针，34 行。若有必要，可更换针号，以达到需要的密度。

围巾编织方法
用 A 色线起 60 针。
第 1~4 行：编织下针。
色彩设计 1。下一行：用 A 色线织 3 针下针，换成 B 色线，织 18 针下针，换成 C 色线，织 18 针下针，换成 D 色线，织 18 针下针。用 A 色线织 3 针下针。
下一行：用 A 色线织 3 针下针，换成 D 色线，织 18 针上针，换成 C 色线，织 18 针上针，换成 B 色线，织 18 针上针。用 A 色线织 3 针下针。
再重复编织以上 2 行 12 次。（每个方块织 26 行）
按照以下说明换颜色。
色彩设计 2。下一行：用 A 色线织 3 针下针，换成 E 色线，织 18 针下针，换成 F 色线，织 18 针下针，换成 G 色线，织 18 针下针。用 A 色线织 3 针下针。
下一行：用 A 色线织 3 针下针，换成 G 色线，织 18 针上针，换成 F 色线，织 18 针上针，换成 E 色线，织 18 针上针。用 A 色线织 3 针下针。
再重复编织以上 2 行 12 次。（每个方块织 26 行）
按照以下说明换颜色。
色彩设计 3。下一行：用 A 色线织 3 针下针，换成 H 色线，织 18 针下针，换成 I 色线，织 18 针下针，换成 J 色线，织 18 针下针。用 A 色线织 3 针下针。
下一行：用 A 色线织 3 针下针，换成 J 色线，织 18 针上针，换成 I 色线，织 18 针上针，换成 H 色线，织 18 针上针。用 A 色线织 3 针下针。
再重复编织以上 2 行 12 次。（每个方块织 26 行）
按照以上三种色彩设计的顺序重复编织，即按照第 109 页的编织图解交替编织 9 种方块，直至围巾长度为 188cm，或者编织完 25 排（75 个方块）为止。
用 A 色线编织 4 行下针。
松松地收针。若有必要，可用更大号的针收针。

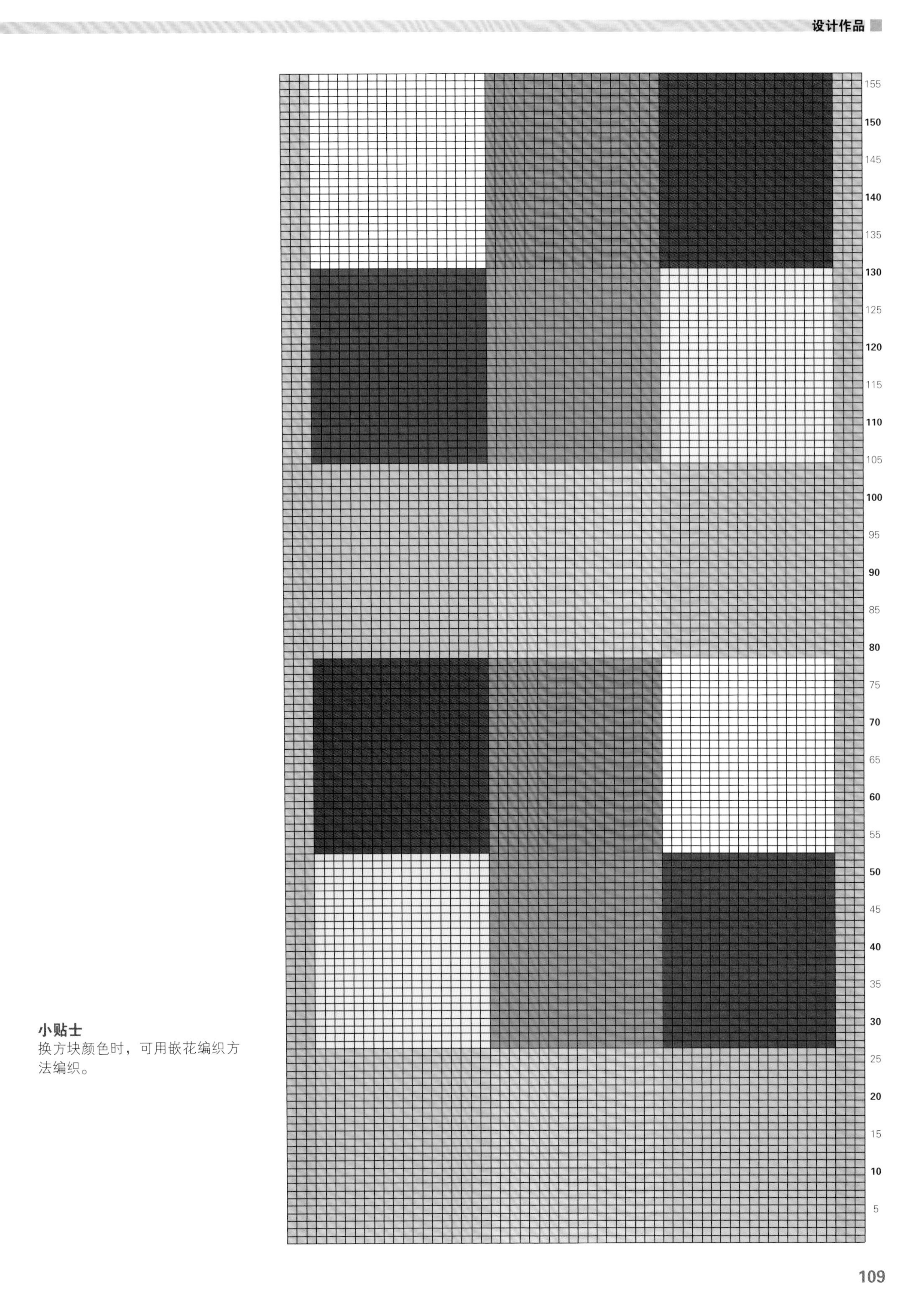

小贴士

换方块颜色时，可用嵌花编织方法编织。

流苏披肩

这款披肩的花样源自几年前我钩织的一条非常流行的钩针披肩，选择的线材和那条也一致，同样是马海毛、真丝混纺蕾丝线。这款披肩绝对会大受欢迎——千万别因为马海毛而不敢去织。这款披肩围起来不仅舒服，而且美观。

尺寸

大概 60cm × 175cm

材料工具

线：马海毛、真丝混纺蕾丝线，如 Rowan Kid Silk Haze 线

3 团，每团 25g，大概 630m，粉红色（A）

2 团，每团 25g，大概 420m，绿色（B）

针：美国 6 号（直径 4mm）针

密度

编织平针，在 10cm × 10cm 的范围内织 19 针，34 行。若有必要，可更换针号，以达到需要的密度。

披肩编织方法

用 A 色线起 145 针。

第 1 行：编织下针。

第 2 行（正面）：4 针下针，* 滑 2 针，将第 1 针滑针套过第 2 针滑针并放掉，滑 1 针，将第 2 针滑针套过第 3 针滑针并放掉，将第 3 针滑针移回左边棒针，[绕线加 1 针] 织 2 次（加 2 针），按通常方法第 3 针滑针织下针；从 * 重复编织，直至还剩 3 针，3 针下针。

第 3 行：5 针下针，*1 针上针，2 针下针；从 * 重复编织，直至还剩 2 针，2 针下针。

第 2、3 行为 1 个花样，重复编织这 2 行，直至织物长度为 175cm 为止。

收针。

流苏

剪 4 条 20cm 长的 B 色线做 1 个流苏。将 4 条线对折，对折后将线圈一端穿入披肩边上的孔洞中，另一端即流苏端插入线圈中，拉紧并固定好。

每隔 3cm 左右系 1 个流苏。

化妆镜袋

这款蕾丝袋可以用来收纳化妆镜或者带镜小粉盒，也可用于收纳首饰。
用超柔的马海毛、真丝混纺蕾丝线编织而成，非常精致。

尺寸
7.5cm×7.5cm，适合收纳直径 5cm 的带镜小粉盒

材料工具
线：马海毛、真丝混纺蕾丝线，如 Rowan Kid Silk Haze 线
1 团，每团 25g，大概 210m，深粉色
针：美国 3 号（直径 3.25mm）针
其他：50cm 长的细缎带
缝衣针

密度
编织平针，在 10cm×10cm 的范围内织 18 针，28 行。若有必要，可更换针号，以达到需要的密度。

袋子织片（织 2 片）
起 20 针。
第 1 行：编织上针。
第 2 行：1 针下针，*3 针下针，绕线加 1 针，左下 3 针并 1 针，绕线加 1 针；从 * 重复编织，直至还剩 1 针，1 针下针。
第 3、5 行：编织上针。
第 4 行：1 针下针，* 绕线加 1 针，左下 3 针并 1 针，绕线加 1 针，3 针下针；从 * 重复编织，直至还剩 1 针，1 针下针。
重复编织以上 4 行，直至织物长度为 7.5cm 为止。

小环收针
平收 2 针，[将剩余针目从右边棒针滑到左边棒针，起 2 针，平收 4 针] 重复编织，直至还剩 1 针，平收最后 1 针。

收尾
缝合 2 片织片的两侧边和底边。
在袋口处穿入缎带，并系成蝴蝶结。

小屋装饰画

找一个旧相框，给自己织件艺术品吧！这是一款不错的乔迁礼物——你可以按照新房的颜色编织，并加上自己喜欢的风格，做成一件独一无二的礼物。

尺寸

大概 19cm × 20cm

材料工具

线：精纺 DK 线，如 Rooster 羊驼美丽诺 DK 线

每色 1 团，每团 50g，大概 112.5m，灰蓝色（天空），绿色（草地 / 蝴蝶），淡粉色（房子），米白色（窗户 / 海鸥），浅灰色（上面的窗户），蓝绿色（门），灰黑色（屋顶 / 树干 / 海鸥眼睛 / 门把手），浅棕色（屋檐），黄色（海鸥嘴巴 / 蝴蝶），亮粉色（蝴蝶），深绿色（树）

针：美国 6 号（直径 4mm）针

密度

编织平针，在 10cm × 10cm 的范围内织 21 针，28 行。若有必要，可更换针号，以达到需要的密度。

编织方法

起 41 针，按照编织图解编织 56 行平针。

收针。

收尾

定型并压平整，装入相框中。

小贴士

将织好的作品压在黏合衬上更容易处理，也更容易固定在相框中。

绒球挡风条

制作绒球挡风条不需要理由——即使家里不漏风也可以做！这是一款为孩子准备的可爱礼物。

尺寸
大概 80cm 长，直径 24cm

材料工具
挡风条
线：精纺 DK 棉线，如 Debbie Bliss DK 棉线
每色 2 团，每团 50g，大概 168m，白色（A），藏蓝色（B），红色（C），绿色（D）
针：美国 6 号（直径 4mm）针
其他：玩具填充物
缝衣针

绒球
线：精纺羊驼和美丽诺羊毛混纺阿兰线，如 Rooster 羊驼美丽诺阿兰线
3 团，每团 50g，大概 282m，红色
其他：纸板

密度
编织平针，在 10cm×10cm 的范围内织 20 针，28 行。若有必要，可更换针号，以达到需要的密度。

挡风条
用 A 色线起 48 针。
织 4 行平针。
* 换成 B 色线。
织 4 行平针。
换成 C 色线。
织 4 行平针。
换成 D 色线。
织 4 行平针。
换成 A 色线。
织 4 行平针。
按照以上顺序从 * 重复编织，直至织物长度大概为 80cm，以 4 行的最后一行的织法结束（大概 224 行）。
收针。

收尾
将织物正面相对对折，沿着长度方向缝合起来。一端用平针缝缝合并拉紧，藏好线头。翻回正面，装入填充物后，另一端也用相同方法缝合拉紧。
按照第 172 页制作绒球的方法 1 制作 2 个大绒球，分别缝在挡风条的两端。

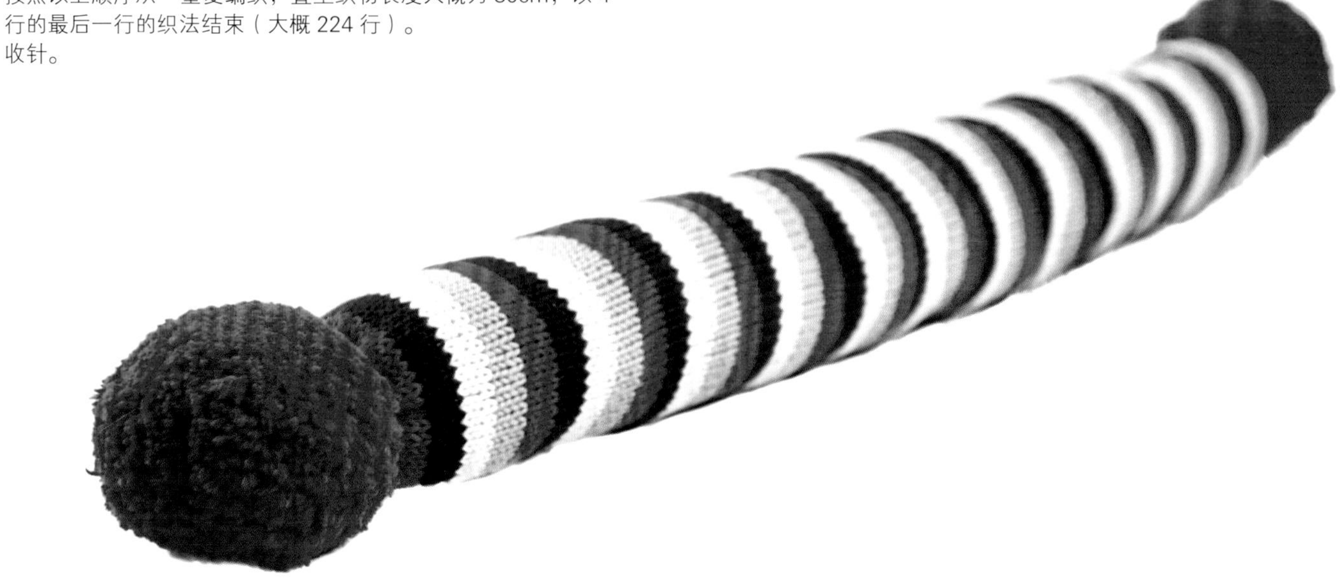

桂花针杯套

这款可爱的杯套能为杯里的茶或咖啡保温。桂花针织片富有立体感，握着很舒服。

尺寸
适合一般的马克杯，大概 10cm 高，直径 26cm

材料工具
线：精纺羊驼和美丽诺羊毛混纺阿兰线，如 Rooster 羊驼美丽诺阿兰线
1 团，每团 50g，大概 94m，绿色
针：美国 8 号（直径 5mm）针
其他：缝纫针和缝纫线
缝衣针
2 组按扣
2 颗装饰纽扣

密度
编织平针，在 10cm×10cm 的范围内织 19 针，23 行。若有必要，可更换针号，以达到需要的密度。

弧形马克杯套
起 37 针。
第 1 行：编织下针。
第 2 行：3 针下针，下一针加 1 针，[5 针下针，下一针加 1 针] 织 5 次。（共 43 针）
第 3 行：1 针下针，*1 针上针，1 针下针；从 * 重复编织，直至结束。
第 4~16 行：编织桂花针（1 针下针，1 针上针）。
第 17 行：起 5 针，以上针开始编织桂花针直至结束。（共 48 针）
第 18 行：编织桂花针直至结束。
第 19 行：1 针下针，1 针上针，绕线加 1 针，左下 2 针并 1 针，编织桂花针直至结束。
第 20、21 行：编织桂花针。
第 22 行：编织下针。
收针。

直筒马克杯套
起 43 针。
第 1 行：编织下针。
第 2 行：1 针下针，*1 针上针，1 针下针；从 * 重复编织，直至结束。
按照弧形马克杯套编织方法的第 3~22 行编织。
收针。

收尾
将杯套反面相对对折，缝合侧边，缝到手柄处。将按扣的母扣和子扣分别缝在杯套扣带缝扣子处的反面和相对应的杯套正面处。缝上装饰纽扣，与按扣位置相同。将杯子装入杯套中，并扣上按扣。

波纹花样杯套

这款杯套用简单的上针和下针编织，极富立体感。为何不为自己的马克杯织一个呢？

尺寸
适合一般的马克杯，大概 10cm 高，直径 26cm

材料工具
线：精纺羊驼和美丽诺羊毛混纺阿兰线，如 Rooster 羊驼美丽诺阿兰线
1 团，每团 50g，大概 94m，粉色
针：美国 8 号（直径 5mm）针
其他：缝纫针和缝纫线
缝衣针
2 组按扣
2 颗装饰纽扣

密度
编织平针，在 10cm×10cm 的范围内织 19 针，23 行。若有必要，可更换针号，以达到需要的密度。

弧形马克杯套
起 37 针。
第 1、2 行：编织下针。
第 3 行：3 针下针，下一针加 1 针，[5 针下针，下一针加 1 针] 织 5 次，3 针下针。（共 43 针）
第 4 行：编织下针。
第 5 行：编织上针。
第 6 行：1 针下针，*2 针上针，1 针下针；从 * 重复编织，直至结束。
第 7 行：编织上针。
再重复编织第 4~7 行 1 次。
第 12 行：起 5 针，编织下针直至结束。
第 13 行：编织上针。
第 14 行：2 针上针，绕线加 1 针，左上 2 针并 1 针，1 针上针，1 针下针，[2 针上针，1 针下针] 重复编织，直至结束。
第 15 行：编织上针。
第 16、17 行：编织下针。
收针。

直筒马克杯套
起 43 针。
第 1~3 行：编织下针。
按照弧形马克杯套编织方法的第 4~17 行编织。
收针。

收尾
将杯套反面相对对折，缝合侧边，缝到手柄处。将按扣的母扣和子扣分别缝在杯套扣带缝扣子处的反面和相对应的杯套正面处。缝上装饰纽扣，与按扣位置相同。将杯子装入杯套中，并扣上按扣。

小鸡花样抱枕套

这款抱枕套的前片由四个小方块缝合而成，后片则是一个大方块。

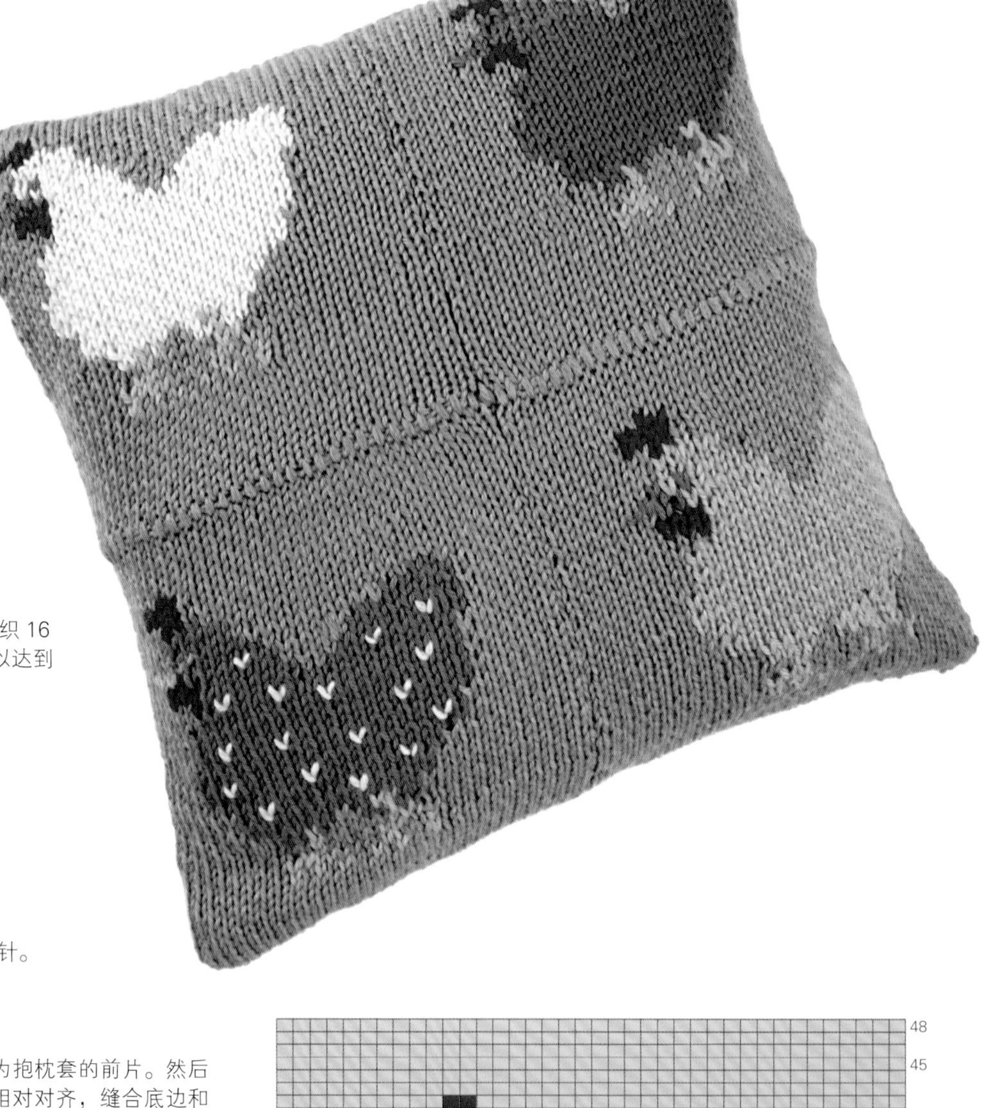

尺寸
适合边长 40cm 的枕芯

材料工具
线：精纺羊驼和美丽诺羊毛混纺阿兰线，如 Rooster 羊驼美丽诺阿兰线
4 团，每团 50g，大概 376m，绿色（A）
每色 1 团，每团 50g，大概 94m，白色（B），蓝绿色（C），浅棕色（D），黄色（E）
少量红色线（F）、淡粉色线（G）
针：美国 8 号（直径 5mm）针
其他：边长 40cm 的枕芯
缝衣针

密度
编织平针，在 10cm × 10cm 的范围内织 16 针，24 行。若有必要，可更换针号，以达到需要的密度。

后片
用 A 色线起 76 针。
织 96 行平针。
收针。

前片（织 4 块）
用 A 色线起 38 针。
按照每只小鸡的编织图解编织 48 行平针。
收针。

收尾
将 4 块小鸡花样的织块连接起来，作为抱枕套的前片。然后连接前片和后片，将前片、后片正面相对对齐，缝合底边和两侧边，顶部不缝。从顶部开口将抱枕套翻到正面，装入枕芯。用接缝拼接的方法缝合顶部开口，这样便看不到缝合的痕迹。

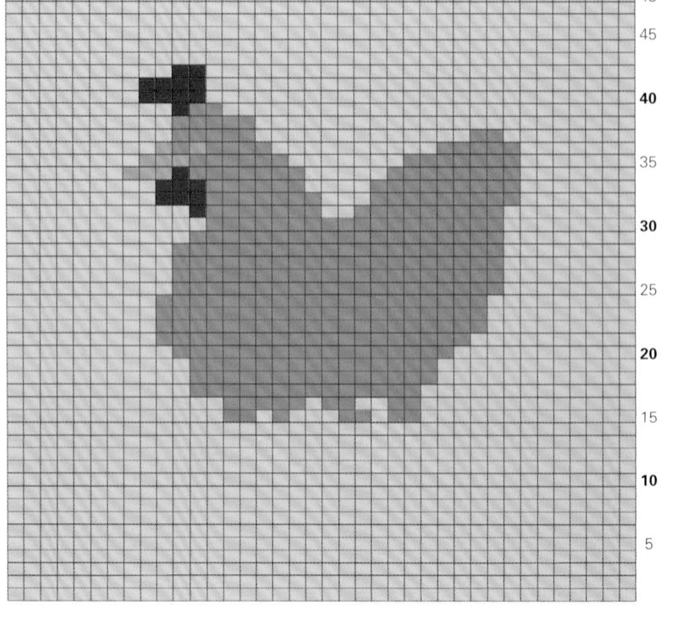

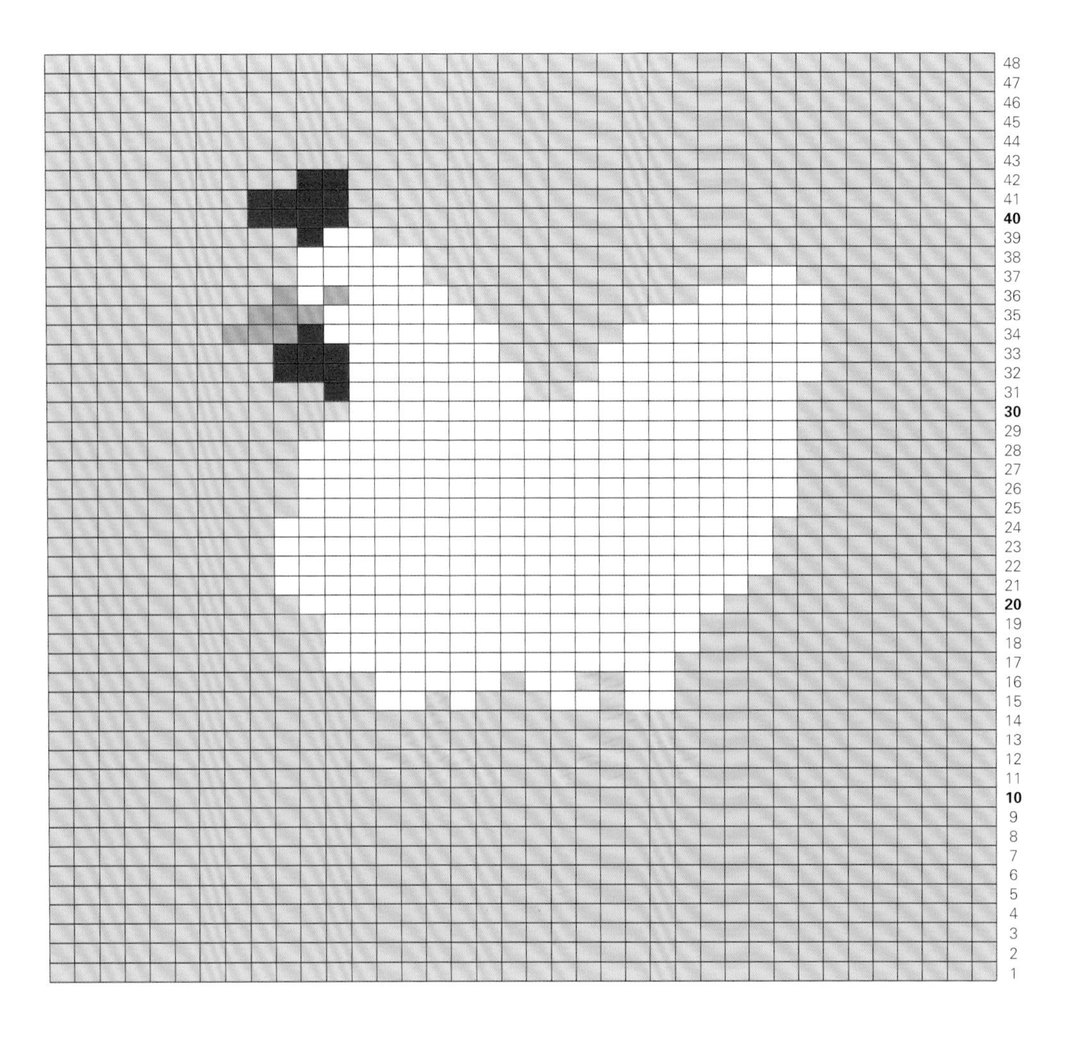
48
47
46
45
44
43
42
41
40
39
38
37
36
35
34
33
32
31
30
29
28
27
26
25
24
23
22
21
20
19
18
17
16
15
14
13
12
11
10
9
8
7
6
5
4
3
2
1

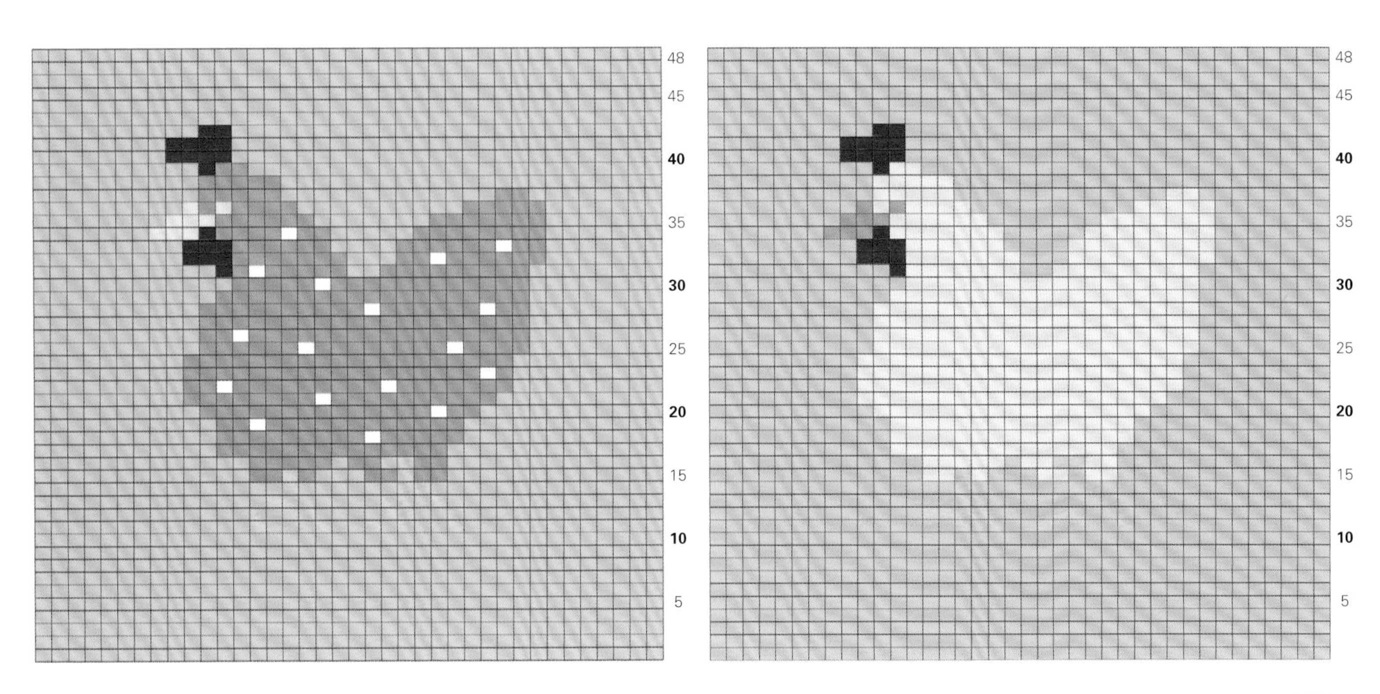
48
45
40
35
30
25
20
15
10
5
48
45
40
35
30
25
20
15
10
5

提花抱枕套

这款传统的提花图案混合了大、小花样，色彩丰富，可用于室内装饰。抱枕套的正前方是提花图案，背后为单色。从背后的扣眼带开始编织，只织一整片即可。

尺寸
适合边长 40cm 的枕芯

材料工具
线：精纺羊驼和美丽诺羊毛混纺阿兰线，如 Rooster 羊驼美丽诺阿兰线
4 团，每团 50g，大概 376m，白色（A）
每色 1 团，每团 50g，大概 94m，粉红色（B），绿色（C），蓝绿色（D）
针：美国 8 号（直径 5mm）针
其他：5 颗中号纽扣
边长 40cm 的枕芯
缝衣针

密度
编织平针，在 10cm×10cm 的范围内织 19 针，23 行。若有必要，可更换针号，以达到需要的密度。

抱枕套

用 A 色线起 76 针。

背后的扣眼带。第 1~4 行：编织桂花针（1 针下针，1 针上针）。

第 5 行：编织 5 针桂花针，平收 2 针，* 编织 13 针桂花针，平收 2 针；从 * 重复编织，直至还剩 5 针，编织桂花针直至结束。

第 6 行：编织 5 针桂花针，起 2 针，* 编织 14 针桂花针，起 2 针；从 * 重复编织，直至还剩 5 针，编织桂花针直至结束。

第 7~10 行：编织桂花针。

开口底部区域。编织 12 行平针（1 行下针，1 行上针）。

正前方。将织物正面朝向编织者，以下针行开始编织，按照编织图解从右边织到左边（下针行），从左边织到右边（上针行）。

每个下针行：用 A 色线织 6 针下针，按照编织图解继续编织，用 A 色线织 5 针下针。

每个上针行：用 A 色线织 5 针上针，按照编织图解继续编织，用 A 色线织 6 针上针。

按照编织图解编织 77 行。

开口顶部区域。用 A 色线编织平针，直至从扣眼边算起，织物长度为 83cm 为止。

背后的纽扣带。编织 10 行桂花针，作为背后的纽扣带。

收针。

收尾

将织物反面朝向编织者，在顶部边往下 7.5cm 位置用珠针定位，然后折叠底部边到珠针处（即顶部边和底部边的落差为 7.5cm）。缝合两侧边。将抱枕套从开口翻到正面，将开口顶部区域往下折，使纽扣带和扣眼带叠合，标出纽扣位置，缝上纽扣。装入枕芯即可。

桂花针抱枕套

这款抱枕套织起来很简单，却非常经典。用羊驼和美丽诺羊毛混纺线编织而成，超级柔软。桂花针花样非常讨人喜欢。抱枕套无须分片编织，织出一整片即可制作。

尺寸
适合边长 40cm 的枕芯

材料工具
线：精纺羊驼和美丽诺羊毛混纺阿兰线，如 Rooster 羊驼美丽诺阿兰线
6 团，每团 50g，大概 564m，白色
针：美国 8 号（直径 5mm）针
其他：5 颗中号纽扣
边长 40cm 的枕芯
缝衣针

密度
编织平针，在 10cm × 10cm 的范围内织 21 针，35 行。若有必要，可更换针号，以达到需要的密度。

抱枕套
起 84 针。
主体。编织桂花针（1 针下针，1 针上针），直至织物长度为 83cm 为止。（共 290 行）
扣眼带。编织 3 行桂花针。
下一行（扣眼）：4 针桂花针，* 平收 1 针，18 针桂花针；从 * 再重复编织 3 次，平收 1 针，4 针桂花针。（织好 5 个扣眼）
下一行：4 针桂花针，* 起 1 针，18 针桂花针；从 * 再重复编织 3 次，平收 1 针，4 针桂花针。
编织 3 行桂花针。
收针。

收尾
将织物反面朝向编织者，在顶部边往下 7.5cm 位置用珠针定位。然后折叠底部边到珠针处。缝合两侧边。将抱枕套从开口翻到正面，将开口顶部往下折，和底部适当叠合，标出纽扣位置，缝上纽扣。装入枕芯即可。

花朵花样抱枕套

这款抱枕套由一整片织物制作而成。正前方为花朵花样，背后为单色，背后的扣眼带织桂花针。

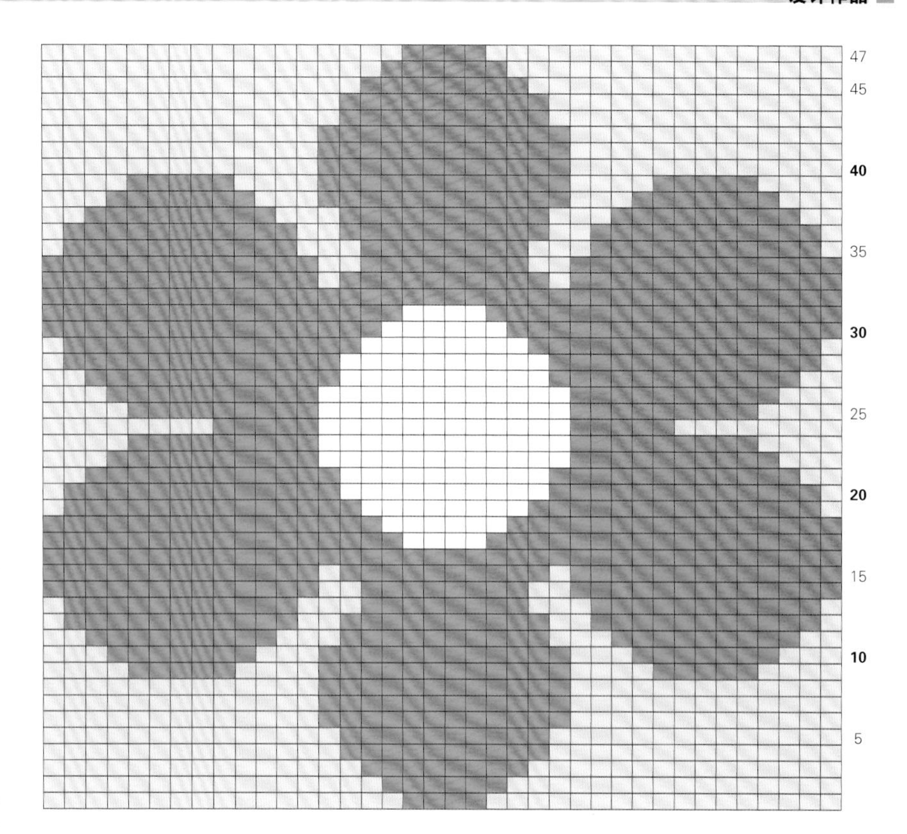

尺寸
适合边长 40cm 的枕芯

材料工具
线：精纺羊驼和美丽诺羊毛混纺阿兰线，如 Rooster 羊驼美丽诺阿兰线
4 团，每团 50g，大概 376m，黄色（A）
每色 1 团，每团 50g，大概 94m，粉红色（B），白色（C）
针：美国 8 号（直径 5mm）针
其他：5 颗中号纽扣
边长 40cm 的枕芯
缝衣针

密度
编织平针，在 10cm × 10cm 的范围内织 19 针，23 行。若有必要，可更换针号，以达到需要的密度。

抱枕套
用 A 色线起 76 针。
背后的扣眼带。第 1~4 行：编织桂花针（1 针下针，1 针上针）。
第 5 行：5 针桂花针，平收 2 针，*13 针桂花针，平收 2 针；从 * 再重复编织 3 次，编织桂花针直至结束。
第 6 行：5 针桂花针，起 2 针，*14 针桂花针，起 2 针；从 * 再重复编织 3 次，编织桂花针直至结束。
第 7~10 行：编织桂花针。
以下针行开始换成织平针，织 26 行。
下一行：19 针下针，按照编织图解编织，直至还剩 19 针，19 针下针。
下一行：19 针上针，按照编织图解编织，直至还剩 19 针，19 针上针。
继续按照以上步骤和编织图解编织 47 行。
继续用 A 色线织平针，直至织物长度从扣眼带算起为 83cm 为止。
背后的纽扣带。编织 10 行桂花针。
收针。

收尾
将织物反面朝向编织者，在顶部边往下 7.5cm 位置用珠针定位。然后折叠底部边到珠针处。缝合两侧边。将抱枕套从开口翻到正面，将开口顶部往下折，和底部适当叠合，标出纽扣位置，缝上纽扣。装入枕芯即可。

婴儿围兜

给刚出生的婴儿送这样的礼物非常新颖有趣。用精纺棉线和细号针编织而成，织物紧密，能迅速吸收婴儿流出的口水，也容易洗涤。

尺寸
大概 16.5cm × 18cm

材料工具
线：精纺纯棉 DK 线，如 Rowan 手编 DK 线

围兜 1
每色 1 团，每团 50g，大概 85m，白色（A），粉红色（B），红色（C）

围兜 2
每色 1 团，每团 50g，大概 85m，蓝色（A），蓝绿色（B），白色（C）

针：美国 4 号（直径 3.5mm）针
美国 2 号（直径 2.75mm）环形针
其他：防解别针

密度
编织平针，在 10cm × 10cm 的范围内织 26 针，36 行。若有必要，可更换针号，以达到需要的密度。

围兜主体
用 A 色线和美国 4 号（直径 3.5mm）针起 31 针。
换成 B 色线。
第 1、3、5、7、9 行（反面）：编织上针。
第 2 行：1 针下针，从两针之间的线圈中挑起 1 针并织扭针加针，29 针下针，从两针之间的线圈中挑起 1 针并织扭针加针，1 针下针。（共 33 针）
第 4 行：1 针下针，从两针之间的线圈中挑起 1 针并织扭针加针，31 针下针，从两针之间的线圈中挑起 1 针并织扭针加针，1 针下针。（共 35 针）
第 6 行：1 针下针，从两针之间的线圈中挑起 1 针并织扭针加针，33 针下针，从两针之间的线圈中挑起 1 针并织扭针加针，1 针下针。（共 37 针）
第 8 行：1 针下针，从两针之间的线圈中挑起 1 针并织扭针加针，35 针下针，从两针之间的线圈中挑起 1 针并织扭针加针，1 针下针。（共 39 针）
第 10 行：1 针下针，从两针之间的线圈中挑起 1 针并织扭针加针，37 针下针，从两针之间的线圈中挑起 1 针并织扭针加针，1 针下针。（共 41 针）
第 11 行：编织上针直至结束。
第 12 行：开始按照编织图解编织 18 行平针。
继续用 B 色线编织 10 行平针。

领口
第 1 行（正面）：12 针下针，平收 17 针，

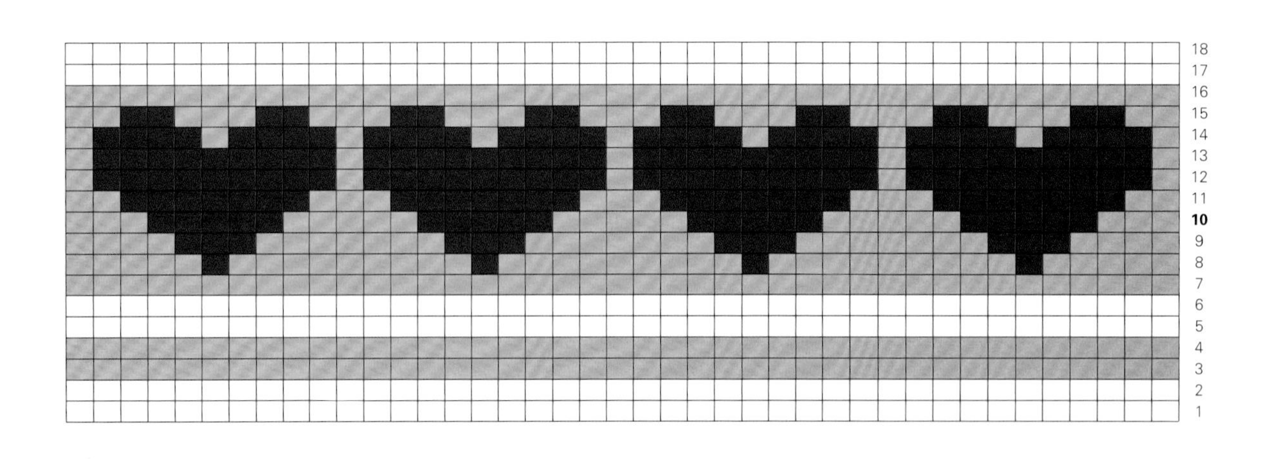

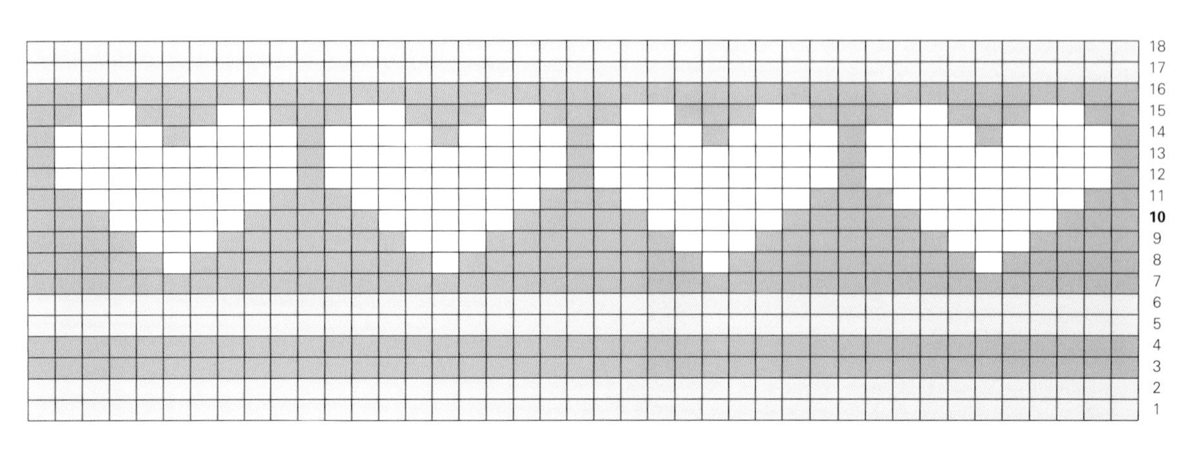

12 针下针。
将开始的 12 针放在防解别针上，继续编织剩余的 12 针。
第 2、4、6、8、10、12 行：编织上针。
第 3 行：平收 2 针，10 针下针。（剩 10 针）
第 5 行：平收 1 针，编织下针直至结束。（剩 9 针）
第 7 行：平收 1 针，收针后右边棒针还剩 1 针，5 针下针，左下 2 针并 1 针。（剩 7 针）
第 9 行：平收 1 针，收针后右边棒针还剩 1 针，3 针下针，左下 2 针并 1 针。（剩 5 针）
第 11 行：平收 1 针，收针后右边棒针还剩 1 针，1 针下针，左下 2 针并 1 针。（剩 3 针）
第 13 行：右下 3 针并 1 针。断线，将线头穿过最后 1 针，收针。
将防解别针上的 12 针接上线，与之前一面对称编织。
收针。

领边

将织物正面朝向编织者，在领口处用 A 色线和美国 2 号（直径 2.75mm）环形针挑 43 针。
织 3 行下针。
收针。

围兜外围边和系绳

用 A 色线和美国 2 号（直径 2.75mm）环形针起 50 针。
将织物正面朝向编织者，在围兜左边均匀挑 49 针，底部挑 36 针，右边挑 49 针，然后再起 50 针，翻面。（共 234 针）
织 3 行下针，按常规方式在每行结束处翻面。
收针。

心形薰衣草香包

这款香包可以放在抽屉或衣柜中，让衣服保持芳香清新；或者放在床上，让你一晚上都睡得香甜。可以在每个角加上流苏，为香包增添几分魅力。

尺寸
适合装薰衣草的内袋，边长 15cm

材料工具
线：精纺纯羊毛 DK 线，如 Rowan 纯羊毛 DK 线

香包 1
每色 1 团，每团 50g，大概 125m，白色（A），红色（B）

香包 2
每色 1 团，每团 50g，大概 125m，紫红色（A），粉红色（B）

香包 3
每色 1 团，每团 50g，大概 125m，藏蓝色（A），橙色（B）

香包 4
每色 1 团，每团 50g，大概 125m，绿色（A），橙色（B）

针：美国 6 号（直径 4mm）针
其他：缝衣针

密度
编织平针，在 10cm × 10cm 的范围内织 22 针，30 行。若有必要，可更换针号，以达到需要的密度。

前片
用 A 色线起 34 针。
按照编织图解编织 44 行平针。
收针。

后片
用 A 色线起 34 针。
编织 44 行平针。
收针。

收尾
将前片和后片正面相对对齐，缝合底边和两侧边，顶部不缝，从顶部开口翻回正面，装入装有薰衣草的内袋，然后用接缝拼接的方法缝合顶部开口。

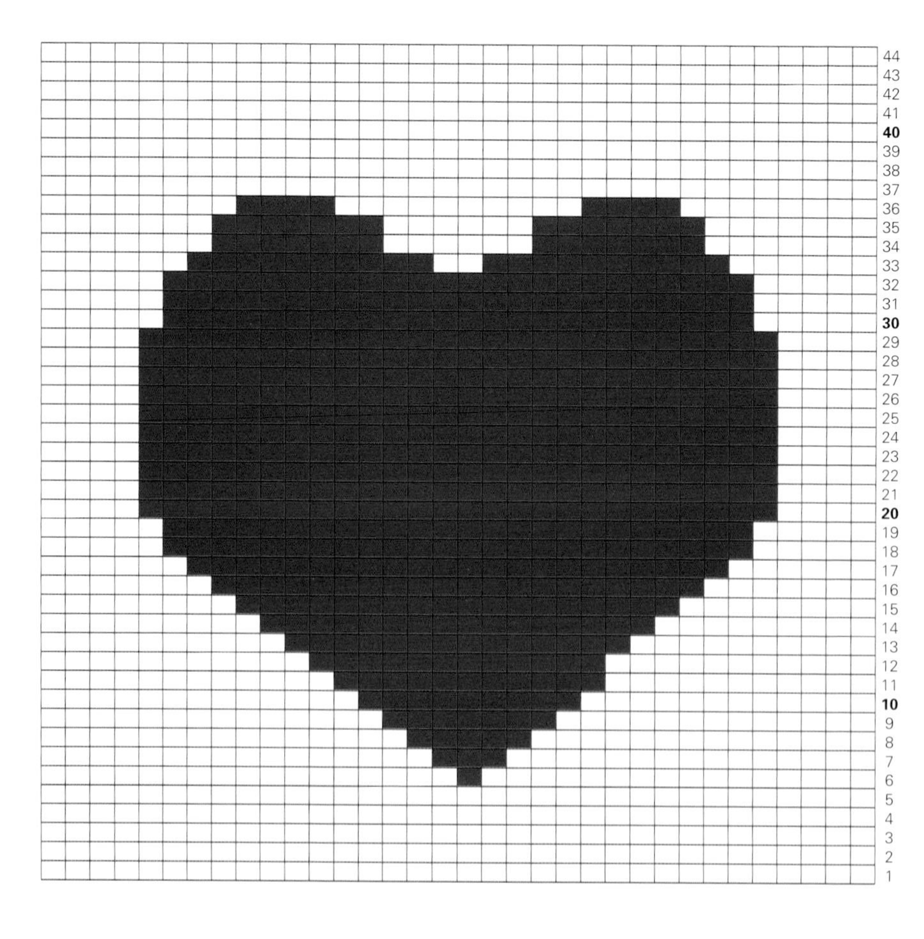

串珠钱包

这款钱包小巧可爱，正好适合装硬币和卡片！串珠钱包不仅极富立体感，而且光彩夺目。

尺寸
大概 15cm 宽 ×10cm 深

材料工具
线：精纺纯棉 DK 线，如 Rowan 手编 DK 线
1 团，每团 50g，大概 85m，绿色
针：美国 6 号（直径 4mm）针
其他：50 颗紫色珠子
15cm 长的拉链 1 条
内衬布 20cm×30cm
缝纫针和缝纫线
缝衣针

密度
编织平针，在 10cm×10cm 的范围内织 20 针，28 行。若有必要，可更换针号，以达到需要的密度。

钱包
起 33 针。
第 1 行（正面）：4 针下针，*1 针上针，7 针下针；从 * 重复编织，直至还剩 5 针，1 针上针，4 针下针。
第 2 行：3 针上针，*1 针下针，1 针上针，1 针下针，5 针上针；从 * 重复编织，直至还剩 6 针，1 针下针，1 针上针，1 针下针，3 针上针。
第 3 行：2 针下针，*1 针上针，3 针下针；从 * 重复编织，直至还剩 3 针，1 针上针，2 针下针。
第 4 行：1 针上针，*1 针下针，5 针上针，1 针下针，1 针上针；从 * 重复编织，直至结束。
第 5 行：*1 针上针，3 针下针，串珠，3 针下针，从 * 重复编织，直至还剩 1 针，1 针上针。
第 6 行：同第 4 行。
第 7 行：同第 3 行。
第 8 行：同第 2 行。
第 9 行：4 针下针，*1 针上针，3针下针，串珠，3针下针；从 * 重复编织，直至还剩 5 针，1 针上针，4 针下针。
重复编织第2~9行，直至织物长度为20cm为止。
收针。

收尾
定型，熨烫。按照钱包织片的尺寸裁剪内衬布，内衬布四边外加 1.5cm 缝份。将内衬布正面相对对折，顶部缝上拉链。用缝纫机或者手工缝合两侧边，并熨平缝份。
将织片反面相对对折，缝合两侧边，装入内衬袋，拉链位于顶部中央。用毛线将拉链两端的顶部开口缝合起来。
用和毛线相同颜色的缝纫线将拉链缝在织物上，确保针脚不外露。

小贴士
开始编织之前就要把珠子串到毛线中。织到珠子前，先织完那针，然后将线和珠子放在织片的前面，下一针滑针，将线放在织片的后面，珠子留在织片的前面，然后下一针织下针。珠子要在每个钻石花样的中心。

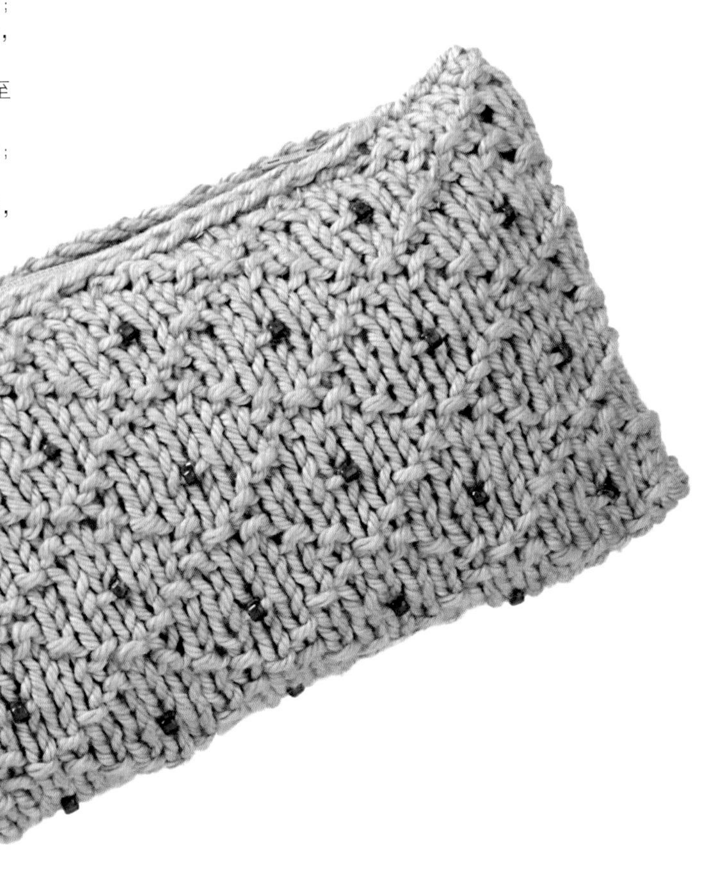

绞花热水袋套

别让热水袋烫伤你的脚趾。用超柔毛线编织这款热水袋套，温暖并保护你的双脚吧。

尺寸
大概 22cm 宽 ×32cm 深
适合 22cm 宽 ×26cm 深的热水袋

材料工具
线：羊毛和羊绒混纺粗线，如 Debbie Bliss Como 线
1 团，每团 50g，大概 42m，浅橄榄绿色
针：美国 11 号（直径 8mm）针
其他：麻花针
缝衣针

密度
编织平针，在 10cm×10cm 的范围内织 10 针，16 行。若有必要，可更换针号，以达到需要的密度。

缩略语解释
C4B——将接下来的 2 针滑到麻花针上，并将麻花针放在织片的后面，从左边棒针上将接着的 2 针织下针，然后将麻花针上的 2 针织下针。

热水袋套（织 2 片）
起 24 针。
第 1 行：3 针上针，[3 针下针，2 针上针] 织 3 次，3 针下针，3 针上针。
第 2 行：3 针下针，[3 针上针，2 针下针] 织 3 次，3 针上针，3 针下针。
第 3 行：3 针上针，[3 针下针，2 针上针] 织 3 次，3 针下针，3 针上针。
加针行：3 针下针，[1 针上针，从两针之间的线圈中挑起 1 针并织上针扭针加针，2 针上针，2 针下针] 织 3 次，1 针上针，从两针之间的线圈中挑起 1 针并织上针扭针加针，2 针上针，3 针下针。（共 28 针）
第 5 行：3 针上针，[C4B，2 针上针] 织 3 次，C4B，3 针上针。
第 6 行：3 针下针，[4 针上针，2 针下针] 织 3 次，4 针上针，3 针下针。
第 7 行：3 针上针，[4 针下针，2 针上针] 织 3 次，4 针下针，3 针上针。
第 8~10 行：再重复编织第 6、7 行 1 次，然后再织第 6 行 1 次。
再重复编织第 5~10 行 5 次，然后再重复编织第 5~7 行 1 次。
减针行：3 针下针，[1 针上针，左上 2 针并 1 针，1 针上针，2 针下针] 织 3 次，1 针上针，左上 2 针并 1 针，1 针上针，3 针下针。（共 24 针）
孔眼行：2 针下针，[绕线加 1 针，左下 2 针并 1 针，2 针下针] 织 5 次，2 针下针。
下一行：编织上针，并均匀减 2 针。
下一行：2 针下针，[2 针上针，2 针下针] 重复编织，直至结束。
下一行：2 针上针，[2 针下针，2 针上针] 重复编织，直至结束。
再重复编织以上 2 行 1 次。
织 4 行双罗纹针，在最后 1 行的末端加 1 针。（共 50 行）

小环收针
平收 2 针，[将剩余针目从右边棒针滑到左边棒针，起 2 针，平收 4 针] 重复编织，直至结束。

收尾
根据毛线的说明压平织物。缝合两织片的两侧边和底边。

编织系带
剪 3 条 80cm 长的毛线，一端并在一起打结，然后编辫子，编好后另一端打结。在孔眼行将系带从中间 2 个孔眼穿进去，穿一圈后再从这 2 个孔眼穿出来。装入热水袋，系带打蝴蝶结。

提花热水袋套

这款提花花样很简单，用温暖的粗线编织而成，顶部用漂亮的小环收针。

尺寸
大概 22cm 宽 ×33cm 深
适合 22cm 宽 ×26cm 深的热水袋

材料工具
线：羊毛和羊绒混纺粗线，如 Debbie Bliss Como 线
3 团，每团 50g，大概 126m，浅灰色（A）
每色 1 团，每团 50g，大概 42m，浅紫色（B），紫红色（C），秋香绿色（D）
针：美国 11 号（直径 8mm）针
其他：缝衣针

密度
编织平针，在 10cm×10cm 的范围内织 10 针，15 行。若有必要，可更换针号，以达到需要的密度。

热水袋套（织 2 片）
用 A 色线起 28 针。
以下针行开始织平针，按照编织图解编织第 1~27 行，然后再重复编织第 9~21 行 1 次。
继续用 A 色线编织。
孔眼行：3 针下针，* 平收 1 针，2 针下针；从 * 重复编织，直至还剩 3 针，3 针下针。
下一行：3 针上针，* 起 1 针，2 针上针；从 * 重复编织，直至还剩 3 针，3 针上针。
织 4 行双罗纹针，在最后 1 行的末端加 1 针。
（共 46 行）

小环收针
换成 B 色线。
平收 2 针，[将剩余针目从右边棒针滑到左边棒针，起 2 针，平收 4 针] 重复编织，直至还剩 1 针，平收最后 1 针。

收尾
根据毛线的说明压平织物。缝合两织片的两侧边和底边。

编织系带
A、B、C 三色各剪 1 条 80cm 长的毛线，一端并在一起打结，然后编辫子，编好后另一端打结。在孔眼行将系带从中间 2 个孔眼穿进去，穿一圈后再从这 2 个孔眼穿出来。
装入热水袋，将系带打蝴蝶结。

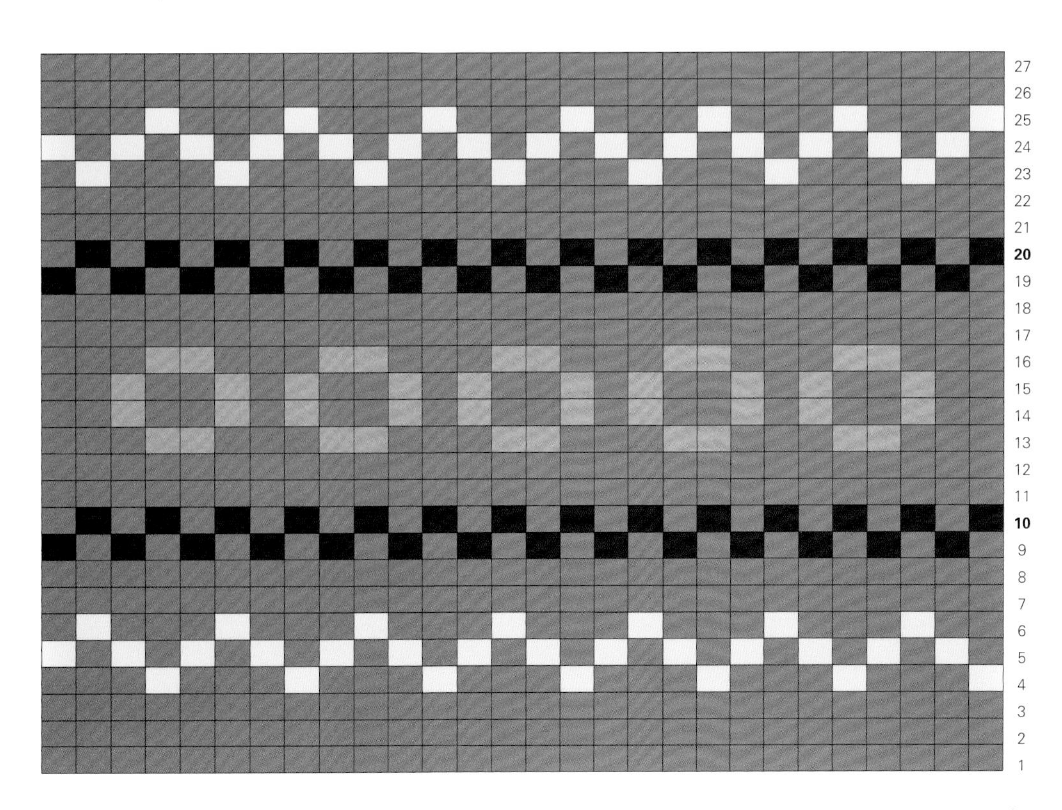

蔬菜花样购物袋

这是一款不错的购物袋。因为袋身和背带加了衬，内衬布是质地比较密实的布料，所以这款购物袋相当结实，买很多蔬菜都可以带回家。用桂花针编织而成的织片立体感强。

尺寸

大概 32cm × 38cm

材料工具

线：精纺羊驼和美丽诺羊毛混纺阿兰线，如 Rooster 羊驼美丽诺阿兰线
5 团，每团 50g，大概 470m，灰褐色（A）
1 团，每团 50g，大概 94m，绿色（B）
精纺纯羊毛 DK 线，如 Rowan 纯羊毛 DK 线
1 团，每团 50g，大概 125m，橙色（C）
针：美国 8 号（直径 5mm）针
美国 6 号（直径 4mm）针
其他：玩具填充物
袋身用内衬布 40cm × 90cm
背带用内衬布 5cm × 62.5cm
缝纫针和缝纫线
缝衣针
防解别针

密度

编织平针，在 10cm×10cm 的范围内织 20 针，32 行。若有必要，可更换针号，以达到需要的密度。

缩略语解释

Kfb——在正面行，下一针织 1 针放 2 针，即下一针的前环和后环各织 1 针下针。

袋身（织 2 片）

用 A 色线和美国 8 号（直径 5mm）针起 62 针。
第 1 行：*1 针下针，1 针上针；从 * 重复编织，直至结束。
第 2 行：*1 针上针，1 针下针；从 * 重复编织，直至结束。
重复编织以上 2 行，直至织物长度为 38cm 为止。
收针。

背带（织 2 条）

用 A 色线和美国 8 号（直径 5mm）针起 8 针。
第 1 行：*1 针下针，1 针上针；从 * 重复编织，直至结束。
第 2 行：*1 针上针，1 针下针；从 * 重复编织，直至结束。
重复编织以上 2 行，直至背带长度为 60cm 为止。
收针。

胡萝卜（织 1 个大号、2 个小号的胡萝卜）

用 C 色线和美国 6 号（直径 4mm）针起 2 针。
第 1 行：[Kfb] 织 2 次。（共 4 针）
第 2 行：编织上针。
第 3 行：Kfb，2 针下针，Kfb。（共 6 针）
第 4 行：编织上针。
第 5 行：Kfb，4 针下针，Kfb。（共 8 针）
第 6 行：编织上针。
继续按照以上步骤加针，每个下针行在两端各加 1 针，加至 18 针（小号胡萝卜）和 24 针（大号胡萝卜）。
不加不减针继续编织平针，直至织物长度为 10cm（小号胡萝卜）或 14cm（大号胡萝卜）为止。
无须收针。将针目穿在防解别针上。留一段长线并断线。

胡萝卜叶（每个胡萝卜织 4 片叶子）

* 用 B 色线和美国 6 号（直径 4mm）针起 18 针，平收 17 针（最后 1 针留在棒针上）；从 * 再重复编织 3 次。（共 4 针）
断线，留一段 15cm 长的线。
将毛线穿入缝衣针中，穿过剩余的 4 针，拉紧，固定好。

收尾

2 片袋身织片正面相对对齐，缝合两侧边和底边，再翻回正面。
胡萝卜缝合侧面，装入填充物，将 4 片叶子缝在胡萝卜的顶部。
并将胡萝卜缝在袋身正前方。

袋身加内衬

按照袋身尺寸裁剪袋身用内衬布，两侧边外加 1.5cm 缝份，顶边和底边外加 2.5cm 缝份。将内衬布正面相对对折，用缝纫机缝合两侧边，剪小并烫压缝份。开口边缘（顶边和底边重合处）往下折烫 2.5cm 定型。将此内衬袋塞入缝合好的袋身中，用珠针沿袋口将二者适当固定。手工缝几针将内衬袋的两底角固定在袋身上，防止内衬袋往上冒。

背带加衬

按照背带尺寸裁剪背带用内衬布，宽度为背带宽的 2 倍，两端外加 1.5cm 缝份。
将背带用内衬布反面相对，两侧边朝中间折烫定型。两端缝份折烫定型。这时内衬布的长度、宽度和背带织片相同。
将内衬布与背带叠合在一起，叠的时候背带的反面和内衬布的折烫面相对。用珠针固定，并用手工缝好。第二条背带做法相同。

接上背带

从两侧边沿袋口往内 8cm 位置用珠针定位。将背带端头依此位置插入袋身织片和内衬袋之间，插进去 3.5cm 左右，用珠针固定。手工缝合袋口一圈，缝到背带位置时要把背带一并缝合固定。缝好后再用手工或者缝纫机在背带端头位置加缝出正方形的针迹，以加固背带。

洗碗布

当你受邀去朋友家吃午饭或者晚餐时，这些的确是非常有趣的礼物，也许呈上它们，你就用不着洗碗了！

尺寸
大概 25cm × 25cm

材料工具
线：精纺纯棉 DK 线，如 Rowan 手编 DK 线

洗碗布 1
每色 1 团，每团 50g，大概 85m，粉色（A），绿色（B）

洗碗布 2
每色 1 团，每团 50g，大概 85m，铁锈红色（C），灰色（D）

针：美国 10 号（直径 6mm）针

密度
编织平针，在 10cm × 10cm 的范围内织 19 针，28 行。若有必要，可更换针号，以达到需要的密度。

洗碗布 1
用 A 色线起 45 针。
第 1~8 行：编织下针。
换成 B 色线。
第 9~16 行：编织下针。
重复编织以上 16 行，直至织完 72 行。
收针。

洗碗布 2
用 C 色线起 45 针。
第 1~8 行：编织下针。
换成 D 色线。
第 9~16 行：编织下针。
重复编织以上 16 行，直至织完 72 行。
收针。

圣诞日历袋

这是非常不错的做圣诞日历的创意。这些小袋子正好能装圣诞节的糖果、巧克力或其他圣诞礼物。做 24 个袋子，挂在圣诞树上，或者用系带挂在家里的某个地方，非常应景。

尺寸
每个袋子 7.5cm × 10cm

材料工具
线：精纺美丽诺 DK 线，如 Debbie Bliss Rialto DK 线
6 团，每团 50g，大概 630m，红色（A）
3 团，每团 50g，大概 315m，白色（B）
针：美国 6 号（直径 4mm）针
其他：1cm 宽、12m 长的圣诞主题图案缎带
缝衣针

密度
编织平针，在 10cm × 10cm 的范围内织 22 针，30 行。若有必要，可更换针号，以达到需要的密度。

袋子（每个号码做 1 个）
用 A 色线起 18 针。
第 1~3 行：编织下针。
第 4 行：8 针下针，平收 2 针，编织下针直至结束。（缎带穿洞两边各有 8 针）
第 5 行：7 针下针，接下来的 2 针每针织 1 针放 2 针，即每针的前环和后环各织 1 针下针。编织下针直至结束。
第 6、7 行：编织下针。
第 8 行：编织上针。
继续编织 30 行平针，然后按照相对应的编织图解（见第 132~135 页）插入数字编织 14 行平针。
第 53 行：编织下针。
第 54 行：编织上针。
第 55、56 行：编织下针。
第 57 行：8 针下针，平收 2 针，编织下针直至结束。（缎带穿洞两边各有 8 针）
第 58 行：8 针下针，接下来的 2 针每针织 1 针放 2 针，即每针的前环和后环各织 1 针下针。8 针下针。
第 59~61 行：编织下针。
收针。

收尾
将织物正面相对对折，缝合两侧边，顶部不缝，从顶部开口翻回正面。剪一段 50cm 长的缎带，穿入缎带穿洞中，供打结用。

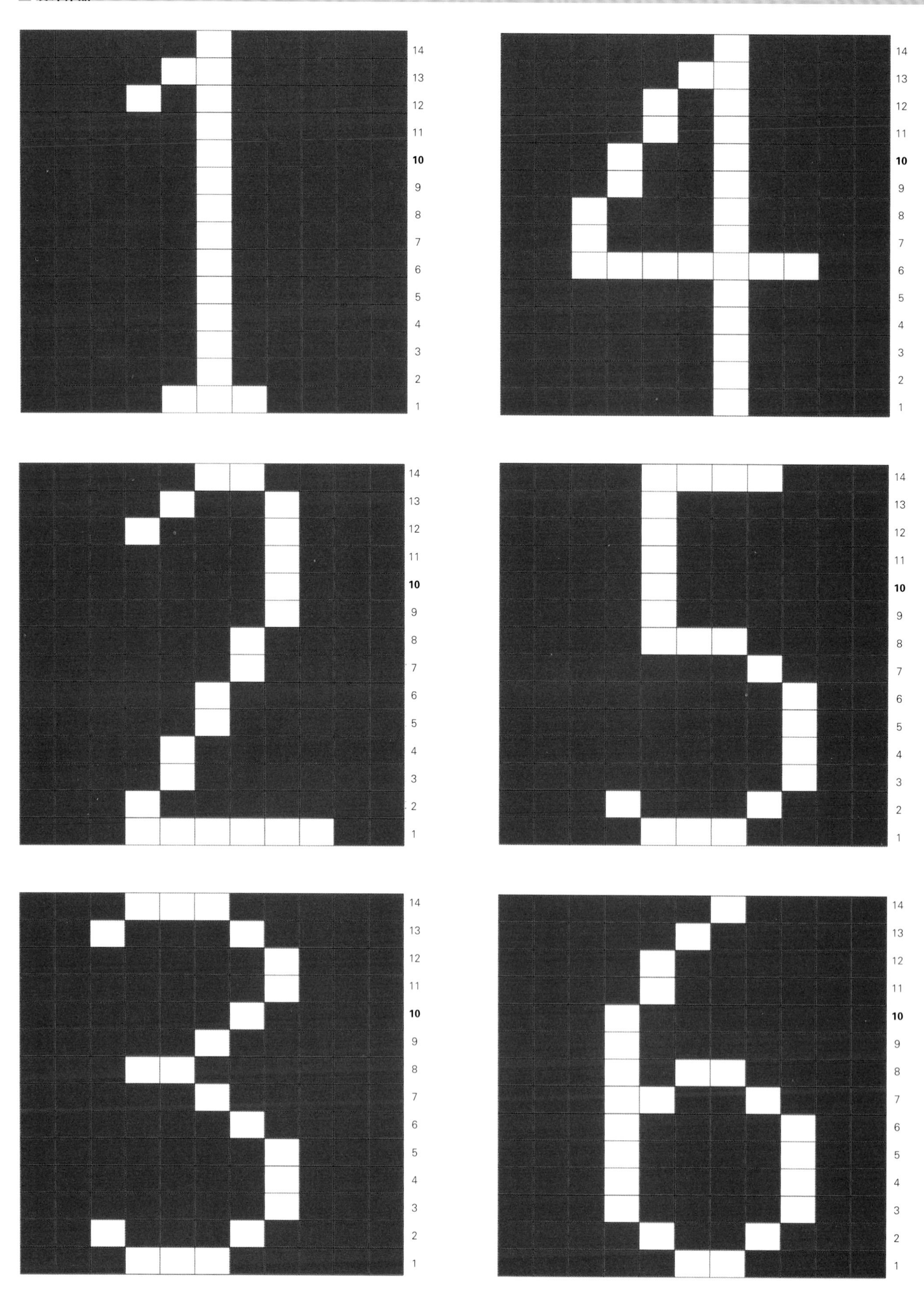

14
13
12
11
10
9
8
7
6
5
4
3
2
1

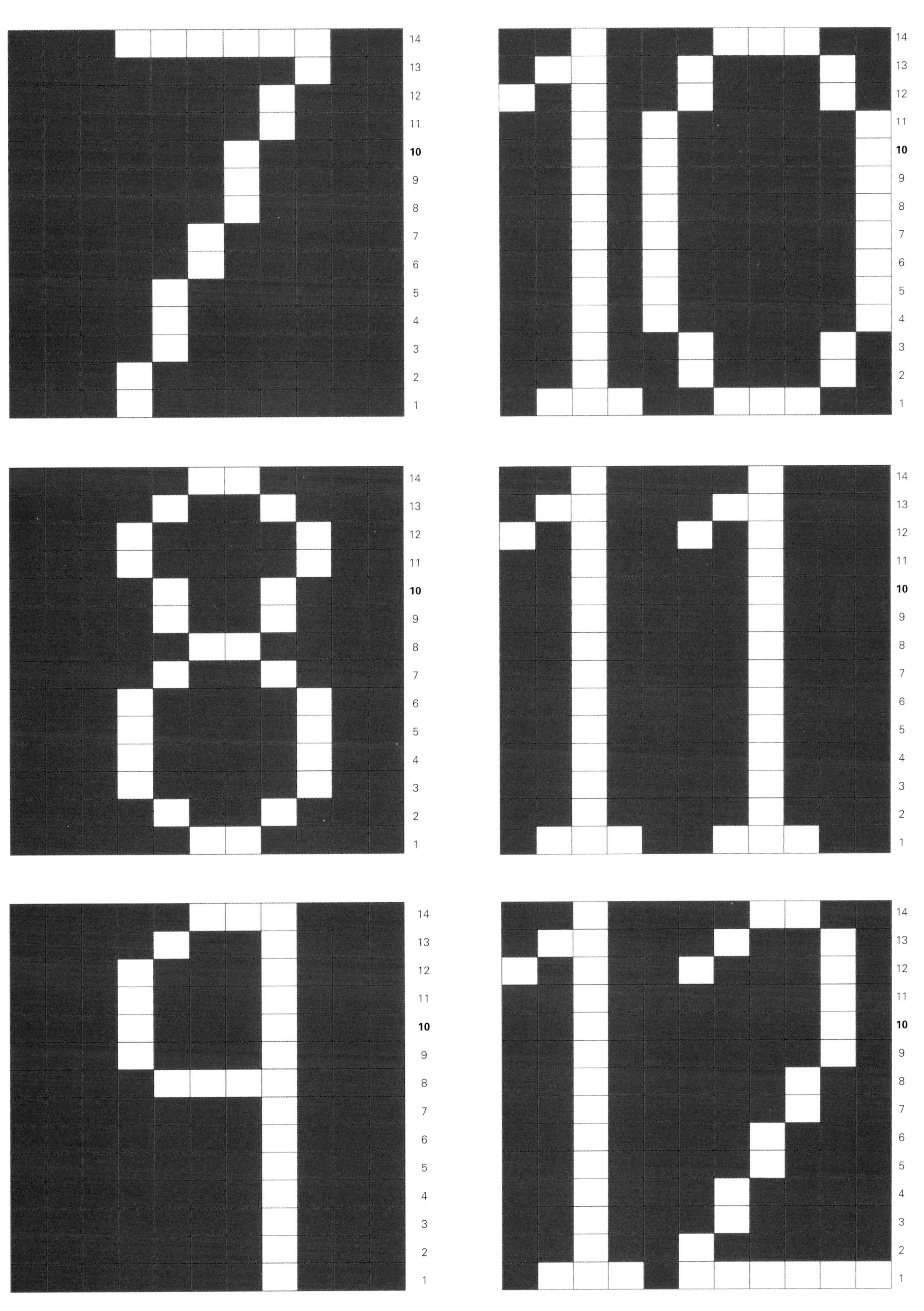
14
13
12
11
10
9
8
7
6
5
4
3
2
1

14
13
12
11
10
9
8
7
6
5
4
3
2
1

14
13
12
11
10
9
8
7
6
5
4
3
2
1

棒针收纳包

这是一款很实用的收纳包，里面缝有一块毛毡用来收插缝纫针，口袋用来收纳剪刀、麻花针和记行器，隔间用来装棒针。用能自然呈现花样的混纺线编织，色彩丰富，这便是编织的魔力。

尺寸
大概 38cm × 46cm

材料工具
线：羊毛、马海毛和真丝混纺线，能自然呈现花样，如 Noro Blossom 线
2 团，每团 50g，大概 180m，色彩丰富艳丽的毛线
针：美国 7 号（直径 4.5mm）针
其他：毛毡 7.5cm × 10cm
织物主衬布、内衬布和口袋布 100cm × 110cm
1.5cm 宽、1m 长的缎带
缝纫针和缝纫线
缝衣针

密度
编织平针，在 10cm × 10cm 的范围内织 16 针，22 行。若有必要，可更换针号，以达到需要的密度。

外层（织物）
起 64 针。
编织平针，直至织物长度为 50cm 为止。
收针。

收尾
定型并压平。外层织好后，长边为收纳包的宽度，短边为深度。

里层
按照外层的尺寸裁剪主衬布，四边外加 1.5cm 缝份。将缝份各往背面折烫定型并车缝一圈。

再裁剪 1 片内衬布，宽度和主衬布相同，深度比主衬布短 7.5cm，四边外加 1.5cm 缝份。将缝份各往背面折烫定型。顶边压缝锯齿形针迹，其余三边暂时不缝。

裁剪 1 片 10cm × 13cm 的口袋布，四边外加 1.5cm 缝份。将顶部缝份折烫定型，并压缝锯齿形针迹。两侧边和底部的缝份也折烫定型。将口袋布两侧边和底边以锯齿形针迹固定在内衬布右偏中的位置。

裁剪 1 片 7.5cm × 10cm 的毛毡。不用折烫缝份，四边直接以锯齿形针迹压缝固定在内衬布左偏中的位置。

将内衬布和主衬布底部对齐，用直线针迹将内衬布缝在主衬布上，顶部不缝。从内衬布顶部开始，避开毛毡和口袋位置，竖着往下缝到底部，制作宽度为 2.5cm 和 5cm 的隔间，前者可用来装 1 副棒针，后者可用来装 2 副棒针。每条隔间线需从头开始，但不用缝过底部。将做好的里层正面朝外用珠针固定在外层织物的背面。

将缎带剪成 2 段，每一段的其中一个端头各插入两侧短边居中位置的外层、里层之间，插进去 2.5cm 左右。用珠针固定。
用手工将外层、里层缝合，缝到缎带位置时要把缎带一并缝合固定。插入棒针和配件后，把收纳包卷起来并用缎带系好。

小贴士

和本书许多设计作品一样，这款收纳包外层由一片织物组成，适合装 35cm 长的棒针。如果想要装更长的棒针，只要增加起针数即可。

小蜜蜂风铃

这些飞舞的小蜜蜂非常可爱，适合给婴儿做风铃，大人们也会喜欢的。

尺寸
每只蜜蜂大概 11.5cm 长

材料工具
线：精纺羊驼和美丽诺羊毛混纺 DK 线，如 Rooster 羊驼美丽诺 DK 线
1 团，每团 50g，大概 112.5m，黄色（A）
1 团，每团 50g，大概 112.5m，白色（B）
精纺美丽诺 DK 线，如 Debbie Bliss Rialto DK 线
1 团，每团 50g，大概 105m，黑色（C）
红色零线或绣花丝线（D）
针：美国 3 号（直径 3.25mm）针
其他：玩具填充物
1.5cm 宽、1.5m 长的缎带
缝衣针

密度
编织平针，在 10cm×10cm 的范围内织 21 针，28 行。若有必要，可更换针号，以达到需要的密度。

缩略语解释
Kfb——在正面行，下一针织 1 针放 2 针，即下一针的前环和后环各织 1 针下针。

蜜蜂（织 3 只）
用 C 色线起 8 针。
第 1、3 行：编织上针。
第 2 行：[Kfb] 重复编织，直至结束。（共 16 针）
第 4 行：[Kfb，1 针下针] 重复编织，直至结束。（共 24 针）
换成 A 色线。
第 5、7 行：编织上针。
第 6 行：[Kfb，2 针下针] 重复编织，直至结束。（共 32 针）
第 8 行：编织下针。
换成 C 色线。
织 4 行平针。
换成 A 色线。
织 4 行平针。
换成 C 色线。
第 17、19 行：编织上针。
第 18 行：[2 针下针，左下 2 针并 1 针] 重复编织，直至结束。（剩 24 针）
第 20 行：编织下针。
换成 A 色线。
第 21、23 行：编织上针。
第 22 行：[1 针下针，左下 2 针并 1 针] 重复编织，直至结束。（剩 16 针）

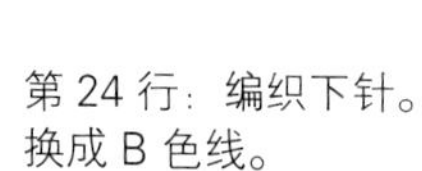

第 24 行：编织下针。
换成 B 色线。
第 25 行：编织上针。
第 26 行：[1 针下针，下一针织 Kfb] 编织至结束。（共 24 针）
编织 9 行平针。
第 36 行：[1 针下针，左下 2 针并 1 针] 重复编织，直至结束。（剩 16 针）
第 37 行：编织上针。
第 38 行：[左下 2 针并 1 针] 重复编织，直至结束。
将线穿入剩余针目，拉紧并系牢。

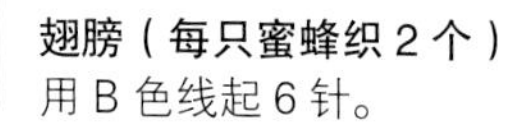

翅膀（每只蜜蜂织 2 个）
用 B 色线起 6 针。
[Kfb] 重复编织，直至结束。（共 12 针）
编织 15 行起伏针（每行都织下针）。
断线，并留一段长线。将线穿入剩余针目。拉紧并系牢。

收尾
将起针边收紧，缝合，从背部开口装满填充物，头部装满填充物并缝合。用 B 色线在颈部做平针缝，并拉紧固定。在身体背部缝上翅膀。用 C 色线绣眼睛、D 色线绣嘴巴。
用 C 色线在头部两端做触角。利用法式结粒绣的针法，将线在缝衣针上绕 3 圈再入针，但线不拉紧，而是留一个环。
剪 3 段缎带，每段长约 50cm，缝在翅膀上。利用缎带将蜜蜂悬挂起来做成风铃状。

串珠胸花

这朵胸花漂亮精致，充满女性气息，看上去就惹人喜爱！

尺寸
花朵：直径 10cm
加上叶子，则为 17.5cm

材料工具
线：马海毛、真丝混纺蕾丝线，如 Rowan Kid Silk Haze 线
每色 1 团，每团 25g，大概 210m，深粉色（A），浅紫色（B），绿色（C）
针：美国 3 号（直径 3.25mm）针
其他：30 颗紫色玻璃小珠子
别针或者胸针扣（在背面扣）
防解别针
缝衣针

密度
编织平针，在 10cm×10cm 的范围内织 19 针，34 行。若有必要，可更换针号，以达到需要的密度。

缩略语解释
Kfb——在正面行，下一针织 1 针放 2 针，即下一针的前环和后环各织 1 针下针。

外层花（织 3 朵）
用 A 色线起 10 针。
第 1 行：1 针下针，* 下一针织 Kfb；从 * 重复编织，直至结束。（共 19 针）
第 2、4、6 行：编织上针。
第 3 行：* 下一针织 Kfb；从 * 重复编织，直至还剩 1 针，1 针下针。（共 37 针）
第 5 行：同第 1 行。（共 73 针）
第 7 行：*1 针下针，下一针织 Kfb；从 * 重复编织，直至还剩 1 针，1 针下针。（共 109 针）
第 8 行：将织物反面朝向编织者，平收 3 针，* 将针目从右边棒针移到左边棒针，起 2 针，平收 5 针；从 * 重复编织，直至结束。收针。

内层花（织 3 朵）
用 B 色线起 105 针。
第 1 行：1 针下针，*2 针下针，将第 1 针套过第 2 针；从 * 重复编织，直至结束。（剩 53 针）
第 2 行：1 针上针，[左上 2 针并 1 针] 重复编织，直至结束。（剩 27 针）
第 3 行：编织下针。
第 4 行：同第 2 行。（剩 14 针）
第 5 行：[左下 2 针并 1 针] 重复编织，直至结束。（剩 7 针）
将剩余针目穿在防解别针上。断线，留一段 20cm 长的线。

叶子（织 3 片）
用 2 股 C 色线编织，起 3 针。
第 1 行：编织上针。
第 2 行：1 针下针，从两针之间的线圈中挑起 1 针并织扭针加针，1 针下针，从两针之间的线圈中挑起 1 针并织扭针加针，1 针下针。（共 5 针）
第 3、5 行：编织上针。
第 4 行：2 针下针，从两针之间的线圈中挑起 1 针并织扭针加针，1 针下针，从两针之间的线圈中挑起 1 针并织扭针加针，2 针下针。（共 7 针）
第 6 行：3 针下针，从两针之间的线圈中挑起 1 针并织扭针加针，1 针下针，从两针之间的线圈中挑起 1 针并织扭针加针，3 针下针。（共 9 针）
第 7~9 行：编织平针。
第 10 行：4 针下针，从两针之间的线圈中挑起 1 针并织扭针加针，1 针下针，从两针之间的线圈中挑起 1 针并织扭针加针，4 针下针。（共 11 针）
第 11~13 行：编织平针。
第 14 行：5 针下针，从两针之间的线圈中挑起 1 针并织扭针加针，1 针下针，从两针之间的线圈中挑起 1 针并织扭针加针，5 针下针。（共 13 针）
第 15~21 行：编织平针。
第 22 行：1 针下针，右下 2 针并 1 针，7 针下针，左下 2 针并 1 针，1 针下针。（剩 11 针）
第 23 行和之后的奇数行：编织上针。
第 24 行：1 针下针，右下 2 针并 1 针，5 针下针，左下 2 针并 1 针，1 针下针。（剩 9 针）
第 26 行：1 针下针，右下 2 针并 1 针，3 针下针，左下 2 针并 1 针，1 针下针。（剩 7 针）
第 28 行：1 针下针，右下 2 针并 1 针，1 针下针，左下 2 针并 1 针，1 针下针。（剩 5 针）
第 30 行：右下 2 针并 1 针，1 针下针，左下 2 针并 1 针。（剩 3 针）
第 32 行：右下 3 针并 1 针。
收针。

收尾
将外层花起针边聚到一起收紧系牢，并稍缝缀整理出花的形状。将内层花的留线穿过剩余针目拉紧系牢，并稍缝缀整理出花的形状。其余花朵处理方法相同。将每朵内层花放在外层花上面，从后面把它们固定在一起。在内层花的留线上穿上珠子，束在一起，并放在花朵中心。将三朵花束在一起，并在后面系牢。将 3 片叶子摊开，系在一起。将花朵放在叶子上面，缝合固定。最后别上别针或者胸针扣。

小贴士
外层花从里侧边开始加针编织，而内层花则从外围边开始减针编织。

幼儿积木

这些幼儿积木色彩艳丽，质地松软，作为礼物送给宝宝非常合适——积木上的图案非常诱人，小宝贝会喜欢的。

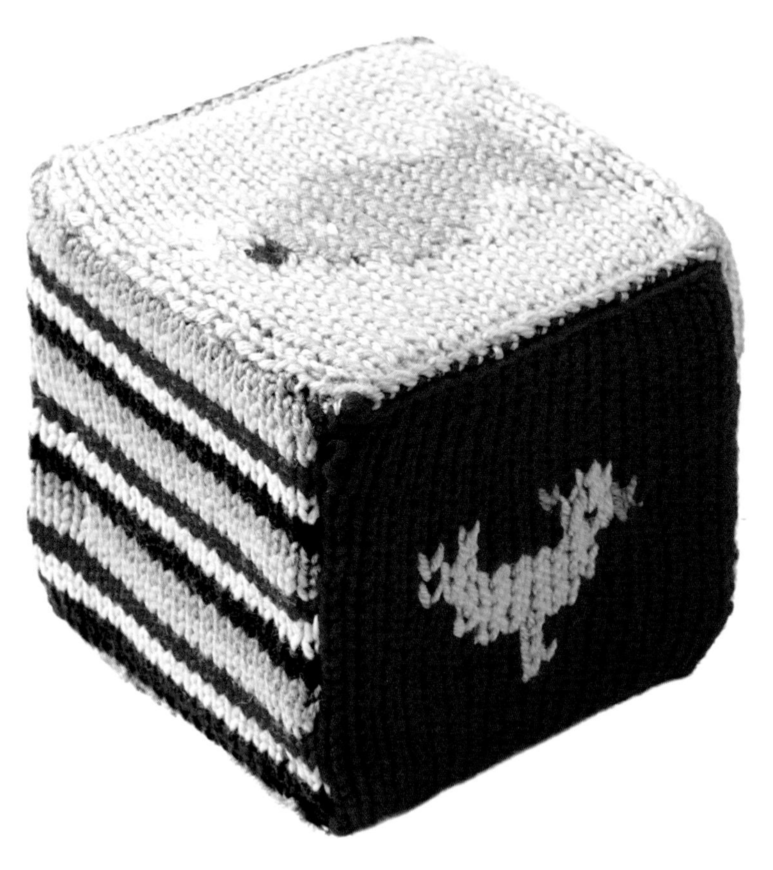

尺寸

棱长 10cm 的立方体

材料工具

绵羊

线：精纺 DK 线，如 Rooster 羊驼美丽诺 DK 线

每色 1 团，每团 50g，大概 112.5m，绿色（背景色），浅蓝色（眼睛）

精纺美丽诺 DK 线，如 Debbie Bliss Rialto DK 线

每色 1 团，每团 50g，大概 105m，棕色（头/腿），本白色（身体）

小船

线：精纺美丽诺 DK 线，如 Debbie Bliss Rialto DK 线

1 团，每团 50g，大概 105m，红色（背景色）

精纺 DK 线，如 Rooster 羊驼美丽诺 DK 线

每色 1 团，每团 50g，大概 112.5m，蓝绿色（小船），白色（帆）

小鸡

线：精纺美丽诺 DK 线，如 Debbie Bliss Rialto DK 线

每色 1 团，每团 50g，大概 105m，红色（背景色），黄色（小鸡）

精纺 DK 线，如 Rooster 羊驼美丽诺 DK 线

每色 1 团，每团 50g，大概 112.5m，淡粉色（腿），亮粉色（嘴巴/头部羽毛）

条纹 1

线：精纺 DK 线，如 Rooster 羊驼美丽诺 DK 线

每色 1 团，每团 50g，大概 112.5m，白色，黄色，绿色

精纺美丽诺 DK 线，如 Debbie Bliss Rialto DK 线

每色 1 团，每团 50g，大概 105m，红色，靛蓝色

鱼

线：精纺 DK 线，如 Rooster 羊驼美丽诺 DK 线

每色 1 团，每团 50g，大概 112.5m，淡蓝色（背景色），绿色（鱼），白色（眼睛/水泡）

精纺美丽诺 DK 线，如 Debbie Bliss Rialto DK 线

1 团，每团 50g，大概 105m，红色（嘴巴）

条纹 2

线：精纺 DK 线，如 Rooster 羊驼美丽诺 DK 线

每色 1 团，每团 50g，大概 112.5m，红色，白色，粉色

通用

针：美国 6 号（直径 4mm）针

其他：棱长 10cm 的泡沫立方体

缝衣针

密度

编织平针，在 10cm×10cm 的范围内织 21 针，28 行。若有必要，可更换针号，以达到需要的密度。

特殊说明

绵羊身体部分编织桂花针。

积木方块面（织 6 面）

起 23 针。

按照不同的编织图解各编织 30 行平针。

收针。

收尾

将方块面定型、熨烫。分别放在泡沫立方体上，用珠针固定，然后用接缝拼接的方法缝合起来。

30
29
28
27
26
25
24
23
22
21
20
19
18
17
16
15
14
13
12
11
10
9
8
7
6
5
4
3
2
1

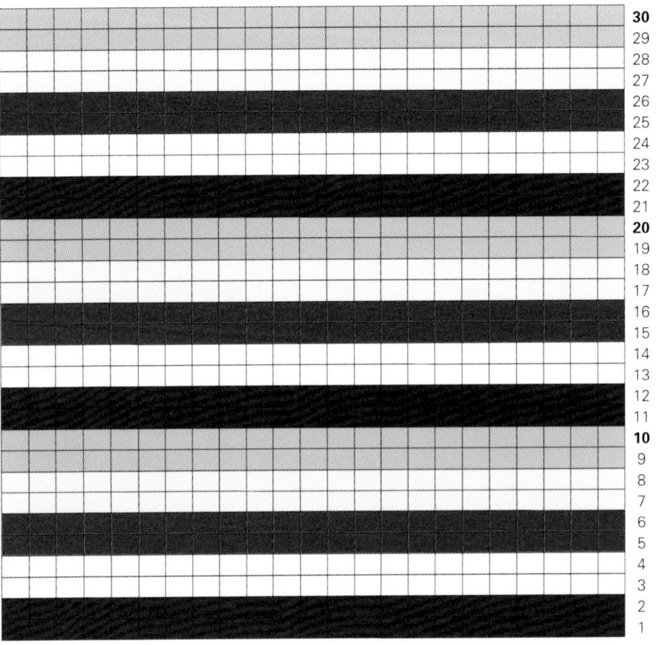
30
29
28
27
26
25
24
23
22
21
20
19
18
17
16
15
14
13
12
11
10
9
8
7
6
5
4
3
2
1

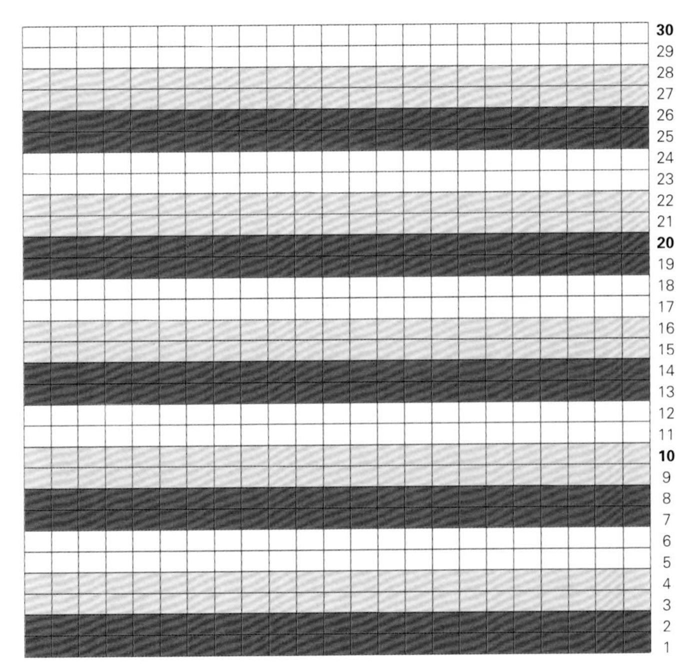
30
29
28
27
26
25
24
23
22
21
20
19
18
17
16
15
14
13
12
11
10
9
8
7
6
5
4
3
2
1

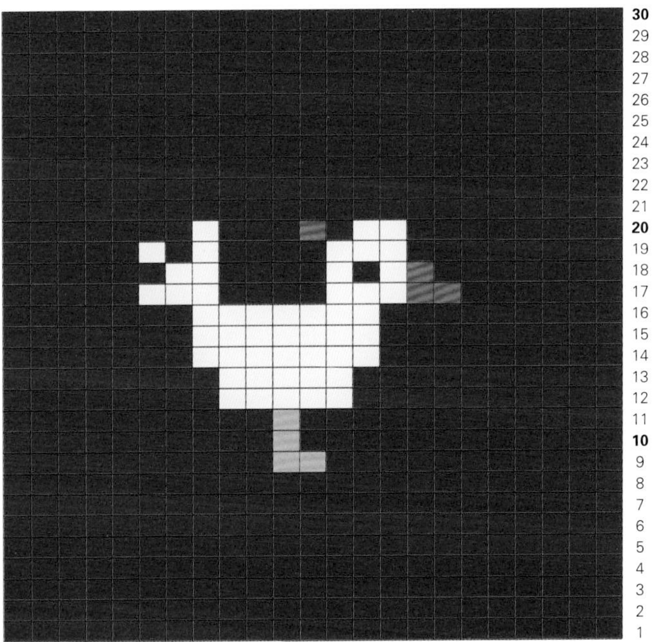
30
29
28
27
26
25
24
23
22
21
20
19
18
17
16
15
14
13
12
11
10
9
8
7
6
5
4
3
2
1

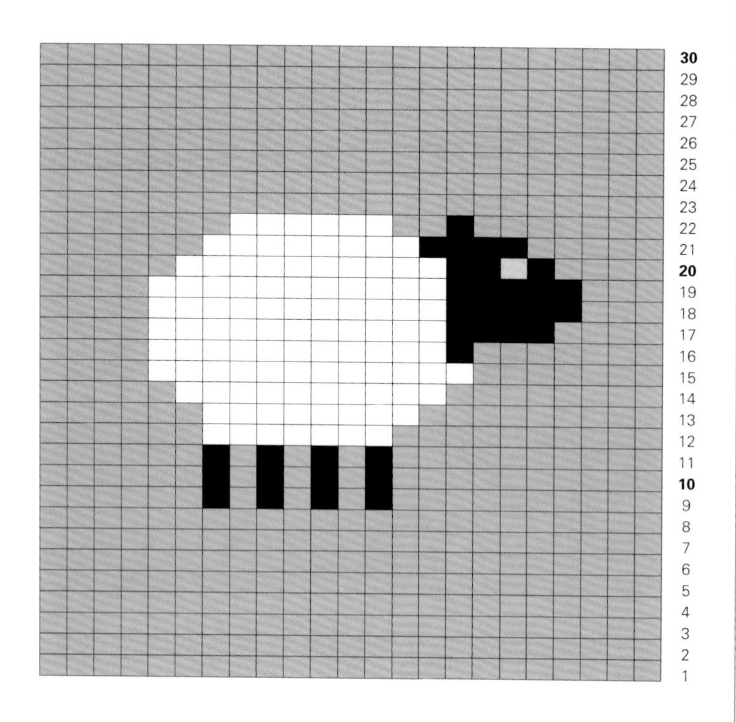

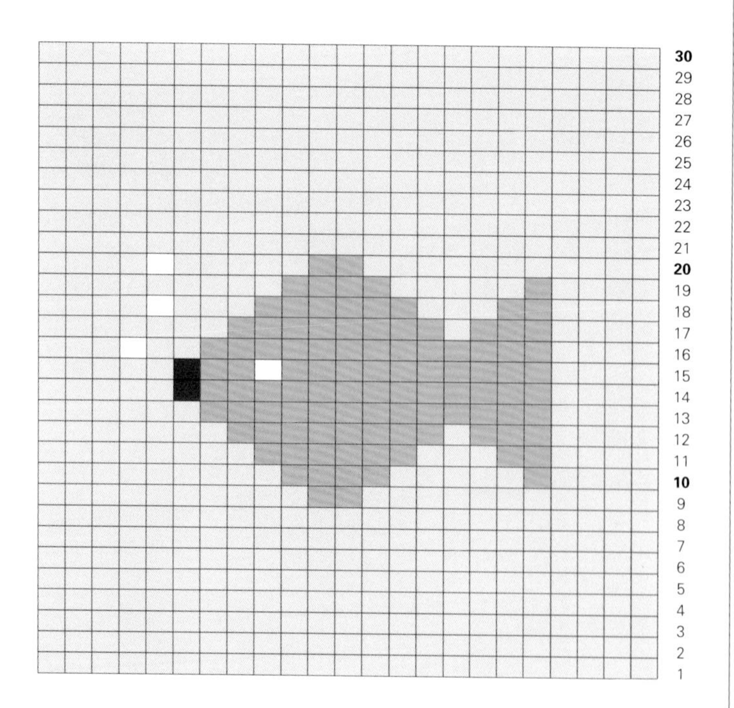

数字积木

这些积木上的图案是数字，可以用来教稍微大点的孩子学数数。

尺寸
棱长 10cm 的立方体

材料工具
线：精纺 DK 线，如 Rooster 羊驼美丽诺 DK 线

1
每色 1 团，每团 50g，大概 112.5m，浅蓝色（背景色），红色（数字）

2
每色 1 团，每团 50g，大概 112.5m，绿色（背景色），黄色（数字）

3
每色 1 团，每团 50g，大概 112.5m，蓝绿色（背景色），白色（数字）

4
每色 1 团，每团 50g，大概 112.5m，白色（背景色），亮粉色（数字）

5
每色 1 团，每团 50g，大概 112.5m，黄色（背景色），淡粉色（数字）

6
每色 1 团，每团 50g，大概 112.5m，淡粉色（背景色），蓝绿色（数字）

针：美国 6 号（直径 4mm）针
其他：棱长 10cm 的泡沫立方体
缝衣针

密度
编织平针，在 10cm × 10cm 的范围内织 21 针，28 行。若有必要，可更换针号，以达到需要的密度。

积木方块面（织 6 面）
起 23 针。
按照各面的编织图解各编织 30 行平针。

收尾
将方块面定型、熨烫。分别放在泡沫立方体上，用珠针固定，然后用接缝拼接的方法缝合起来。

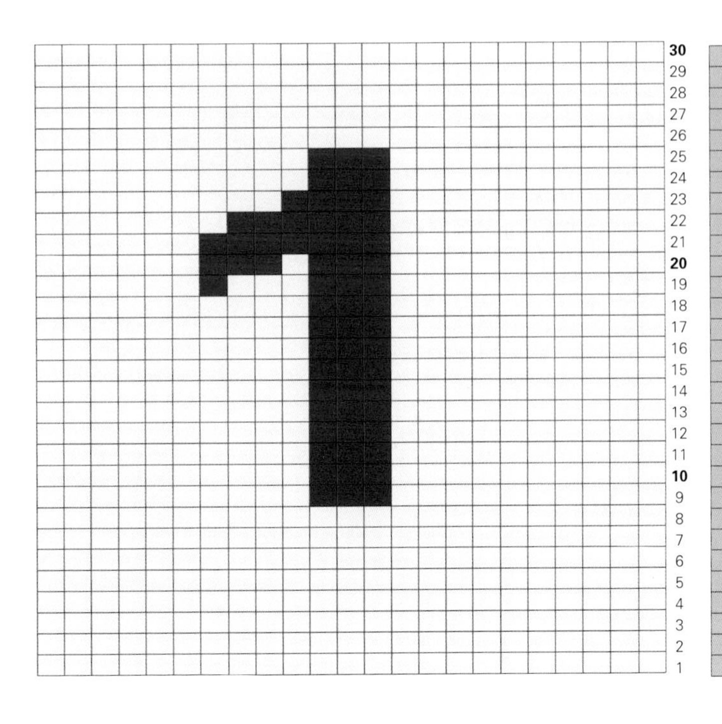
30
29
28
27
26
25
24
23
22
21
20
19
18
17
16
15
14
13
12
11
10
9
8
7
6
5
4
3
2
1

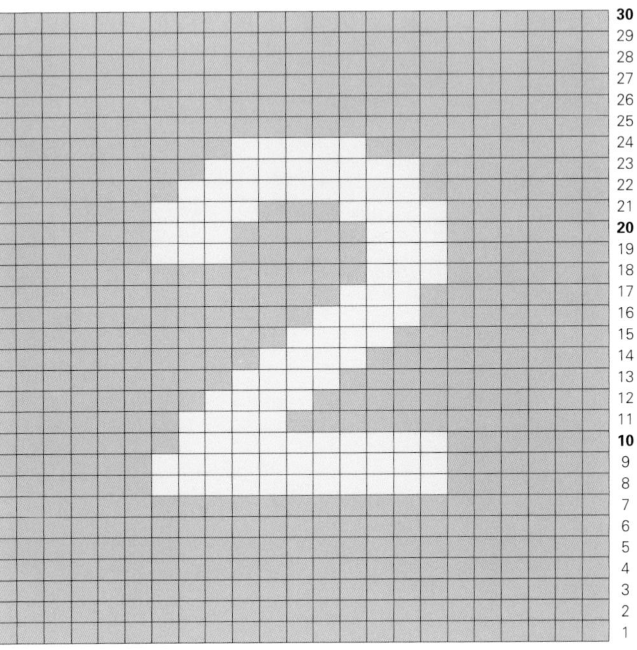
30
29
28
27
26
25
24
23
22
21
20
19
18
17
16
15
14
13
12
11
10
9
8
7
6
5
4
3
2
1

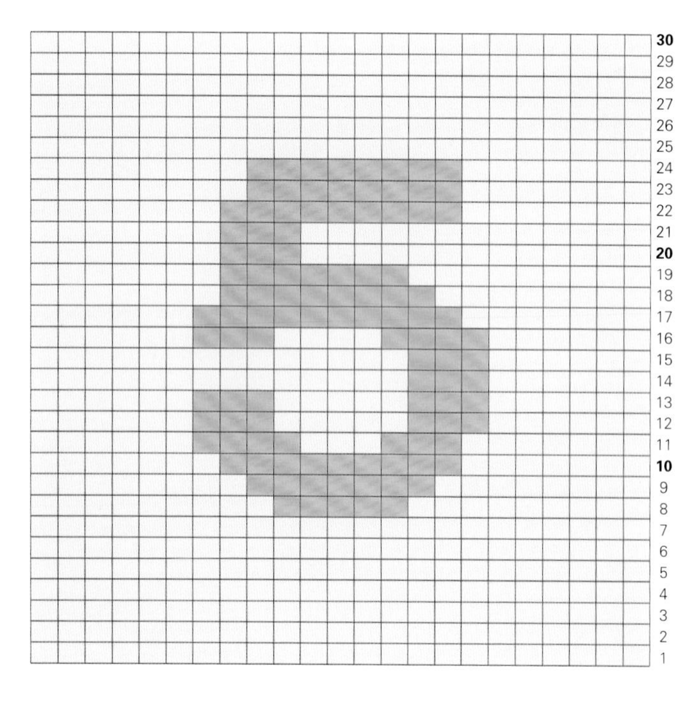

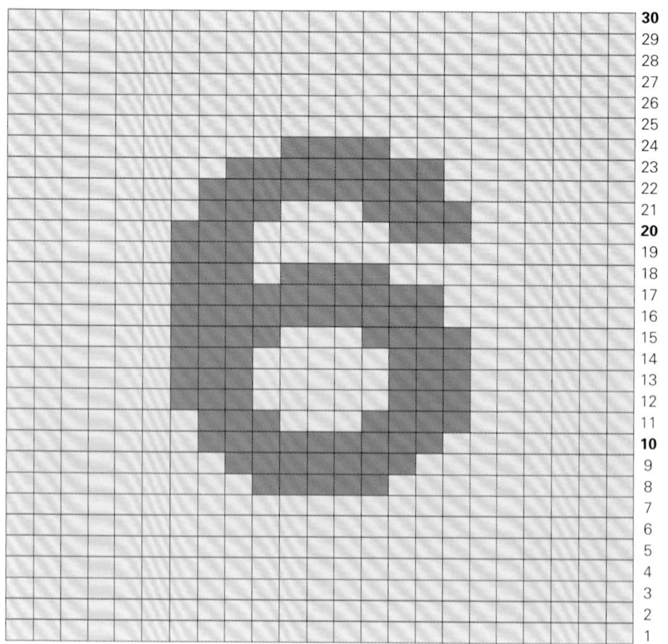

大号棒针浴室防滑垫

这款浴室防滑垫用连接好的长条布编织而成。将长条布连接好后卷成团，作为编织线。大号棒针可以买到，也可以用扫帚把制作而成。下面的尺寸只是一个参考，棒针的针号不同，作品的尺寸也不同。

尺寸
大概 56cm×81cm

材料工具
棉布：130cm 宽、5m 长
针：美国 11 号（直径 8mm）针
其他：缝纫针和缝纫线

密度
这款设计作品的密度不重要。

防滑垫
将棉布剪成 26 条，每条 5cm 宽、5m 长。
将每条棉布条连接起来，变成一长条。
将棉布条卷成一团，作为编织线。
起 20 针。
编织起伏针（每行都织下针），直至织物长度为 80cm 为止（大概 48 行）。
尽量松地收针。
藏线头。

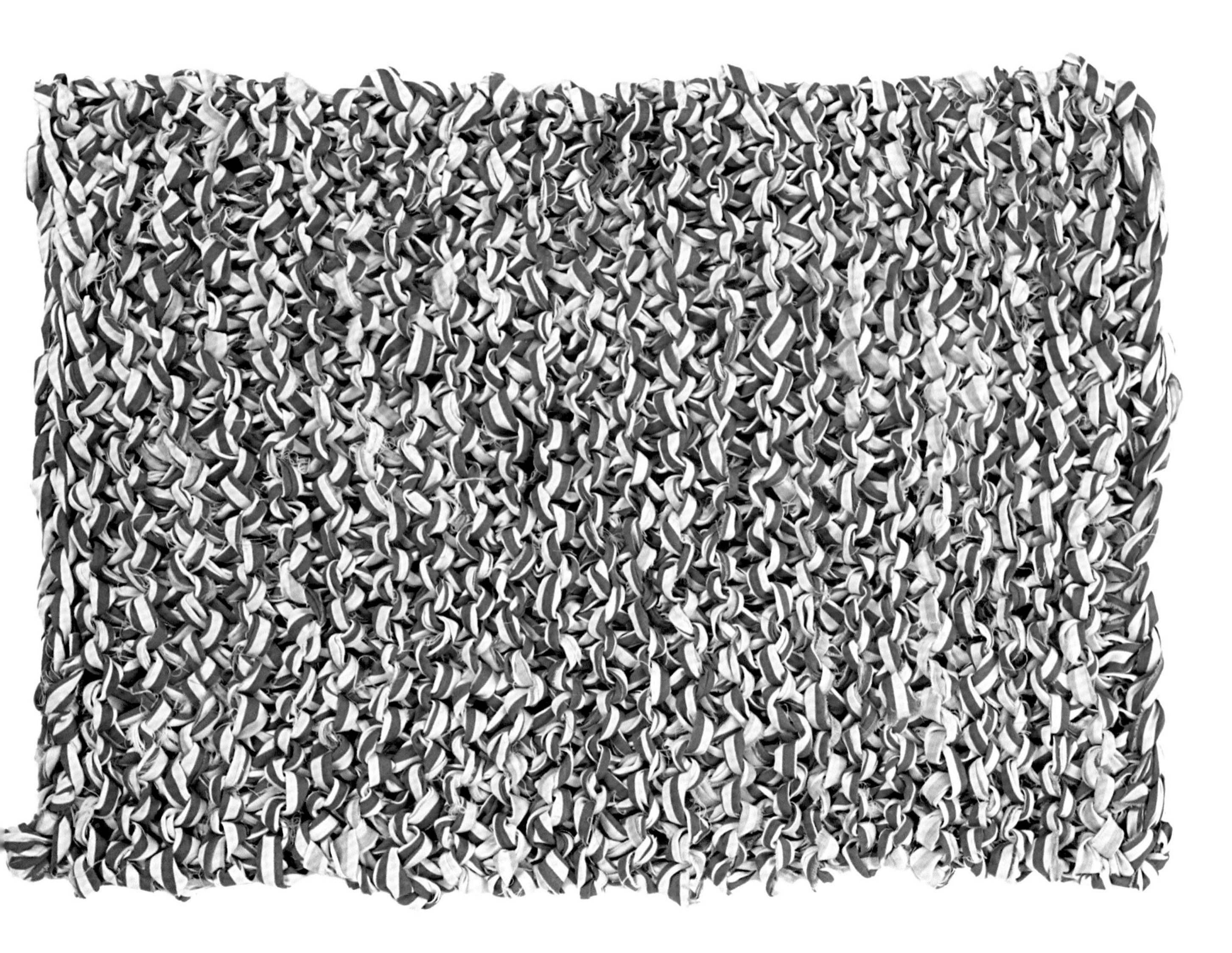

起伏针铅笔袋

用一团能自然呈现花样的混纺线就可以混合出漂亮的色彩，得到换色的效果。用这种线编织的这款简单的铅笔袋很有特色。

尺寸

20cm 宽 ×10cm 深

材料工具

线：羊毛、马海毛和真丝混纺线，能自然呈现花样，如 Noro Silk Garden 线

1 团，每团 50g，大概 100m，色彩丰富艳丽的毛线

针：美国 7 号（直径 4.5mm）针

其他：内衬布 25cm×25cm

20cm 长的拉链 1 条

装饰用纽扣

缝纫针和缝纫线

缝衣针

密度

编织平针，在 10cm×10cm 的范围内织 21 针，28 行。若有必要，可更换针号，以达到需要的密度。

铅笔袋

起 36 针。

编织起伏针（每行都织下针），直至织物长度为 20cm 为止。

收针。

收尾

将织物定型、熨烫。按照铅笔袋织片的尺寸裁剪内衬布，四边外加 1.5cm 缝份。将内衬布正面相对对折，顶部缝上拉链。用缝纫机或者手工缝合两侧边，烫平缝份。

将织片反面相对对折，缝合两侧边，装入内衬袋，拉链位于顶部中央。用毛线将拉链两端的顶部开口缝合起来。

用和毛线相同颜色的缝纫线将拉链缝在织物上，确保针脚不外露。缝上纽扣作为装饰。

纸杯蛋糕形针插

这款纸杯蛋糕形作品织起来非常简单，不需要用 4 根棒针编织，也不需要额外造型，织一片即成。

尺寸
最宽处 8cm，连同樱桃算起 9cm 高

材料工具
线：羊驼和美丽诺羊毛混纺 DK 线，如 Rooster 羊驼美丽诺 DK 线
每色 1 团，每团 50g，大概 112.5m，白色（A），淡粉色（B），米色（C）
羊驼和美丽诺羊毛混纺阿兰线，如 Rooster 羊驼美丽诺阿兰线
1 团，每团 50g，大概 94m，红色（D）
针：美国 3 号（直径 3.25mm）针
美国 5 号（直径 3.75mm）针
其他：玩具填充物
缝衣针

密度
编织平针，在 10cm × 10cm 的范围内织 21 针，28 行。若有必要，可更换针号，以达到需要的密度。

缩略语解释
K1B——正面行以下针方式扭 1 针。

针插
用美国 3 号（直径 3.25mm）针和 A 色线起 7 针。
第 1 行：每针都以下针方式加 1 针。（共 14 针）
第 2、4 行：编织上针。
第 3 行：[1 针下针，下一针以下针方式加 1 针] 重复编织，直至结束。（共 21 针）
第 5 行：[2 针下针，下一针以下针方式加 1 针] 重复编织，直至结束。（共 28 针）
以上针行开始，编织 3 行平针。
第 9 行：[3 针下针，下一针以下针方式加 1 针] 重复编织，直至结束。（共 35 针）
第 10 行：编织上针。
第 11、12 行：编织下针。
换成美国 5 号（直径 3.75mm）针。
编织侧面。第 1 行：[下一针织 K1B，1 针上针] 重复编织，直至还剩 1 针，1 针下针。
第 2 行：1 针下针，[1 针下针，1 针上针] 重复编织，直至还剩 2 针，2 针下针。
再重复编织以上 2 行 3 次。
第 9 行：1 针下针，1 针上针，* 下一针织 1 针放 3 针 [1 针下针，1 针上针，1 针下针]，1 针上针，1 针下针，1 针上针；从 * 重复编织，直至还剩 1 针，1 针下针。（共 51 针）
从第 2 行开始，再重复编织第 2 行和第 1 行 3 次，以反面行结束。
第 16 行：编织 1 行下针。
换成 C 色线。
第 17、18 行：以下针行开始，编织平针。
换成 B 色线。
第 19~22 行：编织平针。
顶部减针。
第 23 行：[2 针下针，左下 2 针并 1 针] 重复编织，直至还剩 3 针，3 针下针。（剩 39 针）
第 24~26 行：以上针行开始，编织平针。
第 27 行：[1 针下针，左下 2 针并 1 针] 重复编织，直至结束。（剩 26 针）
第 28 行：编织上针。
第 29 行：[左下 2 针并 1 针] 重复编织，直至结束。（剩 13 针）
第 30 行：[左上 2 针并 1 针] 重复编织，直至还剩 1 针，1 针上针。（剩 7 针）
断线，将线穿入剩余针目中，拉紧并系牢。

樱桃
用美国 3 号（直径 3.25mm）针和 D 色线起 4 针。
第 1 行：编织上针。
第 2 行：每针都以下针方式加 1 针。（共 8 针）
第 3~7 行：以上针行开始，编织平针。
第 8 行：[左下 2 针并 1 针] 重复编织，直至结束。（剩 4 针）
断线，将线穿入剩余针目中，拉紧并系牢。

收尾
将织物正面朝外，缝合侧面，留一个空隙装填充物，装好后缝合空隙。装填充物到樱桃中，并缝合空隙。将樱桃缝在蛋糕顶部。

儿童小背包

这款儿童小背包干净整洁，引人注目。包口带有束口绳，前面还有个小口袋，可以装一些小东西，非常方便。

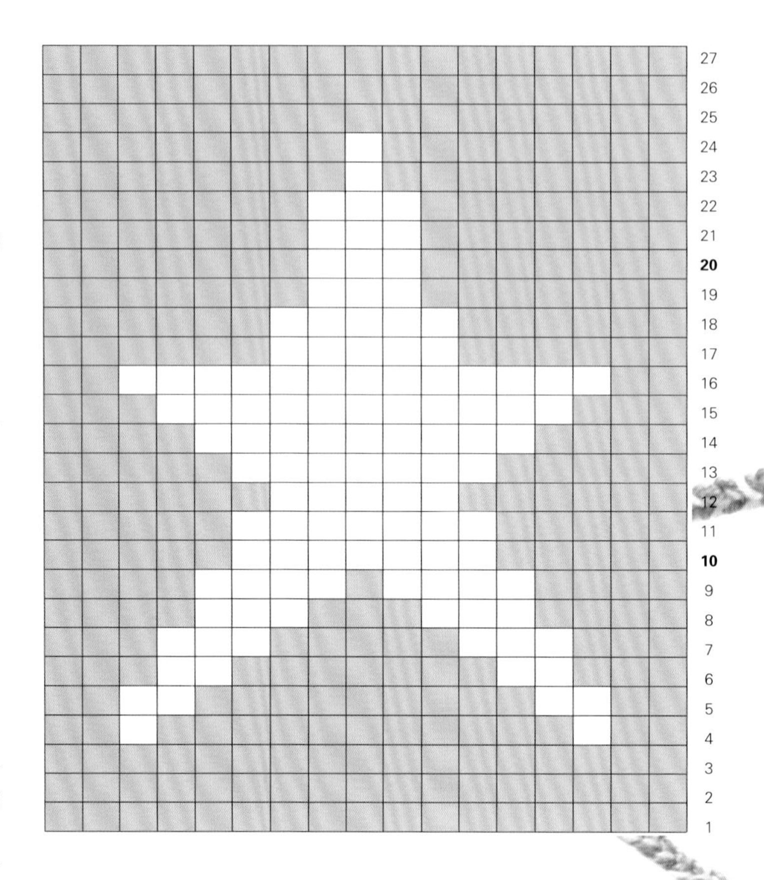

尺寸
23cm 宽 ×27cm 深

材料工具
线：精纺美丽诺阿兰线，如 Debbie Bliss Rialto 阿兰线
2 团，每团 50g，大概 160m，浅蓝色（A）
1 团，每团 50g，大概 80m，本白色（B）
针：美国 8 号（直径 5mm）针
其他：缝衣针

密度
编织平针，在 10cm×10cm 的范围内织 18 针，24 行。若有必要，可更换针号，以达到需要的密度。

背包（1 片编织而成）
用 A 色线起 42 针。
第 1 行：编织下针。
第 2 行：编织下针。
换成 B 色线。
第 3 行：编织下针。
第 4 行：编织下针。
换成 A 色线。
孔眼行：**1 针下针，* 平收 2 针，3 针下针；从 * 重复编织，直至还剩 2 针，2 针下针。
下一行：3 针下针，* 起 2 针，4 针下针；从 * 重复编织，直至还剩 1 针，1 针下针。**
换成 B 色线。
编织 2 行下针。
换成 A 色线。
以下针行开始，编织 116 行平针。
换成 B 色线。
编织 2 行下针。
换成 A 色线。
孔眼行：按照之前的孔眼行从 ** 开始编织至 **。
换成 B 色线。
编织 2 行下针。
收针。

口袋
用 A 色线起 17 针。
按照编织图解编织 27 行平针。
收针。

收尾
将织片反面相对对折，缝合两侧边。用 B 色线，以锁边缝缝上口袋。

束口绳（织 2 条）
A、B 两色线各剪 6 条 212cm 长的线，每两色线 1 对，共 6 对，每 3 对线编 1 条辫子。一端打结，编完后另一端打结。第 2 条的制作方法相同。
将束口绳一端在背包（里面）的底部角落固定好，留一段线圈，另一端穿孔眼一圈后穿出，要留一段长线。第 2 条束口绳的穿法相同。

连指手套

用漂亮超柔的毛线编织的这款连指手套，戴起来很舒服，小环饰边和扇贝形饰边更凸显它的雅致。这款手套特别容易编织，只要织一个长方形织块，两侧边再加上饰边即可。

尺寸
适合一般尺寸的手

材料工具
线：精纺羊驼和真丝混纺阿兰线，如 Debbie Bliss 丝羊驼阿兰线
2 团，每团 50g，大概 130m，绿色（A）
1 团，每团 50g，大概 65m，深粉色（B）
针：美国 8 号（直径 5mm）针
其他：4 颗复古纽扣
缝衣针

密度
编织平针，在 10cm×10cm 的范围内织 18 针，24 行。若有必要，可更换针号，以达到需要的密度。

缩略语解释
K1B——正面行以下针方式扭 1 针。
P1B——反面行以上针方式扭 1 针。

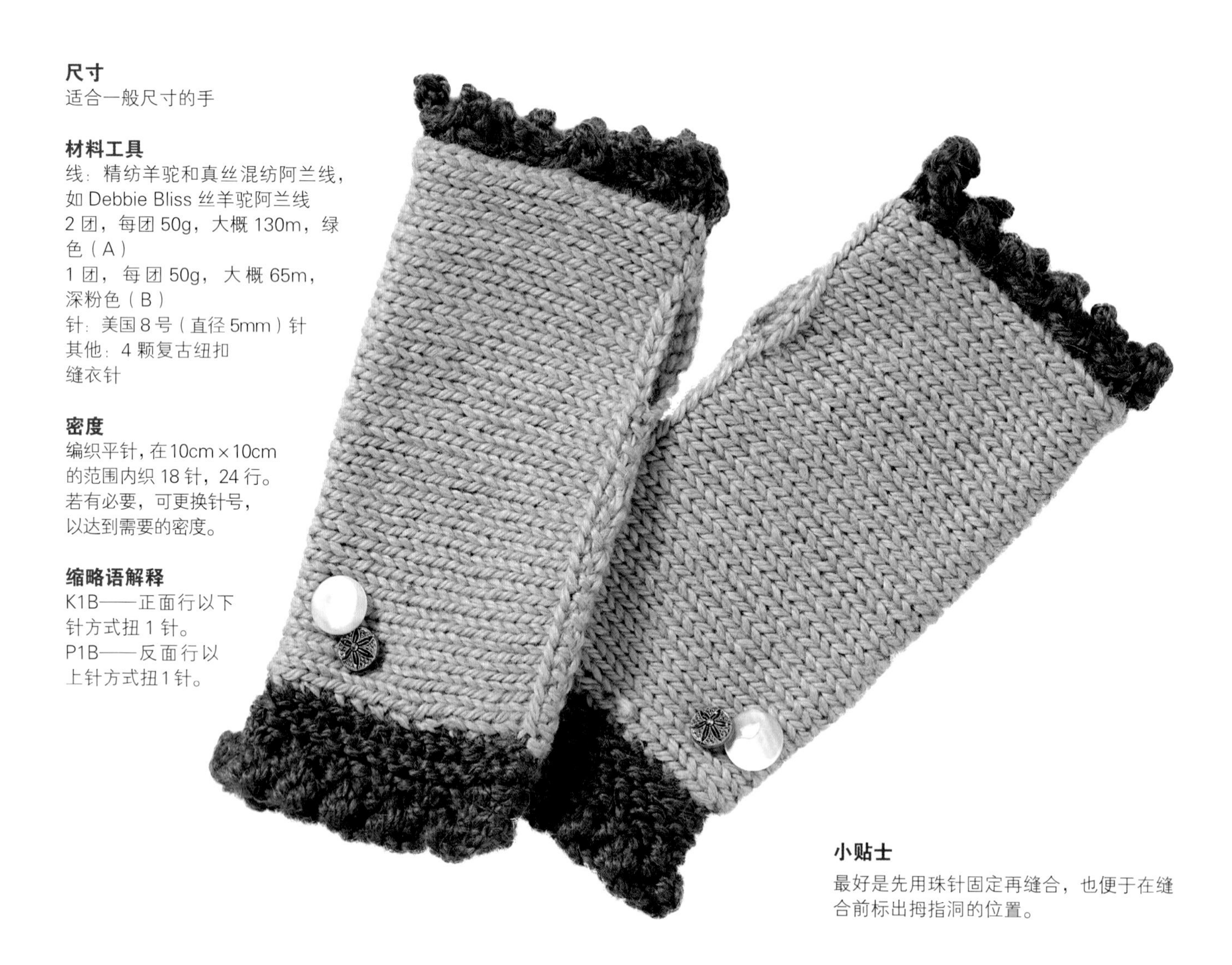

小贴士
最好是先用珠针固定再缝合，也便于在缝合前标出拇指洞的位置。

手套
用 A 色线起 30 针。
编织平针，直至织物长度为 20cm，或者能包住手（针迹横向包在手上）为止。
收针。

小环饰边（手指末端）
将织物正面朝外，用 B 色线，在织物一侧（针迹为横向方向）挑 24 针，并织下针。
下一行：编织上针。
下一行：1 针下针，将针目从右边棒针移到左边棒针。* 起 2 针，平收 4 针，将针目从右边棒针移到左边棒针；从 * 重复编织，直至结束。

扇贝形饰边（手腕处）
用 B 色线起 62 针。
第 1 行：1 针下针，绕线加 1 针，*5 针下针，将 2、3、4、5 针依次套过第 1 针，并放掉，绕线加 1 针；从 * 重复编织，直至还剩 1 针，1 针下针。
第 2 行：1 针上针，*1 针上针，绕线加 1 针，P1B，1 针上针；从 * 重复编织，直至还剩 1 针，1 针上针。
第 3 行：2 针下针，K1B，*3 针下针，K1B；从 * 重复编织，直至还剩 1 针，1 针下针。
编织 3 行起伏针（每行都织下针）。收针。

收尾
将织物正面朝向编织者，将扇贝形饰边缝在小环饰边的另一端。将手套织片正面相对横向对折缝合，在离小环饰边较近一侧留出一个孔，拇指可以穿出来。翻回正面。在每只手套的手腕处缝上 2 颗复古纽扣。

男士连指手套

这款条纹手套，不仅青少年喜欢，也很受成年人欢迎。这款手套单独织出拇指，手腕处用罗纹针编织，防止手套从手腕处滑落。

尺寸
小号（大号）

材料工具
线：一副手套用1团50g的羊毛线
精纺美丽诺DK线，如Debbie Bliss Rialto DK线
3/4团，每团50g，大概79m，黑色（A）
1/4团，每团50g，大概27m，深红色（B）
针：美国4号（直径3.5mm）针
美国6号（直径4mm）针
其他：缝衣针

密度
编织平针，在10cm×10cm的范围内织22针，30行。若有必要，可更换针号，以达到需要的密度。

左手
用美国4号（直径3.5mm）针和A色线起34（36）针。
编织14行单罗纹针（1针下针，1针上针）。
换成美国6号（直径4mm）针和B色线，以下针行开始，编织6（8）行平针。
编织拇指三角形（请参照成品图颜色换线编织）。第1行：15（16）针下针，接下来的2针各加1针，17（18）针下针。
第2行：编织上针。
第3行：15（16）针下针，加1针，2针下针，加1针，17（18）针下针。
再重复编织第2、3行3次，每次重复时，在加针前多织2针下针。〔共44（46）针〕
编织7行平针。
编织拇指（请参照成品图颜色换线编织）。下一行：27（28）针下针，翻面，加1针，11针上针，翻面，加1针，12针下针。（共14针）
** 这14针编织3（5）行平针。
接下来编织4（5）行单罗纹针。
按单罗纹针收针。

和手套主体连接（请参照成品图颜色换线编织）
将织物正面朝向编织者，右边棒针在拇指底部挑1针并织下针。在拇指另一侧挑1针并织下针（接上拇指）。编织下针直至结束。
下一行：所有针目织上针。〔共34（36）针〕
继续编织7（9）行平针。
接下来编织5（6）行单罗纹针。
按单罗纹针收针。

右手
按照左手的步骤编织，直至编织到拇指三角形处。
编织拇指三角形（请参照成品图颜色换线编织）。第1行：17（18）针下针，接下来的2针各加1针，15（16）针下针。
第2行：编织上针。
第3行：17（18）针下针，加1针，2针下针，加1针，15（16）针下针。
再重复编织第2、3行3次，每次重复时，在加针前多织2针下针。〔共44（46）针〕
编织7行平针。
编织拇指（请参照成品图颜色换线编织）。下一行：29（30）针下针，翻面，加1针，11针上针，翻面，加1针，12针下针。（共14针）
按照左手编织步骤从**开始编织，直至结束。

收尾
将手套织片正面相对对折后缝合。藏线头。翻回正面。

儿童绒球帽

这款有趣的儿童帽用非常简单的针法编织而成。只需织一整片，无须额外造型，一到两个晚上就能织成，非常迅速。

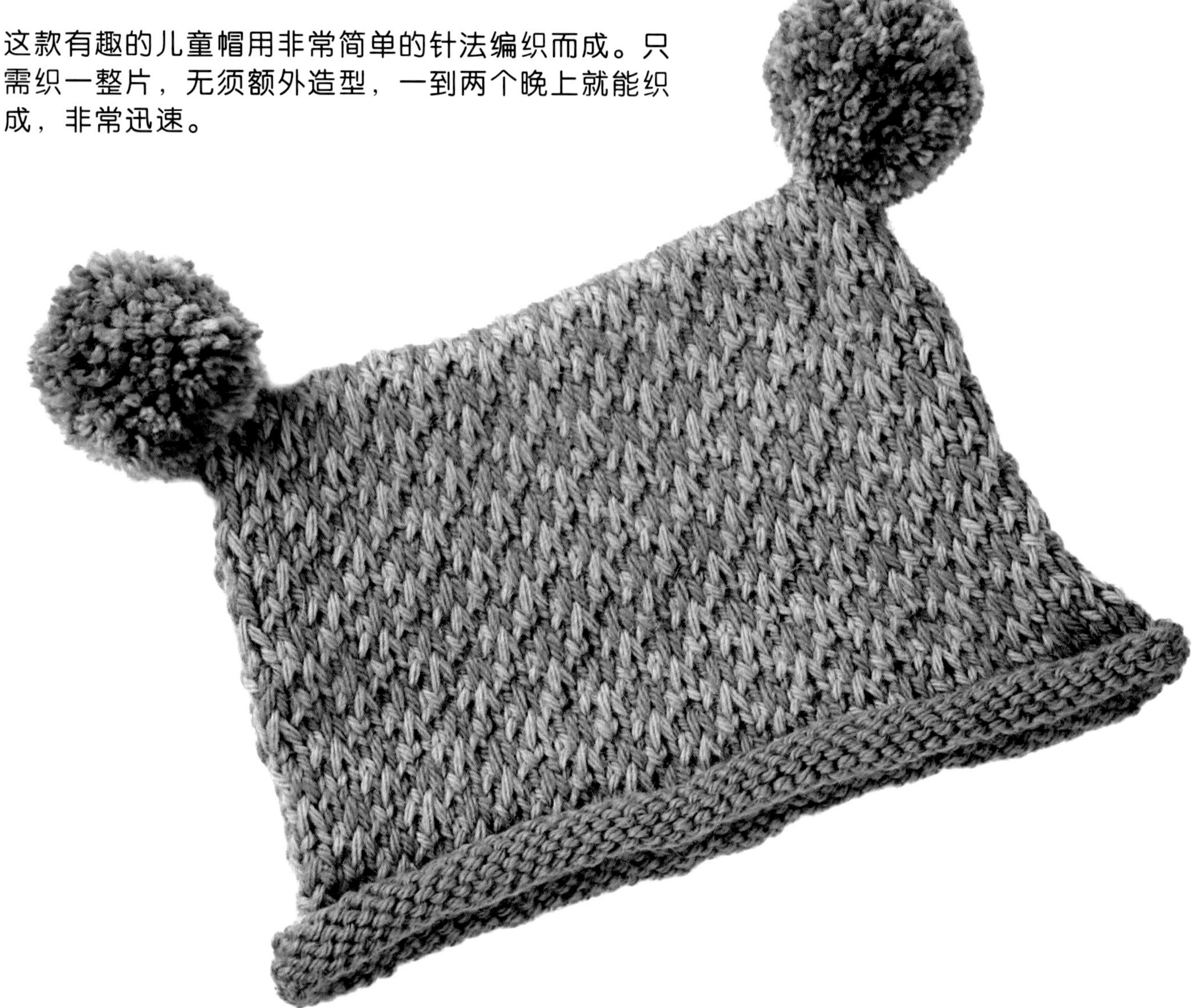

尺寸
22.5cm 宽 ×15cm 深

材料工具
线：精纺羊驼和美丽诺羊毛混纺阿兰线，如 Rooster 羊驼美丽诺阿兰线
每色 1 团，每团 50g，大概 94m，绿色（A），蓝绿色（B）
针：美国 8 号（直径 5mm）针
其他：缝衣针

密度
用美国 8 号（直径 5mm）针编织平针，在 10cm×10cm 的范围内织 22 针，17 行。若有必要，可更换针号，以达到需要的密度。

帽子
用 B 色线起 45 针。
编织 7 行平针。
将织物反面朝向编织者，开始编织花样。
第 1 行：用 A 色线编织 1 针下针，编织上针直至还剩 1 针，1 针下针。
第 2 行：用 B 色线编织 1 针下针，滑 1 针，*1 针下针，滑 3 针；从 * 重复编织，直至还剩 3 针，1 针下针，滑 1 针，1 针下针。
第 3 行：用 B 色线编织 1 针下针，*3 针上针，滑 1 针；从 * 重复编织，直至还剩 4 针，3 针上针，1 针下针。
第 4 行：用 A 色线编织 2 针下针，* 滑 1 针，3 针下针；从 * 重复编织，直至还剩 3 针，滑 1 针，2 针下针。
第 5 行：用 A 色线编织上针直至还剩 1 针，1 针下针。
第 6 行：用 B 色线编织 1 针下针，* 滑 3 针，1 针下针；从 * 重复编织，直至结束。
第 7 行：用 B 色线编织 1 针下针，1 针上针，* 滑 1 针，3 针上针；从 * 重复编织，直至还剩 3 针，滑 1 针，1 针上针，1 针下针。
第 8 行：用 A 色线编织 4 针下针，* 滑 1 针，3 针下针；从 * 重复编织，直至还剩 1 针，1 针下针。
这 8 行为 1 个花样，重复编织这 8 行，直至织物长度为 30cm 为止，以第 8 行的织法结束。
换成 B 色线，以上针行开始，编织 8 行平针。
尽量松地收针。

收尾
将帽子织片正面相对对折，两侧边用 B 色线缝合。翻回正面，按照第 172 页制作绒球的方法 2 制作 2 个小绒球，并缝在帽子顶部的两个角上。

小贴士
如果要改变尺寸，需要量好头围尺寸，为了与花样契合，起针的针数为 4 的倍数加 1 针。每厘米大概有 2 针。从前额（戴帽子的位置）往后脑勺量，量得个人的头围尺寸。

小绒球化妆包

这款化妆包用色彩丰富的绒球装饰，非常可爱。里面配有内衬布，即使装了化妆品，也不怕化妆包变形。绒球还可以消耗废线，非常方便。

尺寸

大概 19cm 宽 ×13cm 深

材料工具

线：精纺羊驼和美丽诺羊毛混纺阿兰线，如 Rooster 羊驼美丽诺阿兰线
1 团，每团 50g，大概 94m，黄色（A）
废线，大概 1m，各种深浅不一的粉色和紫色（B）
针：美国 8 号（直径 5mm）针
其他：内衬布 25cm×30cm
15cm 长的拉链 1 条
缝纫针和缝纫线
缝衣针

密度

用美国 8 号（直径 5mm）针编织平针，在 10cm×10cm 的范围内织 19 针，23 行。若有必要，可更换针号，以达到需要的密度。

化妆包

用 A 色线起 40 针。
编织 70 行平针，或者编织平针至长度为 25cm 为止。用 B 色线编织绒球，按照编织图解定位绒球。
收针。

绒球

用其他颜色的线编织绒球，下一针织 1 针放 5 针 [1 针下针，1 针上针，1 针下针，1 针上针，1 针下针]，翻面，5 针上针，翻面，5 针下针，翻面，左上 2 针并 1 针，1 针上针，左上 2 针并 1 针，翻面，右下 3 针并 1 针。
断线。

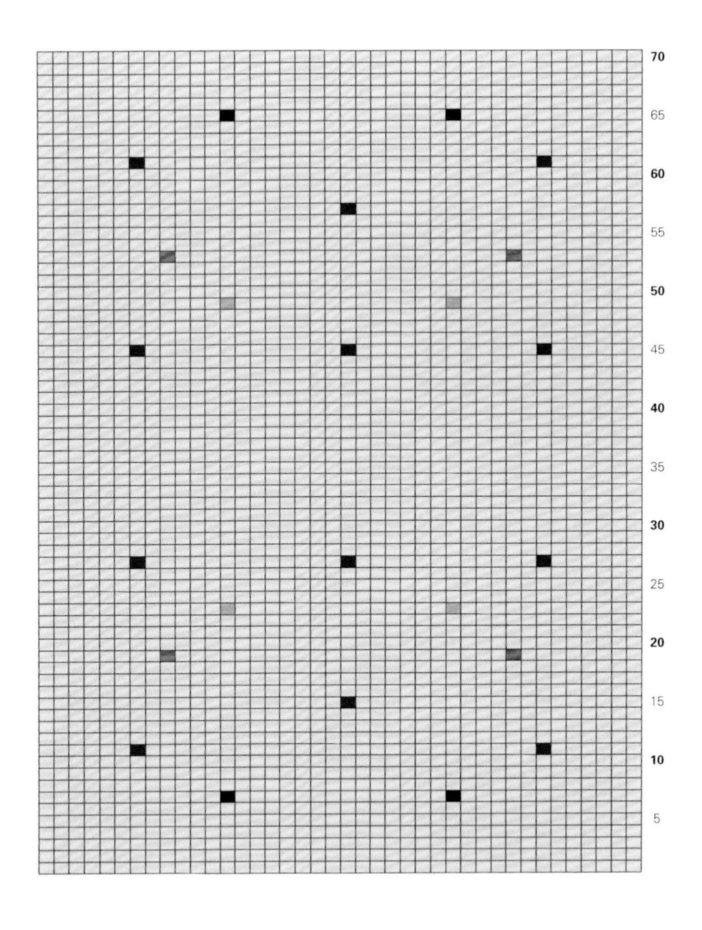

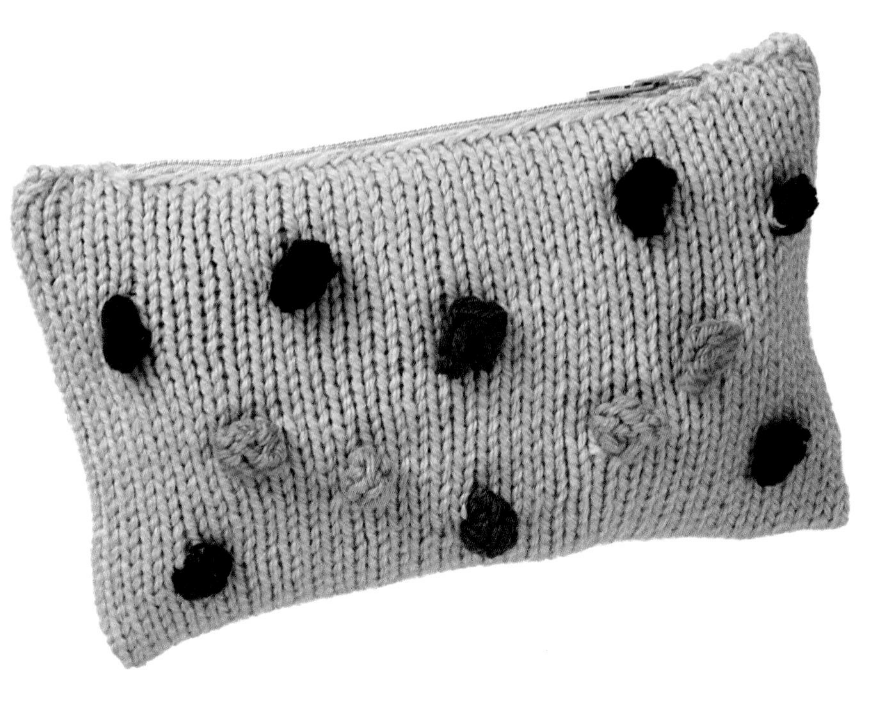

收尾

定型，熨烫。按照化妆包织片的尺寸，裁剪内衬布，内衬布四边外加 1.5cm 缝份。将内衬布正面相对对折，顶部缝上拉链。用缝纫机或者手工缝合两侧边，烫平缝份。
将织片反面相对对折，缝合两侧边，装入内衬袋，拉链位于顶部中央。用毛线将拉链两端的顶部开口缝合起来。
用和毛线相同颜色的缝纫线，将拉链缝在织物上，确保针脚不外露。

针包

这款针包的织片采用了简单的、极富立体感的钻石花样，针包内部缝有插针的毛毡，还装饰有绣花拼布，其拼布花朵是从一条复古手绢上剪下来的，非常适合作为一件漂亮的小礼物。用你现有的东西——纽扣、刺绣、拼布，做个性化装饰吧，或者干脆什么也不装饰。

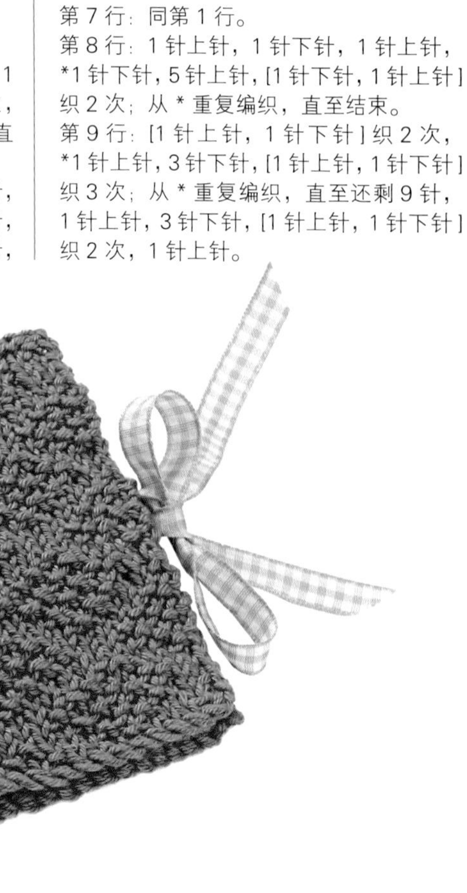

尺寸
大概 10cm × 10.5cm

材料工具
线：精纺纯棉 DK 线，如 Rowan 格蕾丝棉线
1 团，每团 50g，大概 115m，亮粉色
针：美国 3 号（直径 3.25mm）针
其他：浅粉色毛毡 10cm × 22.5cm
白色毛毡 7.5cm × 19cm
1cm 宽、50cm 长的绿色格子缎带
缝纫针和缝纫线
缝衣针

密度
用美国 8 号（直径 5mm）针编织平针，在 10cm × 10cm 的范围内织 23 针，32 行。若有必要，可更换针号，以达到需要的密度。

针包
起 43 针。
第 1 行（正面）：1 针上针，1 针下针，1 针上针，*[3 针下针，1 针上针] 织 2 次，1 针下针，1 针上针；从 * 重复编织，直至结束。
第 2 行：1 针上针，1 针下针，*3 针上针，1 针下针，1 针上针，1 针下针，3 针上针，1 针下针；从 * 重复编织，直至还剩 1 针，1 针上针。
第 3 行：4 针下针，*[1 针上针，1 针下针] 织 2 次，1 针上针，5 针下针；从 * 重复编织，直至还剩 9 针，[1 针上针，1 针下针] 织 2 次，1 针上针，4 针下针。
第 4 行：3 针上针，*[1 针下针，1 针上针] 织 3 次，1 针下针，3 针上针；从 * 重复编织，直至结束。
第 5 行：同第 3 行。
第 6 行：同第 2 行。
第 7 行：同第 1 行。
第 8 行：1 针上针，1 针下针，1 针上针，*1 针下针，5 针上针，[1 针下针，1 针上针] 织 2 次；从 * 重复编织，直至结束。
第 9 行：[1 针上针，1 针下针] 织 2 次，*1 针上针，3 针下针，[1 针上针，1 针下针] 织 3 次；从 * 重复编织，直至还剩 9 针，1 针上针，3 针下针，[1 针上针，1 针下针] 织 2 次，1 针上针。
第 10 行：同第 8 行。
这 10 行为 1 个花样，重复编织这 10 行，直至织物长度为 10cm 为止。
收针。

收尾
藏线头。定型，并在反面压平。

内层
按照针包织片的尺寸，裁剪 1 片浅粉色毛毡，尺寸大概 9cm × 20cm，稍比织片小点儿，正好放在织物反面的中间。用珠针固定，然后用手工缝合固定在织片上。
用锯齿剪刀裁剪 1 片白色毛毡，尺寸大概 7cm × 17cm，用珠针固定在浅粉色毛毡的中间（不用缝）。将内层毛毡面相对对折针包。用珠针固定。用缝纫机或者用手工以回针缝缝在距对折处 1.5cm 处进行缝合。
将缎带对折剪成两段。将一段缎带的端头反折 0.5cm 之后固定在针包内层一侧的中央部位。另一侧也以相同方法缝上缎带。
浅粉色毛毡上用拼布、绣花进行装饰，或者从一条复古手绢中剪下带绣花的布来做装饰。

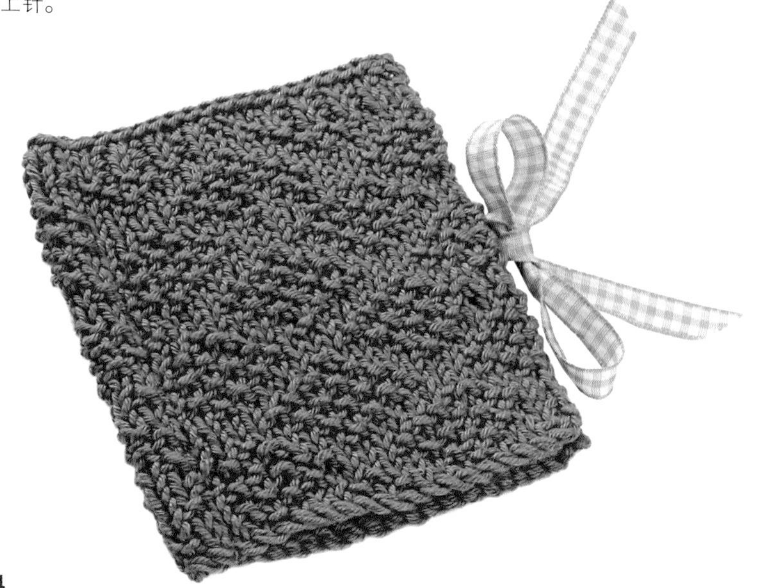

心形手机套

这款手机套小巧可爱，能防止你的手机受到刮擦，是情人节不错的礼物。

尺寸
5.5cm 宽 ×9cm 深

材料工具
线：精纺纯羊驼 DK 线，如 Drops 经典羊驼 DK 线
1 团，每团 50g，大概 90m，白色（A）
精纺纯羊毛 DK 线，如 Rowan 纯羊毛 DK 线
1 团，每团 50g，大概 125m，深粉色（B）
针：美国 6 号（直径 4mm）针
其他：1 颗小纽扣
缝衣针

密度
编织平针，在 10cm×10cm 的范围内织 21 针，28 行。
若有必要，可更换针号，
以达到需要的密度。

手机套（织 2 片）
用 A 色线起 13 针。
第 1、2 行：编织下针。
换成 B 色线。
第 3 行：编织下针。
第 4 行：编织上针。
换成 A 色线。
以下针行开始，编织 6 行平针。
下一行（正面）：按照编织图解编织 14 行，用 B 色线编织花样。
用 A 色线继续编织 6 行平针。
换成 B 色线。
织 2 行下针。
收针。

扣襻
用 A 色线，在手机套其中一片的顶部（起针行）中间挑 5 针。
织 2 行下针。
下一行：2 针下针，平收 1 针，2 针下针。
下一行：2 针下针，起 1 针，2 针下针。
再织 2 行下针。
收针。

收尾
将 2 片织物反面相对对齐，缝合两侧边和底边。在与扣襻上的扣眼相对应的顶部中央位置缝上纽扣。

犬牙花样手机套

这款手机套更具男子气质。

尺寸
5.5cm 宽 ×9cm 深

材料工具
线：精纺羊驼 DK 线，如英国羊驼超细 DK 线
1 团，每团 50g，大概 132m，白色（A）
精纺羊驼 DK 线，如 Artesano Inca Mist 线
1 团，每团 50g，大概 100m，深蓝色（B）
针：美国 6 号（直径 4mm）针
其他：1 颗小纽扣
缝衣针

密度
编织平针，在 10cm×10cm 的范围内织 21 针，28 行。若有必要，可更换针号，以达到需要的密度。

手机套（织 2 片）
用 A 色线起 12 针。
第 1、2 行：编织下针。
第 3 行：用 A 色线织 1 针下针，* 用 B 色线织 1 针下针，用 A 色线织 3 针下针；从 * 重复编织，直至还剩 3 针，用 B 色线织 1 针下针，用 A 色线织 2 针下针。
第 4 行：* 用 B 色线织 3 针上针，用 A 色线织 1 针上针；从 * 重复编织，直至结束。
第 5 行：* 用 B 色线织 3 针下针，用 A 色线织 1 针下针；从 * 重复编织，直至结束。
第 6 行：用 A 色线织 1 针上针，* 用 B 色线织 1 针上针，用 A 色线织 3 针上针；从 * 重复编织，直至还剩 3 针，用 B 色线织 1 针上针，用 A 色线织 2 针上针。
第 3~6 行为 1 个花样，重复编织第 3~6 行，直至织物长度为 7.5cm 为止。
用 A 色线织 2 行下针。

扣襻
用 A 色线，在手机套其中一片的顶部（起针行）中间挑 5 针。
织 2 行下针。
下一行：2 针下针，平收 1 针，2 针下针。
下一行：2 针下针，起 1 针，2 针下针。
再织 2 行下针。
收针。

收尾
将 2 片织物反面相对对齐，缝合两侧边和底边。在与扣襻上的扣眼相对应的顶部中央位置缝上纽扣。

粗毛线手提包

这款漂亮的手提包用超粗羊毛线编织而成，正前方的提花花样织起来非常简单。包身因加了内衬而更加结实。

尺寸
大概 23cm 宽 ×25cm 深

材料工具
线：纯羊毛粗线，如 Rowan 粗羊毛线
2 团，每团 100g，大概 160m，炭黑色（A）
每色 1 团，每团 100g，大概 80m，深粉色（B），绿色（C）
针：美国 11 号（直径 8mm）针
其他：内衬布 30cm×60cm
缝纫针和缝纫线
缝衣针
1 颗大号纽扣
1 组按扣

密度
编织平针，在 10cm×10cm 的范围内织 8 针，11 行。若有必要，可更换针号，以达到需要的密度。

包身（织 2 片）
用 A 色线起 31 针。
第 1~13 行：编织平针。
第 14 行：以上针行开始，按照编织图解编织 9 行平针。
第 23~35 行：用 A 色线编织平针，直至织物长度为 22cm 为止。
第 36~41 行：编织起伏针（每行都织下针）。
用 B 色线收针。正面朝外。

手提带 （织 2 条）
用 A 色线起 4 针。
编织起伏针，直至手提带长度为 40cm 为止。
收针。

收尾
将 2 片包身织片正面相对对齐，缝合两侧边和底边，再翻回正面。在包身正前方上部中央缝上大号纽扣。

包身加内衬和手提带
按照包身织片的尺寸裁剪内衬布，两侧边外加 1.5cm 缝份，顶边和底边外加 2.5cm 缝份。将内衬布正面相对对折，用缝纫机缝合两侧边，剪小并烫压缝份。开口边缘（顶边和底边重合处）往下折烫 2.5cm 定型。将此内衬袋塞入缝合好的包身中，用珠针沿包口将二者适当固定。手工缝几针将内衬袋的两底角固定在包身上，防止内衬袋往上冒。
从两侧边沿包口往内 6cm 位置用珠针定位。将手提带端头依此位置插入包身织片和内衬袋之间，插进去 4cm 左右，用珠针固定。手工缝合包口一圈，缝到手提带位置时要把手提带一并缝合固定。缝好后在包口中央内侧缝上按扣。

蕾丝花样护腿套

柔和的颜色以及蕾丝花样让这款护腿套复古范十足，但款式又更显高雅。

尺寸

40cm 长，腿部周长 34cm

材料工具

线：精纺纯美丽诺羊毛 DK 线，如 Rooster 宝宝线

4 团，每团 50g，大概 500m，浅绿色

针：美国 3 号（直径 3.25mm）针

其他：缝衣针

密度

编织平针，在 10cm × 10cm 的范围内织 24 针，34 行。若有必要，可更换针号，以达到需要的密度。

护腿套（织 2 片）

起 82 针。

第 1 行：2 针上针，[2 针下针，2 针上针] 重复编织，直至结束。

第 2 行：2 针下针，[2 针上针，2 针下针] 重复编织，直至结束。

再重复编织以上 2 行 3 次，在第 8 行中间加 1 针。（共 83 针）

第 9 行（正面）：36 针下针，2 针上针，左下 2 针并 1 针，[1 针下针，绕线加 1 针] 织 2 次，1 针下针，右下 2 针并 1 针，2 针上针，36 针下针。

第 10 行和接下来的偶数行：36 针上针，2 针下针，7 针上针，2 针下针，36 针上针。

第 11 行：36 针下针，2 针上针，左下 2 针并 1 针，绕线加 1 针，3 针下针，绕线加 1 针，右下 2 针并 1 针，2 针上针，36 针下针。

第 13 行：36 针下针，2 针上针，1 针下针，绕线加 1 针，右下 2 针并 1 针，1 针下针，左下 2 针并 1 针，绕线加 1 针，1 针下针，2 针上针，36 针下针。

第 15 行：36 针下针，2 针上针，2 针下针，绕线加 1 针，右下 3 针并 1 针，绕线加 1 针，2 针下针，2 针上针，36 针下针。

第 16 行：同第 10 行。

第 9~16 行为 1 个花样，再重复编织第 9~16 行 13 次，然后再重复编织第 9~15 行 1 次。

下一行：36 针上针，2 针下针，3 针上针，左上 2 针并 1 针，2 针上针，2 针下针，36 针上针。（共 82 针）

编织 8 行双罗纹针。

收针。

收尾

将织片正面相对对折后缝合，缝好后再翻回正面即可。

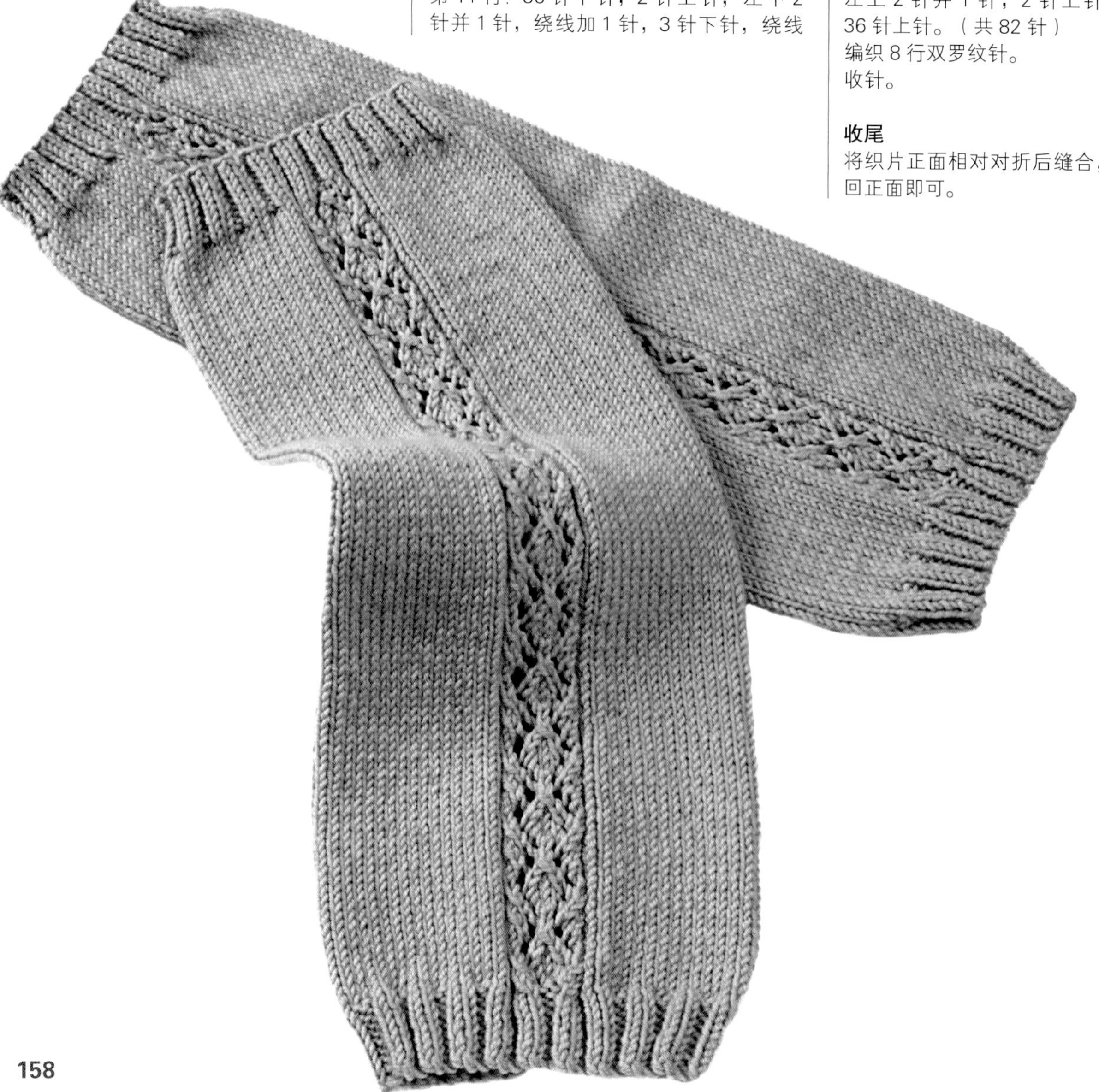

毛毡手袋

这是一种非常简单的毛毡制作方法——将织好后的织物扔进洗衣机中洗涤就产生毡化的效果。这款毛毡手袋很容易编织，针法简单，能表现出羊毛漂亮的颜色，非常高雅。

尺寸
毡化前每片尺寸：29cm 宽 ×22cm 深
毡化前手提带：6.5cm 宽 ×44cm 长
毡化后手袋：25cm 宽 ×17.5cm 深
毡化后手提带：5cm 宽 ×40cm 长

材料工具
线：纯羊毛线，能自然呈现出花样，如 Noro Kureyon 蜡笔线
1 团，每团 50g，大概 100m，混合色线
针：美国 7 号（直径 4.5mm）针
其他：内衬布 30cm×45cm
缝纫针和缝纫线
缝衣针
1 组大号按扣

密度
编织平针，毡化前在 10cm×10cm 的范围内织 15 针，20 行。若有必要，可更换针号，以达到需要的密度。

袋身（织 2 片）
用 2 股线，起 42 针。
编织平针，直至织片长度为 29cm 为止。
收针。

手提带（织 2 条）
起 11 针。
编织平针，直至手提带长度为 44cm 为止。
以下针行收针。

花朵
起 60 针。
第 1 行：编织下针。
第 2 行：*1 针下针，左下 2 针并 1 针；从 * 重复编织，直至结束。（剩 40 针）
第 3、5 行：编织上针。
第 4 行：[左下 2 针并 1 针] 重复编织，直至结束。（剩 20 针）
第 6 行：[左下 2 针并 1 针] 重复编织，直至结束。（剩 10 针）
第 7 行：编织上针。
断线，将线穿入剩余针目中，拉紧系牢。

毡化
在毡化前藏好线头。在洗衣机中用热水洗 2 遍，然后自然晾干。完全干透后压平。

收尾
将 2 片袋身织片正面相对对齐，缝合两侧边和底边，再翻回正面。将花朵缝在袋身正前方上部中央。

袋身加内衬和手提带
按照袋身织片的尺寸裁剪内衬布，两侧边外加 1.5cm 缝份，顶边和底边外加 2.5cm 缝份。将内衬布正面相对对折，用缝纫机缝合两侧边，剪小并烫压缝份。开口边缘（顶边和底边重合处）往下折烫 2.5cm 定型。将此内衬袋塞入缝合好的袋身中，用珠针沿袋口将二者适当固定。手工缝几针将内衬袋的两底角固定在袋身上，防止内衬袋往上冒。

从两侧边沿袋口往内 5cm 位置用珠针定位。将手提带端头依此位置插入袋身织片和内衬袋之间，插进去 4cm 左右，用珠针固定。手工缝合袋口一圈，缝到手提带位置时要把手提带一并缝合固定。缝好后在袋口中央内侧缝上大号按扣。

蝴蝶结

这款蝴蝶结可以作为包包或帽子的配饰，也可以用来装饰礼物，非常可爱。采用单罗纹针编织，非常容易。

尺寸
上部大概宽 15cm，到末端 19.5cm 长

材料工具
线：精纺 DK 线，如 Rooster 羊驼美丽诺 DK 线
1 团，每团 50g，大概 112.5m，亮粉色
针：美国 6 号（直径 4mm）针
其他：缝衣针

密度
用美国 8 号（直径 5mm）针编织平针，在 10cm×10cm 的范围内织 21 针，28 行。若有必要，可更换针号，以达到需要的密度。

蝴蝶结主体（织 2 片）
起 22 针。
织 14cm 长单罗纹针（1 针下针，1 针上针）。
收针。

尾叶（织 2 片）
起 2 针。
第 1 行：第 1 针加 1 针，继续编织单罗纹针直至结束。
第 2 行：编织单罗纹针直至结束。
重复编织以上 2 行，直至织到 22 针。
继续编织单罗纹针，直至长度为 14cm 为止。
收针。

蝴蝶结系带
起 16 针，编织单罗纹针，直至长度为 7.5cm 为止。
收针。

收尾
分别将蝴蝶结主体的起针边和收针边向中间折合。用缝衣针将起针边和收针边两两相对的针目一一缝起来。
将尾叶上端打褶，并将打褶部位中央和蝴蝶结主体缝起来。
将蝴蝶结系带缠在蝴蝶结主体中间并缝合成一个结。

绞花围脖

这款小围脖可以塞在大衣里面。用柔软奢华的羊驼和真丝混纺线编织而成，贴身非常舒服。

尺寸

22.5cm 深 ×54cm 周长

材料工具

线：精纺羊驼和真丝混纺阿兰线，如 Debbie Bliss 丝羊驼阿兰线
4 团，每团 50g，大概 260m，灰色
针：美国 8 号（直径 5mm）针
其他：麻花针
缝衣针

密度

用美国 8 号（直径 5mm）针编织，在 10cm×10cm 的范围内织 18 针，24 行。若有必要，可更换针号，以达到需要的密度。

缩略语解释

C8B——将接下来的 4 针滑到麻花针上，并将麻花针放在织片的后面，从左边棒针上将接着的 4 针织下针，然后将麻花针上的 4 针织下针。

围脖

起 158 针。
第 1 行：2 针下针，[2 针上针，2 针下针] 重复编织，直至结束。
第 2 行：2 针上针，[2 针下针，2 针上针] 重复编织，直至结束。
再重复编织第 1、2 行 1 次，再重复编织第 1 行 1 次。
第 6 行：6 针双罗纹针，[从两针之间的线圈中挑起 1 针并织扭针加针，2 针双罗纹针，从两针之间的线圈中挑起 1 针并织扭针加针，10 针双罗纹针] 重复编织，直至还剩 8 针。从两针之间的线圈中挑起 1 针并织扭针加针，2 针双罗纹针，从两针之间的线圈中挑起 1 针并织扭针加针，6 针双罗纹针。（共 184 针）
开始编织绞花花样。第 7 行：4 针上针，[8 针下针，6 针上针] 重复编织，直至还剩 12 针，8 针下针，4 针上针。
第 8 行：4 针下针，[8 针上针，6 针下针] 重复编织，直至还剩 12 针，8 针上针，4 针下针。
第 9、10 行：同第 1、2 行。
第 11 行：4 针上针，[C8B，6 针上针] 重复编织，直至还剩 12 针，C8B，4 针上针。
第 12 行：同第 2 行。
第 13~16 行：重复编织第 1、2 行 2 次。
第 7~16 行为 1 个花样，再重复编织这 10 行 3 次，然后再重复编织第 7~15 行 1 次。
下一行：4 针下针，[1 针上针，左上 2 针并 1 针，2 针上针，左上 2 针并 1 针，1 针上针，6 针下针] 重复编织，直至还剩 12 针，1 针上针，左上 2 针并 1 针，2 针上针，左上 2 针并 1 针，1 针上针，4 针下针。（剩 158 针）
再重复编织第 1、2 行 3 次。
按罗纹针收针。

收尾

将织片正面相对对折后缝合，缝好后再翻回正面即可。

心形毛毡装饰

几年前，我买了一捆毛毡片，打算用来做点什么，却闲置了好几年。好多人看到毛毡片就光想买，这启发了我创作这件作品的灵感。

尺寸
花环：除系绳外，大概 129cm 长
每个心形：大概 13cm × 13.5cm

材料工具
线：精纺羊驼和美丽诺羊毛混纺阿兰线，如 Rooster 羊驼美丽诺阿兰线
每色 1 团，每团 50g，大概 94m，米色，亮粉色，白色，深紫色，蓝绿色，黄色，淡粉色，红色
针：美国 8 号（直径 5mm）针
其他：2m 长的缎带
心形模板，大概 13cm × 13cm
缝衣针

密度
用美国 8 号（直径 5mm）针编织，在 10cm × 10cm 的范围内织 19 针，23 行。若有必要，可更换针号，以达到需要的密度。

小贴士
要用纯羊毛线，羊毛腈纶混纺线不能毡化。这款设计成品用 8 种颜色编织条纹。如果你只用一种颜色编织，或者用较少颜色编织，4 团（每团 50g）Rooster 羊驼美丽诺阿兰线或其他类似的线可至少织 15 片大心形。毡化后，织片会缩水三分之一。

织片（织 15 片）
用一种颜色的线起 48 针。
编织 4 行平针。
换颜色。
编织 2 行平针。
换颜色。
编织 1 行平针。
换颜色。
编织 3 行平针。
换颜色。
按照这种顺序编织另外 4 种颜色。
继续按照这种步骤编织，直至织片长度为 2m 为止。或者随机换颜色编织。
收针。

毡化
将织物扔进洗衣机，用热水洗涤，冷水漂洗。自然晾干后压平。

收尾
按照心形模板将织片剪成一个个心形。将剪好的心形织物摞起来，用缎带或者羊毛线捆扎；或者在每个心形后面缝上短的缎带，把它们连成一串，头尾两端各加上 30cm 长的缎带作为系绳，就可制成一个漂亮的挂饰。

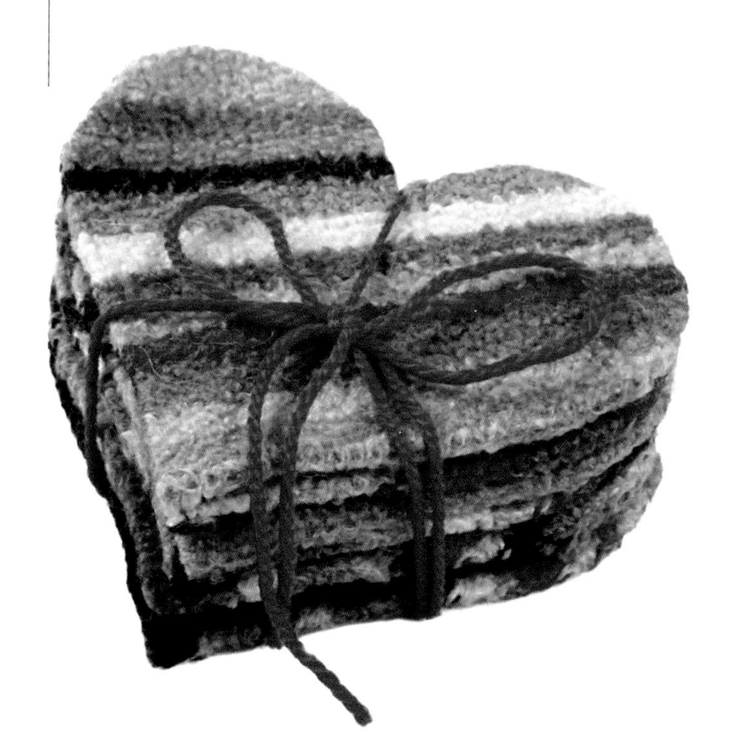

第三部分

技法

这本书中使用了许多基础技法。如果对这些技法不熟悉，可以参考这部分内容。编织过程中总会碰到新的技法需要学习。如果对尝试新技法没有信心，可以请教一个有经验的编织者示范——没有比这更好的方法了。

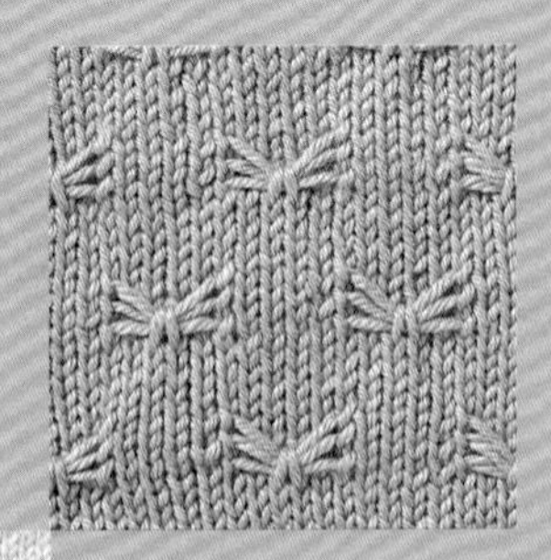

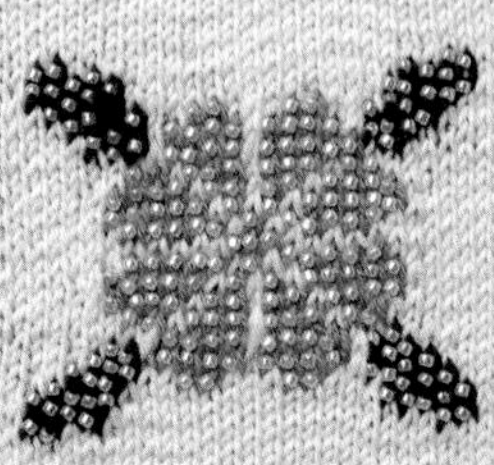

基础技法

第一部分阐述了棒针基础针法，然后是稍微高级的技法。不同的缝合方法也收录其中。
其他一些技法包括绣花、制作绒球和制作流苏等，是书中某些设计作品所需要运用的。

持针线方法

虽然持针线没有什么正确或者错误的方法，但是按照下面的指导说明持针线，有助于取得正确的密度，编织时也更舒适。多年来，随着棒针的变化，我持针线的方式也跟着改变了。祖母教我将棒针夹在腋窝下编织，作为新手，这种方法能让我有效地控制棒针。大多数编织者右手持线，两只手各持一根棒针。如果你是个左撇子，按照下面的说明左右对调即可，可以用一面镜子反着看图示。

持针

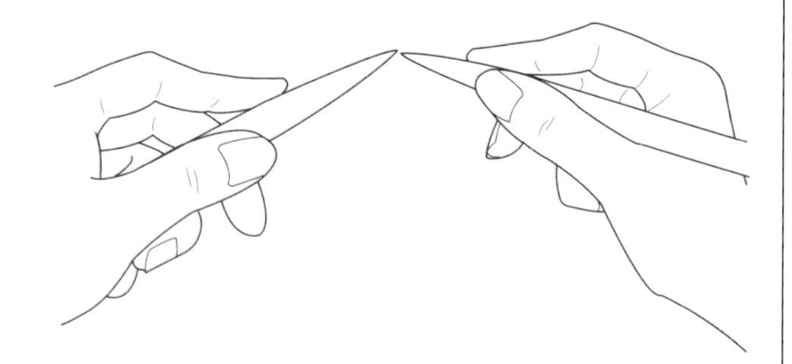

左手持一根棒针，用手指轻轻地在顶部支撑棒针。右手像握钢笔一样持棒针，棒针放在拇指弯曲的部分。在距棒针尖头 2.5cm 处持针。开始编织的时候，右手会移到针尖地方，然后又退回来。

持线

左手持 2 根针，右手持线。抽出一股右边线团的线。右手用小指带线，先将掌心朝向自己。然后翻到手背，将线缠在右手的无名指上、中指下、食指上。

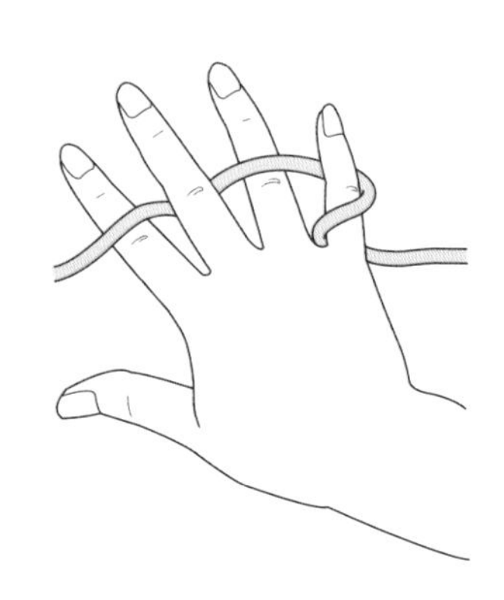

做一个线圈

开始编织前需要做一个线圈，或者叫第 1 针，也叫活结。

1. 从线团抽出至少 20cm 长的线，将线头放在左边，线团放在右边，如右图将线松弛地绕在左手的食指和中指上，并将线的一端从中指和无名指之间穿出。将棒针从后面插入里侧的一股线中，并引拉出来，形成一个线圈。

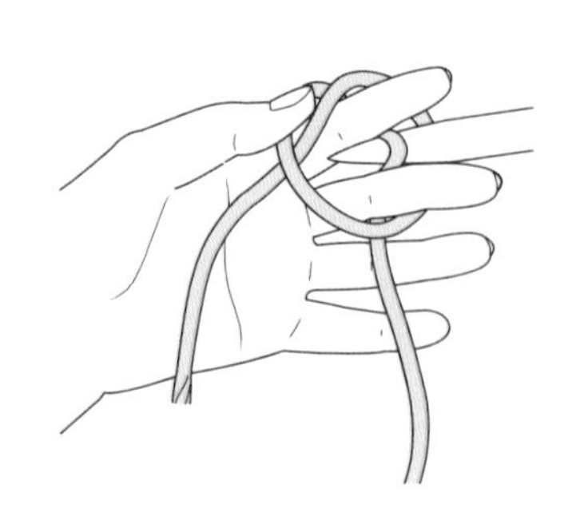

2. 轻轻地将手指滑出线圈，并轻轻地拉左边线的一端，拉紧活结。这个活结要足够牢固地固定在棒针上，但又不能太紧，太紧的话，另一根针穿不进去。

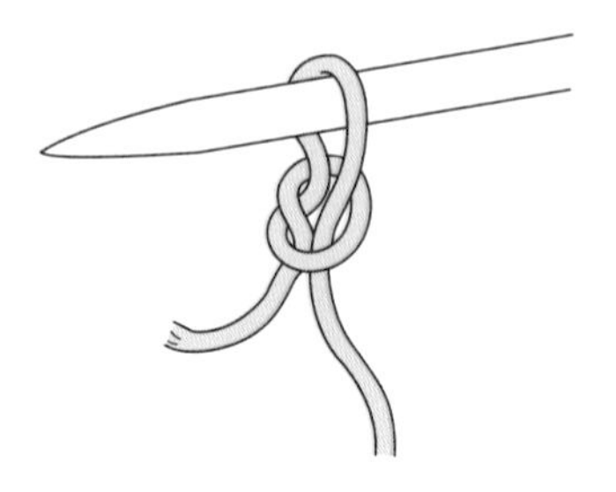

起针

起针有好多种方法。随着经验的增加，你可以尝试更多的起针方法。刚开始的话，就尝试以下几种基础方法吧。

拇指起针法
从打活结开始，留一段起针针数长度的 3~4 倍的线段，将线团放在右边，线段放在左边。右手持针。

1. 用线段在左手拇指上绕一个线圈，右手持线团那端的线。将棒针插入左手拇指上的线圈中。

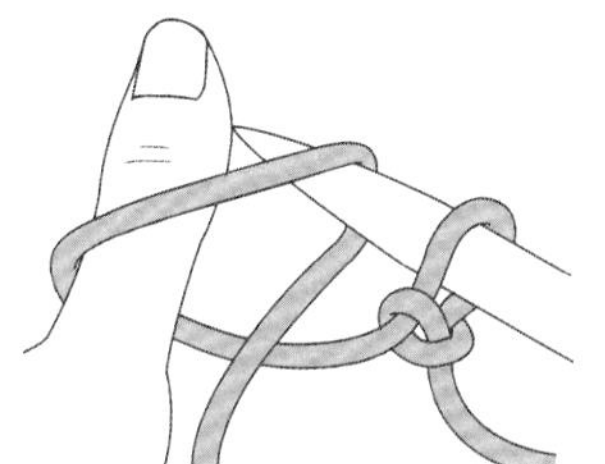

2. 将拇指和棒针之间的线团那端的线拉出来，在棒针上绕圈。

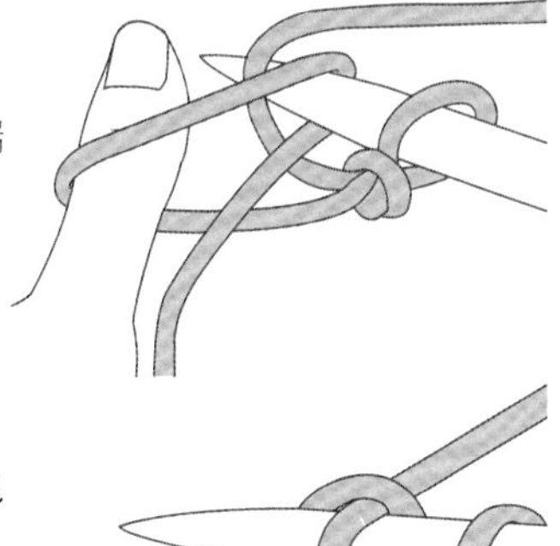

3. 将左手拇指滑出线圈，轻轻地拉线出来，起好 1 针。

加针起针法
这种起针法需要用 2 根棒针。打一个活结。

1. 将右边棒针从前往后插入活结，这样便插入左边棒针的下面。左手支撑两针交叉的位置，右手持线的一端，在右边棒针针尖处从后面绕一圈，绕到前面来。

2. 在两针交叉的位置将右边棒针带 1 针穿出来，但这时的两针交叉是右边棒针在上面，而左边棒针在下面。轻轻把右边棒针穿出来，从而带 1 个线圈出来。

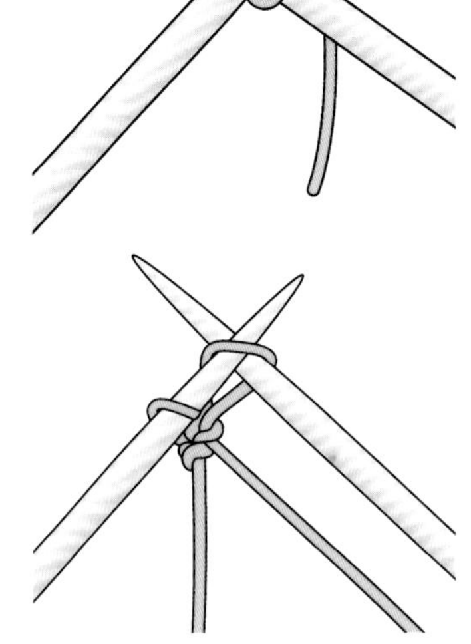

3. 将带出的 1 个线圈从线圈下面的左边棒针针尖穿上去，这个线圈便穿在左边棒针上，形成 1 针。重复以上这些步骤，直至棒针上起好需要的针数。

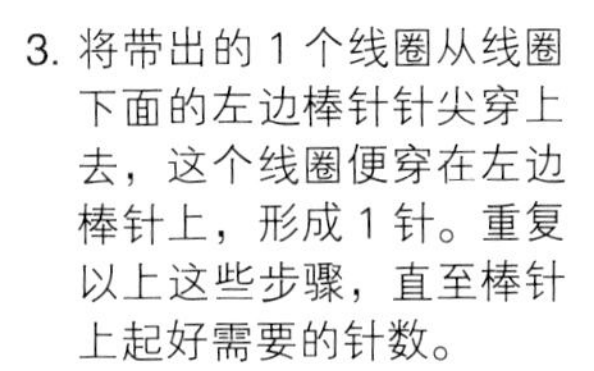

基础针法

所有棒针针法都以上针和下针为基础。一旦掌握这两种针法，你在编织世界就可以随心所欲了。

下针
编织下针时，线在织物的后面。

1. 将右边棒针由前往后插入起针行的第 1 针，这样便穿到了左边棒针的后面（右针在左针下面）。左手支撑住两针交叉的位置，右手持线，在右边棒针针尖向后挂线。

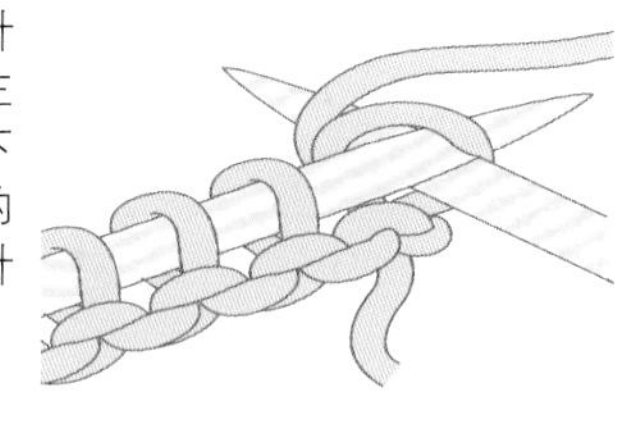

2. 将右边棒针针尖从交叉位置中穿到前面来，从而拉出 1 针。这时的两针交叉中，右边棒针在上面，而左边棒针在下面。

3. 用左手食指将棒针滑过针尖，轻轻地将线圈滑出左边棒针。轻拉右边棒针的 1 针，让其固定好。

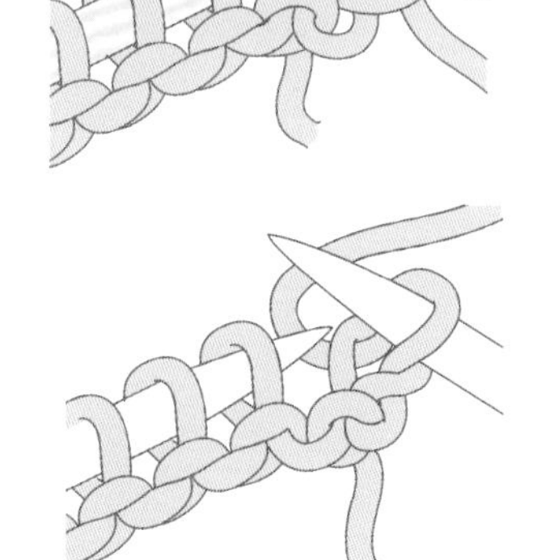

上针

编织上针时，线在织物的前面。

1. 将右边棒针插入第 1 针，即将右边棒针穿入左边棒针的线圈，两针交叉时，右边棒针在上面，左边棒针在下面。左手支撑两针交叉的位置，右手持线，在两针交叉的中间缠绕挂线，绕到右边棒针的前面。

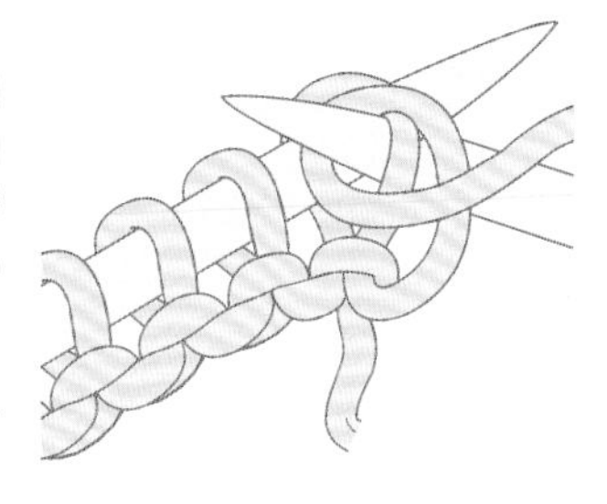

2. 将右边棒针针尖从交叉位置中穿到后面去，从而拉出 1 针。这时的两针交叉中，右边棒针在下面，而左边棒针则在上面。

3. 用左手食指将棒针滑过针尖，轻轻地将线圈滑出左边棒针。轻拉右边棒针的 1 针，让其固定好。

收针

每针织上针或者下针，织边会显得很整齐。要使织边柔软些，试着按照之前织的花样收针。

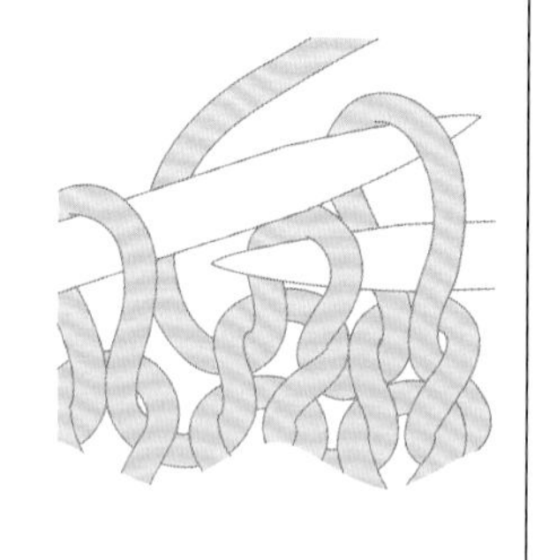

下针行时，线在织物的后面，织 2 针下针。用左边棒针针尖将第 1 针套过第 2 针，并放掉。下一针织下针，按照这种方法继续收针，直至还剩 1 针。

上针行时，线在织物的前面，织 2 针上针，将线绕在织物的后面，用左边棒针针尖将第 1 针套过第 2 针，并放掉。将线绕在织物的前面，下一针织上针，按照这种方法继续收针，直至还剩 1 针。

打结

断线，将线头穿入最后 1 针的线圈，轻拉线，以固定好最后 1 针。

测量密度

密度能测出编织的松紧度。要使编织的花样尺寸和编织图解的相同，密度就要和编织图解推荐的一致，否则你的作品尺寸会和编织图解不同。有些花样，特别是如钱包或者手袋这类小物，并不提供参考密度。如果你织的是一件衣服，密度就特别重要。

按照花样编织图解所示的针数和针号，织一个方块，很容易就能量出编织的密度。编织的方块至少要 15cm × 15cm。

方块织完后，平铺，在 10cm × 10cm 的方块上数针数和行数。用透明尺子量，并数针数和行数。或者用卷尺量，并用珠针固定出 10cm × 10cm 的方块，在珠针范围内数针数和行数。

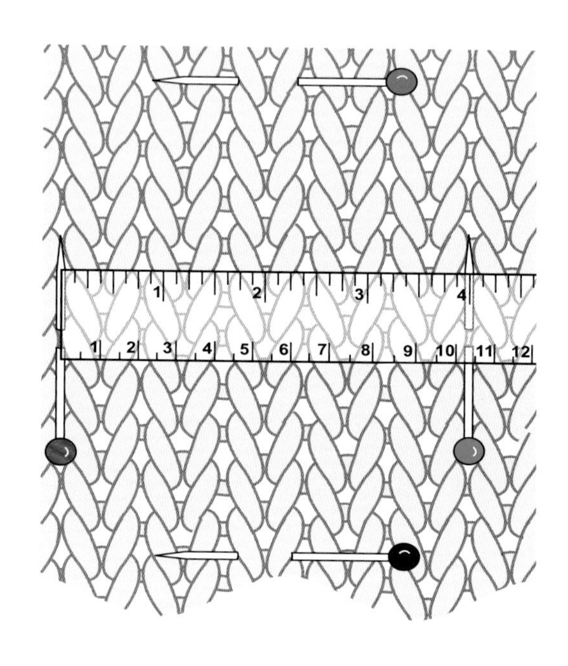

如果针数和行数比编织图解所示的少，你织出的成品会较大。那就换成细一点的针编织，直至获取正确的密度。

如果针数和行数比编织图解所示的多，你织出的成品会较小。那就换成粗一点的针编织，直至获取正确的密度。

加针

以下是两种加针方法。

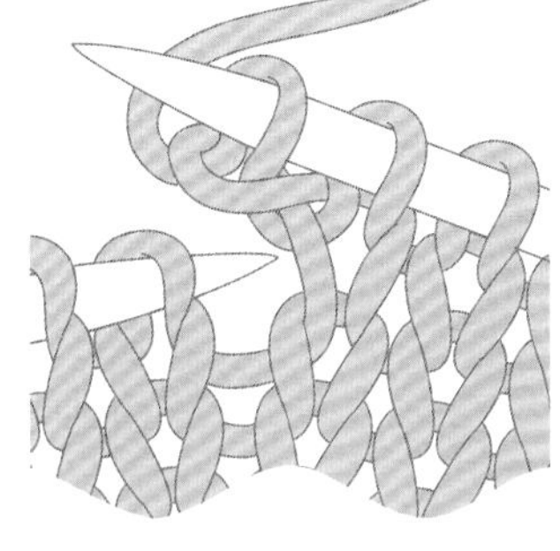

前环和后环各织 1 针下针
开始按照往常方法织下针，但将线圈从左边棒针放掉之前，将右边棒针针尖从左边棒针后面穿入，织这针的后环 1 针下针，这时再将线圈从左边棒针放掉。

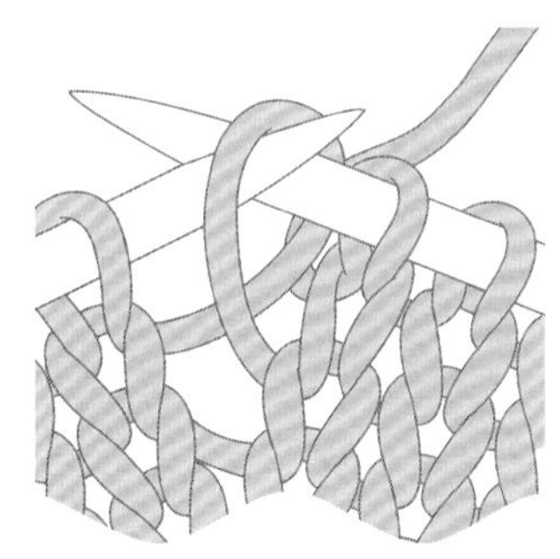

从两针之间的线圈中挑起 1 针并织扭针加针（也叫杆加针）
将右边棒针从前往后穿入水平杆（之前一行的针目与针目之间的一条横线）中，将水平杆挂到左边棒针上，然后从后方穿入棒针织 1 针下针。这样便是从两针之间的线圈中挑起 1 针并织扭针加针。

减针

以下是两种减针方法。

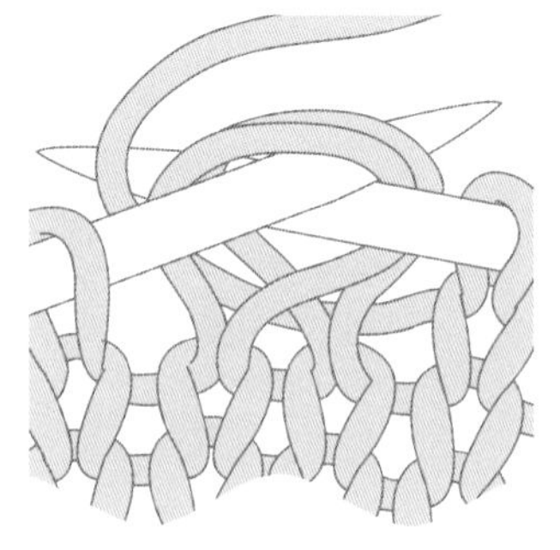

左下 2 针并 1 针
用右边棒针将 2 针并针织下针，并将 2 针线圈从左边棒针放掉。

左上 2 针并 1 针时，基本上和下针方法相同，只是将 2 针并针织上针，并将 2 针线圈从左边棒针放掉。

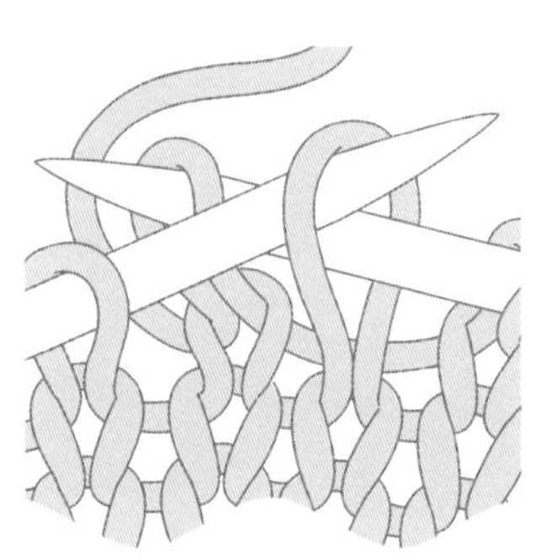

右下 2 针并 1 针
将 1 针从左边棒针滑到右边棒针上，下一针织下针，然后将滑针套到刚织好的那针下针上，将滑针从棒针上放掉。

缝合

一般情况下，最好用和织物相同的线来缝合。但是，如果织物的线特别粗，可以用相同颜色的细线来缝合。用缝衣针缝合——最好是用针尖比较钝的缝衣针缝合，这样线不容易分叉。缝线的长度在 45~60cm，因为过长的缝线容易拧缠。确保缝合时光线充足。如果半夜好不容易织好织片，在光线不充足、眼睛疲劳的情况下缝合不是个好主意。等到早上再缝合吧！缝合方法有很多种，哪种方法会更好，要根据你想要的效果来选择。

藏线头
这个步骤对成品非常关键——如果不正确藏线头，织物会立即散开。
断线时始终留一段 15cm 长的线头。将线头穿入缝衣针中，缝在织物的背面，这样从正面看不出来。粗线要缝 5~7.5cm 长，细线缝 4~5cm 长。最后贴近织物面断线。

接缝拼接
这种缝合方法基本上看不见缝线。始终在正面缝合，非常适合把织片平摊在桌面或者大的平台上缝合。

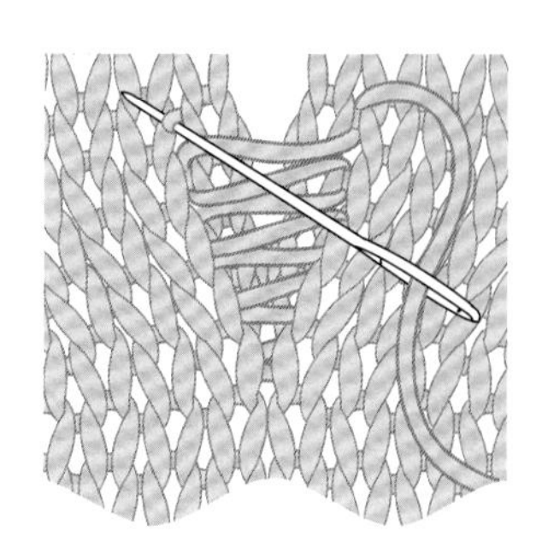

将线连在缝线的一角，将两个底边的针脚做 8 字形连接。将 2 片织物边对边对齐放置，从右边开始，将针从两针之间的横线（即两针之间的水平杆）下面穿出来。将线松弛地穿出来。将针放回左边，插入最开始插入的那针背面，然后将针从两针之间的水平杆下面穿出来。重复这样的步骤来缝合两边，但不能拉得太紧，尽量将线圈放松。缝完几厘米后，轻轻地拉线，将两边的织物拉平。

钉缝拼接
这种技法模拟下针针法，缝合后无接缝，最适合缝合平针织物。

将每行针目放在棒针或防解别针上（不用收针）。按照接缝拼接的方法缝合，如图将 2 片织物一针一针地缝好。

卷缝缝合
这种缝合方法将 2 片织物正面相对放置，是非常基础的缝合方法。虽然可以看到缝线，但是缝合后很平整，不像接缝拼接时会缝得不平。

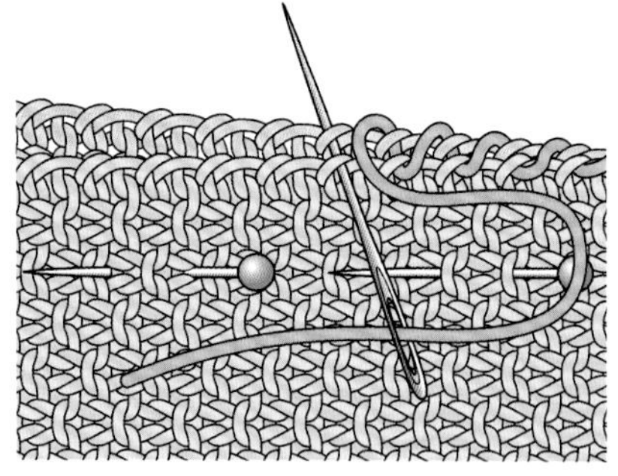

用线将缝边连在一起，如图将针从前面插入后面（也可以将针从后面插入前面），线绕到上面，再将针从前面插入后面，如此重复，将 2 片织物连起来。

回针缝缝合
这种缝合方法是将 2 片织物反面相对放置来缝合。

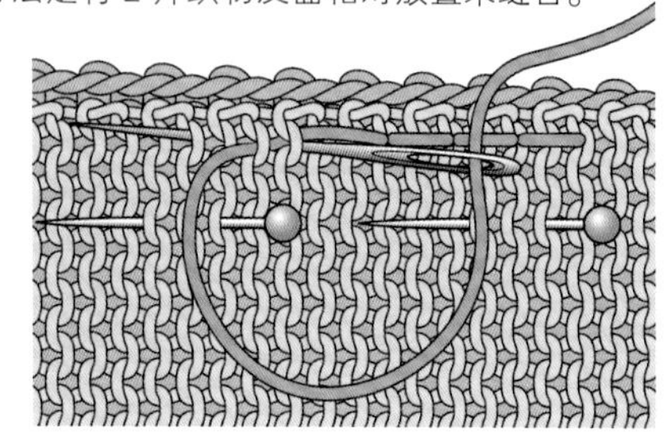

将 2 片织物的花样对好，行对行，针目对针目。用回针缝的方法缝合起来。与另一片相对应的针目对齐，缝到 2 针的中间。尽量往边上缝合，以免缝边不平整。

编织花样

开始编织前，首先要仔细阅读编织图解，查看编织符号所代表的针法，确保理解了编织方法，并了解特殊的编织方法和编织图解。

阅读编织图解
多色编织时，要依据编织图解编织。编织图解并没有看上去的那么难；和编织文字相比，编织图解更容易看得懂。

从编织图解的右下角开始编织。每个方格代表 1 针——如果编织图解太小，看不清，可用复印机放大看。如果编织图解没有标出行数，开始编织前先标上行数。从底部开始织到顶部。在棒针尾部挂上一个记行器，能够帮你识别织到编织图解的哪一行了。织下针行时从右边织到左边；织上针行时，从左边织到右边。我总是在编织图解的右边标上“K”（代表下针），左边标上“P”（代表上针），以免忘记。

嵌花
这种技法用于编织多色图案和花形。不需要渡线——每块颜色用不同长度的线编织，当两种颜色碰到一起时，在织物反面将两色线绞在一起。这样能确保颜色按照编织图解编织的一样，不会出现孔洞。用这种方法编织不但省线，织物也不会分层。

下针行
原色线的最后 1 针下针织好后，在织物后面放掉原色线，拿起新色线，确保新色线绕过原色线，第 1 针下针织新色线，这样连接处就很整齐。

上针行
原色线的最后 1 针上针织好后，放掉原色线，拿起新色线，将新色线绕过原色线，下一针上针织新色线，这样连接处就很整齐。

用绕线板
如果一行要换好几种颜色，用绕线板很方便，能避免不同颜色的线缠在一起。绕线板由塑料或纸板制成，可以在商店购买到。缠少量线的话，一种颜色要一个绕线板。

换色
如果在同一行中换线，两种线可以互绕一起。如果编织条纹，要在一行结束时换色，在一行尾部将原色线放掉，在新的一行开始时织新色线。你可以将原色线断线，留一段 15cm 长的线头供后续缝合。如果在偶数行换色，可以将线绕在一起，放在织物的一边，织的时候再从绕在一起的环中抽出来。

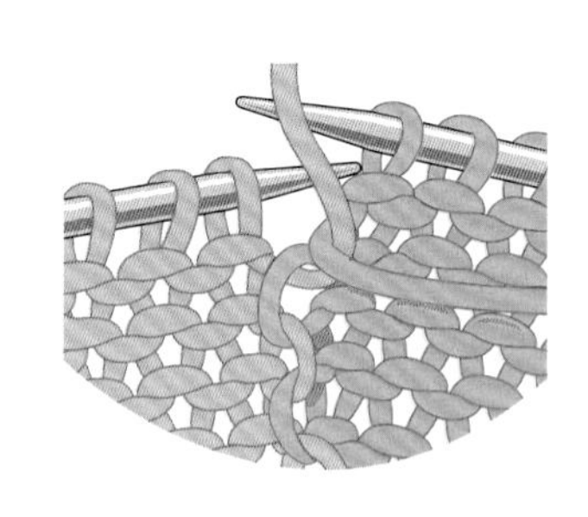

提花
依据一行中，不同颜色之间的针数不同，有两种方法编织提花。如果不同颜色之间有 4 针以内的，则可以用渡线的方法。如果多于 4 针，不织的颜色线要藏在后面。两种技法都会织出两层的效果，织物紧密，也更保暖。

渡线
用这种技法，暂时不织的颜色放在织物后面，不需要和织的颜色互绕一起。渡线在织之前都在织物的反面，织到渡线时，放掉正在织的颜色线，拿起渡线继续按照往常的方法织上针或者下针。用这种方法编织提花，织物后面会有好多线圈。渡线时不能把线圈拉得太紧，否则织物会鼓起来，不平整。这种方法适合两色之间为 4 针以内的情况。

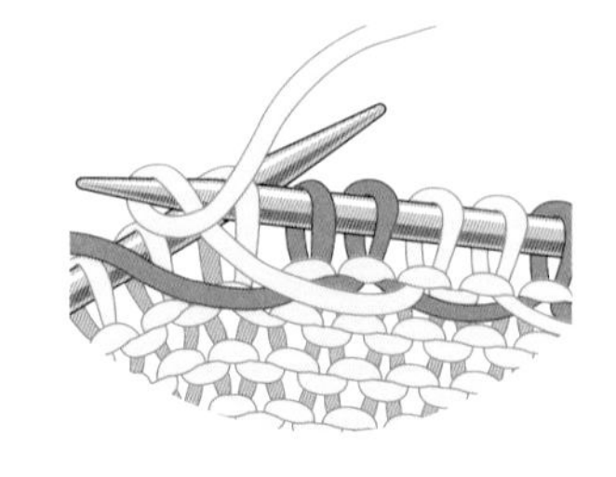

藏线

当颜色变化之间的针数多于4针时，要绞线。编织下针时，将正在织的颜色线和暂时不织的颜色线在织物后面对着绞一下，继续用正在织的颜色线编织，直至织到暂时不织的颜色线为止。

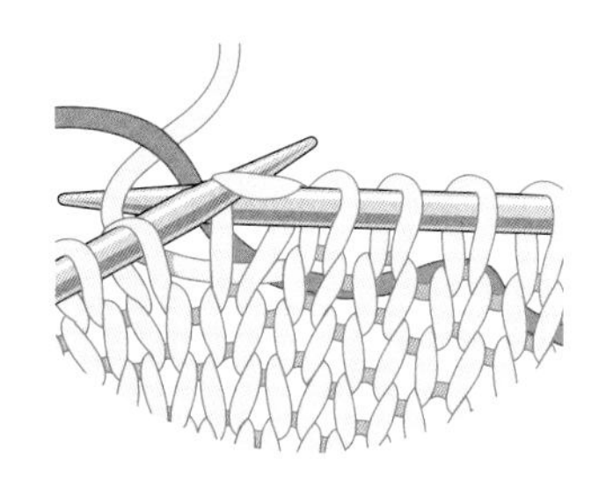

编织上针时，按照编织下针的方式将正在织的颜色线和暂时不织的颜色线对着绞一下，这时在织物的前面绞线。

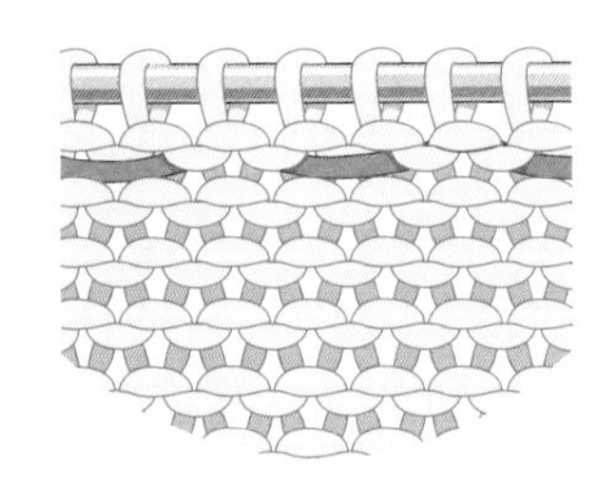

串珠编织

挑选珠子前，检查珠子的孔是否能穿过毛线。开始编织前要将该作品需要的所有珠子都穿在线团上。

串珠

准备缝纫线和缝纫针，将缝纫线做一个线圈，并穿入缝纫针中，不需要将线的尾部完全穿过去。将毛线一端穿过缝纫线的线圈，然后将珠子穿入缝纫针中，并将珠子推到毛线上。继续按照这种方法串珠，直至所有珠子都串在毛线上。

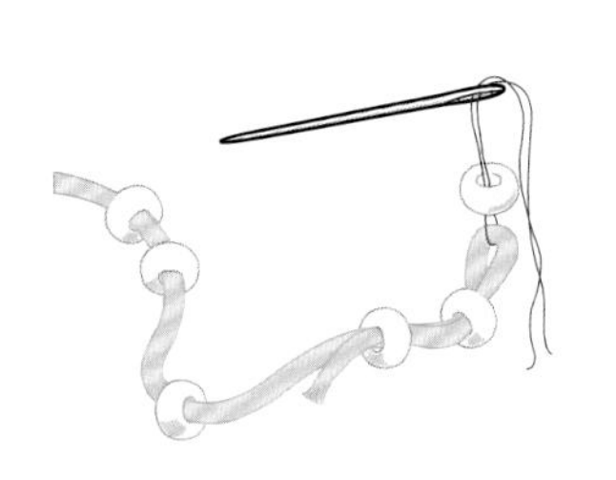

串珠编织

要将珠子织进去，在珠子前一针织下针，将线和珠子放在织片的前面，下一针以上针方式滑1针，将线放在织片的后面，珠子留在织片的前面，继续编织下针。

上针串珠编织也类似：在珠子前一针织上针，将线和珠子放在织片的后面，下一针以下针方式滑1针，将线放在织片的前面，珠子留在织片的后面，继续编织上针。

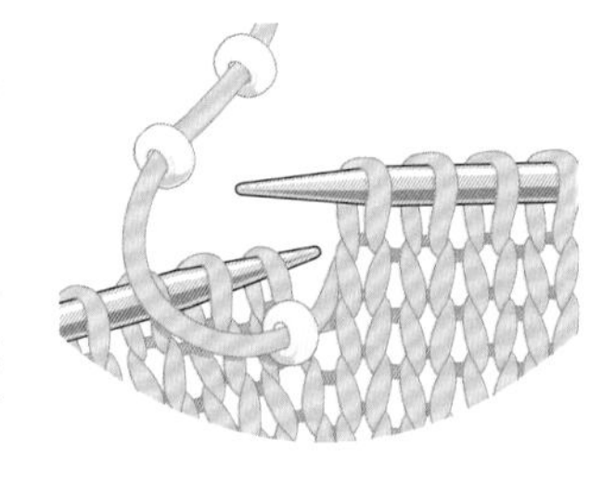

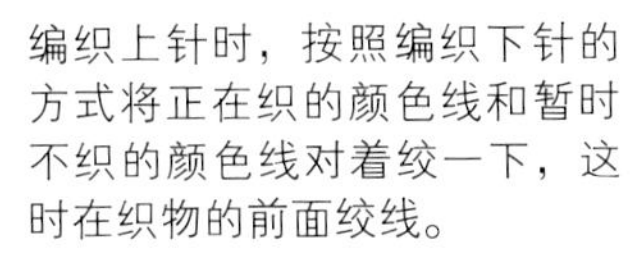

绞花

绞花花样有很多种，编织花样会决定要用哪种方法编织。你要准备一个麻花针，麻花针是两头尖的直针；有些麻花针中间有弯曲，是为了防止针目从麻花针上滑落。

正面绞花

1. 以上针方式滑3针到麻花针上，将麻花针放在织片的前面。将麻花针上的3针放在麻花针的中间位置，防止其滑落。

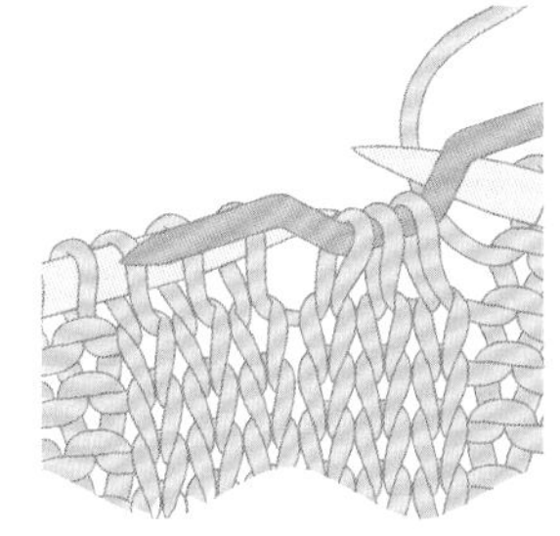

2. 拉紧线，左边棒针上接下来的3针织下针。

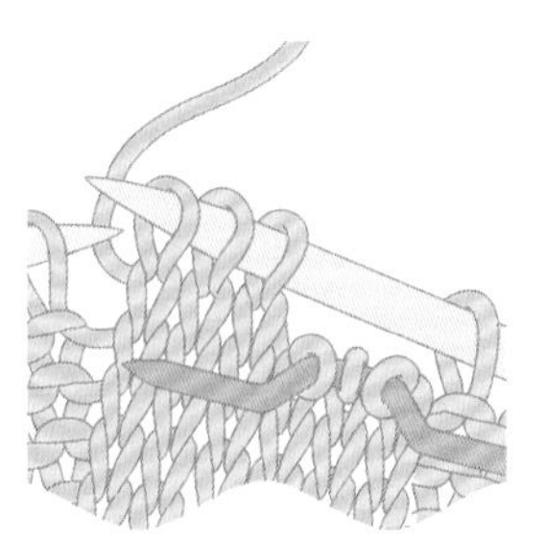

3. 麻花针上的3针织下针，然后继续按照花样编织。

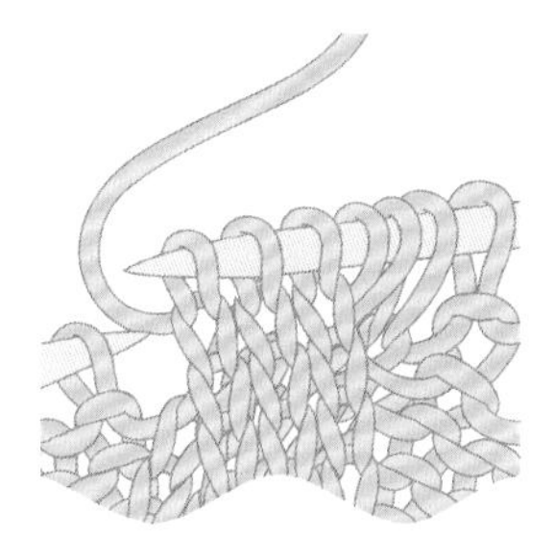

反面绞花

1. 以上针方式滑3针到麻花针上，将麻花针放在织片的后面。将麻花针上的3针放在麻花针的中间位置，防止其滑落。

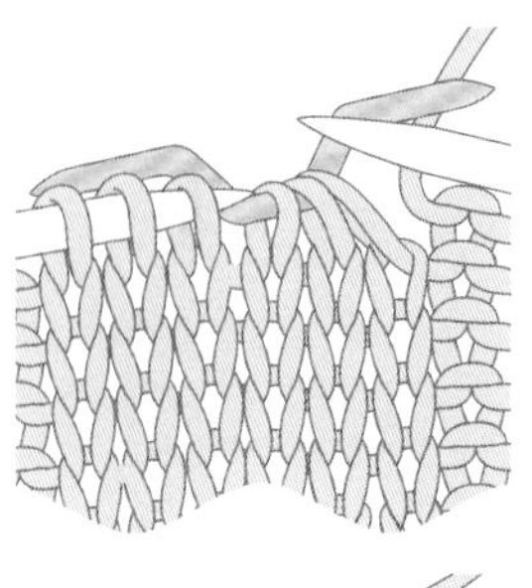

2. 拉紧线，左边棒针上接下来的3针织下针。

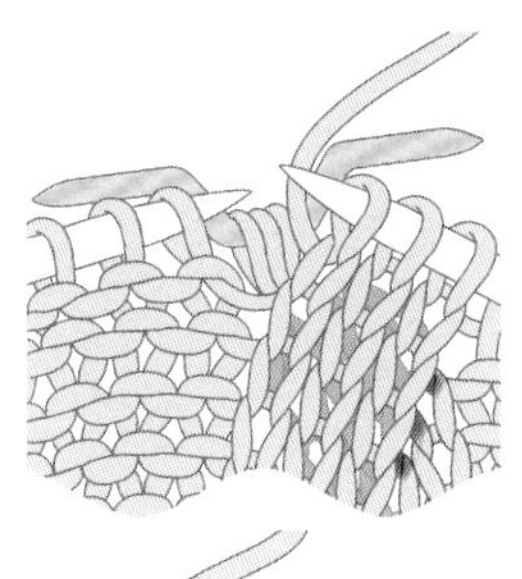

3. 麻花针上的3针织下针，然后继续按照花样编织。

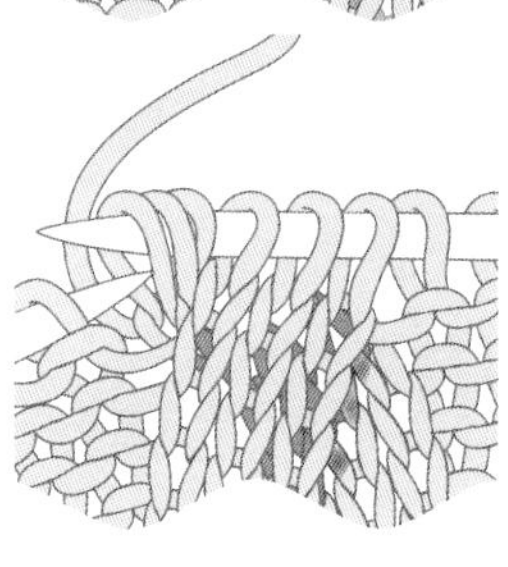

其他技法

这些不是编织技法，但本书的一些设计作品用到了这些技法。

绣花

在编织中绣花，通常最好用毛线，而不用绣花丝线，虽然依据织物的厚度，用绣花丝线的效果也会很好。本书作品中用拆股的毛线绣花。拆股时，将一段毛线捻开，以解开绞在一起的毛线，然后取出1股或者2股，并分离开来。用拆好股的线和刺绣针按照图解绣花。

编织中的绣花并不像你想象中的那么难，但不能使用绣花绷子，用绣花绷子会使织物变形。先在织物上画好绣花图也不可行，因此最好选择简单的图案来绣花。本书中的绣花图案都采用简单的针法，非常容易绣。

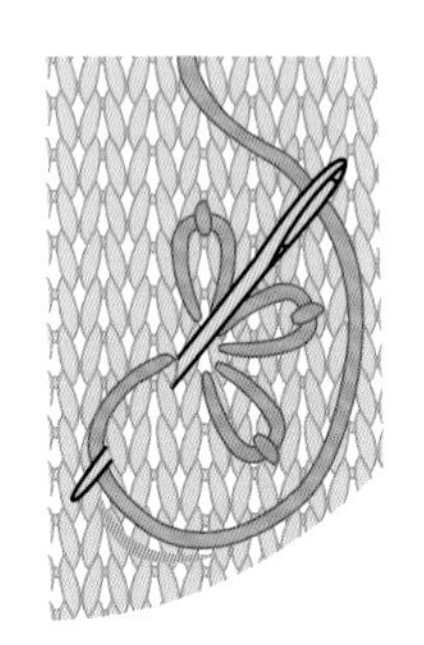

雏菊绣
将刺绣针从织物背面穿到正面，穿过1针的中间。再将针尖穿入紧挨的1针，然后再从离这针较远的1针穿出来，但先不要全部穿出针，将线在针尖底下绕一个线圈，然后全部穿出针，最后再将针压着线圈穿入织物，将线圈固定好。这就是雏菊绣。

平针绣
使用细腻的直线绣。将刺绣针从织物背面穿到正面，穿过2针之间。即将带线的针穿进去1针，再从另外一针穿出来，从而形成所需长度的针数。

法式结粒绣
将刺绣针从织物背面穿到正面，用左手食指和拇指拉紧线，并远离织物，将针尖对着织物，用左手在针尖上绕线，绕2圈线就编成一个小结，绕3圈线为一个大结。左手拉紧线，将针紧挨着穿出的那针穿入织物，记得不能穿入之前穿出的那针，否则结会解开。当针尖插入织物时，将针上的线圈滑到织物面上，同时左手拉紧线。慢慢地将针插入织物背面，拇指将结牢固地固定好。

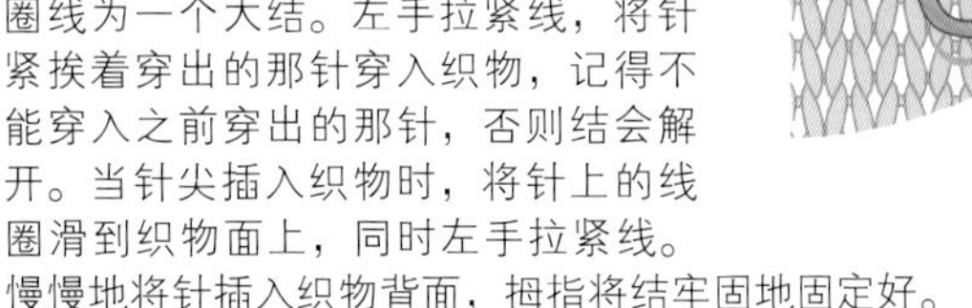

制作绒球

可以购买绒球器，也可以用纸板或者手指制作，纸板或手指可能没有绒球器那么方便。方法1适合制作大的绒球，比如第113页的绒球挡风条。方法2适合制作较小的绒球，比如第152页的儿童绒球帽。

方法1
用纸板（用麦片粥包装盒较理想），剪2块外径10cm、内孔径5cm的圆形纸板。外径是成品绒球的大概尺寸。将2块圆形纸板叠在一起，在纸板环上均匀绕线，直至孔内被绕满线为止。如果绒球不需要太密实，孔内未绕满线时便可停止。断线，将剪刀尖头处插入两纸板之间，沿着圆圈剪断线，一圈剪完后，再用1根线穿过纸板环绕一圈后，拉紧打结。去掉纸板，并修剪绒球。

方法2
不用纸板快速做成一个较小的绒球，可以在2根或3根手指上绕线80圈左右，轻轻地将线圈移出手指，在中间处用线系紧并打个结，固定好。结的两边都有线圈，剪断所有线圈；修剪绒球成形。

制作流苏

方法1
用流苏做饰边来装饰织物很流行，如第110页的流苏披肩。可以使用和流苏相同长度的书本来快速制作大量流苏。将线头从底部开始绕线数次，依据流苏的厚度决定绕线次数。只能在底部断线。轻轻地将绕好的线从书本上移出来，将线圈的顶部穿入织物饰边的针迹上。将断线端穿入线圈中，轻拉，固定好。流苏制作好后，底部要修剪整齐。

方法2
剪6段26cm长的毛线，集中在一起对折，做成线圈状。剪另一段35.5cm长的毛线，与26cm长毛线的一端对齐，另一端在距线圈顶部2cm处绕线数次，并固定好。将线头穿入缝衣针中，并往背面插入流苏中，固定好。

洗衣机毡化

这种方法不需要使用传统的洗涤摩擦技术就能取得毡化效果。将织物放入洗衣机中，洗涤用热水，漂洗用冷水。洗涤1次或者2次，使织物更紧密。本书第162页中的心形毛毡装饰洗涤1次，第159页的毛毡手袋洗涤2次。让毡化织物自然晾干。毡化后的织物好似一块布，可随意裁剪，也不需要锁边，因为毡化后的边角不会磨损。

选线或者选替代线

编织或者手工的一大乐趣便是选择材料。选择毛线时，要确保毛线的密度是作品需要的密度。若想要替换建议的毛线，要检查毛线的密度。比如，本书中的许多作品是用 Rooster 羊驼美丽诺 DK 线编织而成的。DK 的意思是精纺，因此，任何牌子的精纺线都可以替换。检查每种毛线建议的密度，这样能指导你所织的织物能否和原版的织物密度相同。

织物的用途也能帮助你选择毛线。亲肤的作品，我推荐柔软奢华的毛线，而如针包（第 154 页）或者棒针收纳包（第 136 页）这类作品则不需要使用超柔的毛线。我也选择 100% 全棉线来编织婴儿围兜（第 122 页），便于洗涤。为婴儿编织，要尽可能选择最柔软的毛线，如第 140 页的幼儿积木和第 96 页的婴儿床盖毯。

在毛线颜色选择上，我趋向引领潮流，我在本书中选的毛线颜色都是最吸引我的，不过你可以尝试选择自己喜欢的颜色组合，请按照自己的喜好尝试换颜色吧。

收尾和保养

花很长时间编织好一件作品，却在缝合或者第一次洗涤时被损坏，是多么令人心碎的事情。花点时间在这些步骤上是非常值得的，这样几年后你的作品还是会令你赏心悦目。

定型、压平、熨烫

我使用旧羊毛毯或者熨烫板来给作品定型，也可以买现成的定型板来给作品定型。用热水洗涤羊毛毯，使纤维毡化在一起，这样特别适合做定型面。

平铺织物，用珠针按照织物的形状固定好。根据毛线的材质进行压平或者熨烫——毛线标签上有说明。不要直接压平织物，要在织物表面铺上一层湿布，轻轻按压。熨烫时，打开熨烫开关，将熨斗悬在织物上面，不能碰到织物。可能的话，让其风干一整夜。

基本保养说明

作品编织完后的保养非常关键。参考毛线标签上的洗涤说明，决定是机洗还是手洗。本书中所用的大多数毛线为天然纤维，需要手洗。

买一款手洗专用皂或洗涤液，仅用一点（大概为洗头发的量）即可。先用热水，再用冷水手洗，然后漂洗，轻轻拧干。未干之前按其形状定型，并让其自然晾干。如果可以的话，可用毛巾垫着平铺晾干；如果在未干之前挂上衣架，则很容易变形。天然纤维不能压平，而应该用熨斗悬在织物上面熨烫，不能碰到织物。

针法术语

平针 最基本的编织方法。片织时，正面行编织下针，反面行编织上针；圈织时，全部织下针。
以上针行开始的平针 与平针相反，片织时，正面行编织上针，反面行编织下针；圈织时，全部织上针。
起伏针 每行都织下针。
桂花针 正面行，1 针下针、1 针上针交替编织；反面行，将下针编织成上针，将上针编织成下针。
左下 2 针并 1 针 用右边棒针将 2 针并针织下针，并将 2 针线圈从左边棒针放掉。
左上 2 针并 1 针 用右边棒针将 2 针并针织上针，并将 2 针线圈从左边棒针放掉。
左下 3 针并 1 针 用右边棒针将 3 针并针织下针，并将 3 针线圈从左边棒针放掉。
左上 3 针并 1 针 用右边棒针将 3 针并针织上针，并将 3 针线圈从左边棒针放掉。
右下 2 针并 1 针 将 1 针从左边棒针滑到右边棒针上，下一针织下针，然后将滑针套到刚织好的那针下针上，将滑针从棒针上放掉。
右下 3 针并 1 针 以下针方式滑 1 针，织左下 2 针并 1 针，将滑针套过并 1 针。
右上 3 针并 1 针 以上针方式滑 1 针，织左上 2 针并 1 针，将滑针套过并 1 针。
从两针之间的线圈中挑起 1 针并织扭针加针（也叫杆加针） 将右边棒针从前往后穿入水平杆（之前一行的针目与针目之间的一条横线）中，将水平杆挂到左边棒针上，然后从后方穿入棒针织 1 针下针。这样便是从两针之间的线圈中挑起 1 针并织扭针加针。

本书中的缩略语解释

Cluster 5 将接下来的 5 针移至右边棒针上，将多余圈数放掉，然后将这 5 针移回左边棒针上，这 5 针每针都织 [1 针下针，1 针上针，1 针下针，1 针上针，1 针下针]，而且每针都要在棒针上绕线 2 圈。

C4B 将接下来的 2 针滑到麻花针上，并将麻花针放在织片的后面，从左边棒针上将接着的 2 针织下针，然后将麻花针上的 2 针织下针。

C4F 将接下来的 2 针滑到麻花针上，并将麻花针放在织片的前面，从左边棒针上将接着的 2 针织下针，然后将麻花针上的 2 针织下针。

C8B 将接下来的 4 针滑到麻花针上，并将麻花针放在织片的后面，从左边棒针上将接着的 4 针织下针，然后将麻花针上的 4 针织下针。

T4B 将接下来的 2 针滑到麻花针上，并将麻花针放在织片的后面，从左边棒针上将接着的 2 针织上针，然后将麻花针上的 2 针织下针。

T4F 将接下来的 2 针滑到麻花针上，并将麻花针放在织片的前面，从左边棒针上将接着的 2 针织上针，然后将麻花针上的 2 针织下针。

K1B 正面行以下针方式扭 1 针。

P1B 反面行以上针方式扭 1 针。

Kfb 在正面行，下一针织 1 针放 2 针，即下一针的前环和后环各织 1 针下针。

Pfb 在反面行，下一针织 1 针放 2 针，即下一针的前环和后环各织 1 针上针。

蝴蝶结 将右边棒针按照织下针的方式放在三条线的下面，下一针织下针，然后将线从三条线下面拉出来。

MB 编织绒球——下一针织 1 针放 3 针（即在下一针的前环、后环、前环各织 1 针），翻面，3 针下针，翻面，3 针上针，翻面，3 针下针，翻面，右下 3 针并 1 针（绒球编织结束）。

Ssk 滑 1 针，滑 1 针，从针目后方穿入棒针，将 2 针滑针并在一起织下针。

P2sso 滑 2 针，下一针织下针，将 2 针滑针套过刚织好的下针。

Tw2R 将第 2 针扭向右边——将针置于第 1 针前面，先在第 2 针织下针，再返回第 1 针织下针，然后放掉左边棒针的这 2 针。

Tw2L 将第 1 针扭向左边——将针置于第 1 针后面，先在第 2 针织下针，再返回第 1 针织下针，然后放掉左边棒针的这 2 针。

致谢

我非常喜欢这本书中收录的各种织块和设计作品，这些都要归功于我的团队——那些才华横溢的编织者和帮助过我的人。他们飞奔而来，帮助我在限期内努力把一大堆毛线变成各种不可思议的作品。

这些编织者是泰拉·布莱克维尔、罗伯塔·库奇曼、特蕾西·埃里克斯、克莉丝汀·格拉斯普尔、艾玛·莱特富特、凯瑟琳·罗翰、盖伊·曼斯菲尔德、莱斯利·莫里斯、珍妮特·莫顿、贝丽尔·奥克斯、亚斯明·保罗、麦迪·珀金斯、扎拉·普尔、路易斯·派克、苏珊·萧、苏珊·史密斯、朱莉·史温侯、朱迪思·泰勒、杰拉尔丁·特罗尔和埃伦·沃森，向他们表示感谢！同时还要感谢贝诗·格莱姆斯制作的漂亮绣花。

特别感谢西安妮·布朗，她和我一起设计织块和作品，贡献了不少可爱的设计，让我能及时完工。

非常感谢各个毛线公司所捐赠的毛线，特别是 Laughing Hens 公司提供的 Rooster 和 Cascade 毛线，Designer 公司提供的 Debbie Bliss 和 Rowan 毛线。

非常感谢 CICO BOOKS 的辛迪·理查兹、吉利安·哈斯拉姆和萨利·鲍威尔。他们给予我极大的自由创作空间，他们信任我完成工作的能力，让我印象深刻。还要感谢玛丽·克莱顿对本书的细心编辑。

谢谢维姬·哈芬登帮助我解决网络编织设计程序问题，为儿童盖毯这款设计贡献了一部分图案。

不管你经验多么丰富，编织中总有一些新东西需要学习。这本书不仅是一段编织的迷人的旅程，也是和我极具才华的母亲贝丽尔·奥克斯合作的一段精彩的旅程。她鹰一般的眼睛和细致入微的观察，让她成为最佳的花样校验员，也许这能成为她晚年的新事业。谢谢你，妈妈！

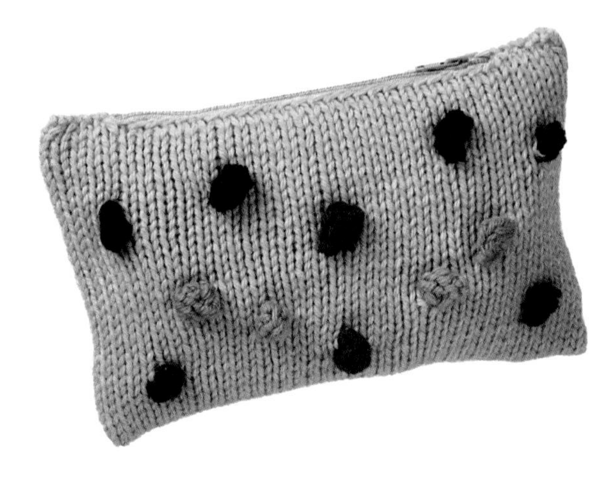

作者简介

尼基·特伦奇是振兴和发扬家居手工的领军人物之一，她不仅擅长棒针编织、钩针编织、缝纫、蛋糕裱花以及养鸡方面的教学、演讲和专题写作，还是英国一家重要的网上绒线店——欢笑母鸡的创始人。她的著作有《简单可爱的钩编婴儿服》《痴迷钩编》《酷爱拼布》《简单棒针小百科：201种花样、织块、设计作品和创意》等。

First published in the United Kingdom
under the title 201 Knitting Motifs,blocks,Projects & ideas
by CICO,an imprint of Ryland and Peters & Small Limited
20–21 Jockey's Fields
London WC1R 4BW

备案号：豫著许可备字–2014–A–00000067

图书在版编目（CIP）数据

简单棒针小百科：201种花样、织块、设计作品和创意/（英）尼基·特伦奇著；李玉珍译. —郑州：河南科学技术出版社，2016.10
ISBN 978–7–5349–8359–7

Ⅰ.①简… Ⅱ.①尼… ②李… Ⅲ.①棒针–绒线–编织–图集 Ⅳ.①TS935.522–64

中国版本图书馆CIP数据核字（2016）第220413号

出版发行：河南科学技术出版社
地址：郑州市经五路66号　邮编：450002
电话：（0371）65737028　65788613
网址：www.hnstp.cn
策划编辑：李　洁
责任编辑：孟凡晓
责任校对：耿宝文
责任印制：张艳芳
印　刷：北京盛通印刷股份有限公司
经　销：全国新华书店
幅面尺寸：208 mm × 276 mm　印张：11　字数：400千字
版　次：2016年10月第1版　2016年10月第1次印刷
定　价：48.00元

如发现印、装质量问题，影响阅读，请与出版社联系并调换。